たった

1日で基本が身に付く!

リブロワークス［著］
LibroWorks

技術評論社

本書をお読みになる前に

・本書に記載された内容は、情報の提供のみを目的としています。したがって、本書を用いた運用は、必ずお客様自身の責任と判断によって行ってください。ソフトウェアの操作や掲載されているプログラム等の実行結果など、これらの運用の結果について、技術評論社および著者、サービス提供者はいかなる責任も負いません。

・本書記載の情報は、2020年6月現在のものを掲載しています。ご利用時には変更されている場合もあります。ソフトウェア等はバージョンアップされる場合があり、本書での説明とは機能内容や画面図などが異なってしまうこともあり得ます。本書ご購入の前に、必ずバージョン番号をご確認ください。

・本書の内容は、以下の環境で動作を検証しています。

・Git 2.25.1
・GitHub Desktop 2.5.3
・Windows 10

以上の注意事項をご承諾いただいた上で、本書をご利用願います。これらの注意事項をお読みいただかずにお問い合わせいただいても、技術評論社および著者、サービス提供者は対処しかねます。あらかじめ、ご承知おきください。

はじめに

Git（ギット）は主にソフトウェアのソースコード（プログラミング言語で書かれたテキストファイル）をバージョン管理するためのツールです。Git は知らなくても、「Web サービスの GitHub（ギットハブ）の名前なら聞いたことがある」という人は増えているのではないでしょうか。

Git および GitHub は、オープンソースソフトウェア（ソースコードを公開して開発するスタイル）の文化圏で誕生したものですが、いまやオープンソース以外でも使われるようになり、ソフトウェア開発者の必修スキルの 1 つとなっています。ソフトウェアだけでなく、Web ページのデータや書籍の原稿、法令関連のドキュメントなどを Git で管理するケースも珍しくはありません。実際にこの本の原稿も Git & GitHub を使って執筆しています。Git の「誰がいつ何を変更したのか」を明らかにする管理スタイルは、プログラミング以外でも有効なのです。

こうした状況を踏まえて、本書は「ソフトウェア開発者以外の人も理解できる Git & GitHub の入門書」を目指しました。メインで使用するツールは、GitHub が無料公開している GUI ツール「GitHub Desktop（ギットハブ デスクトップ）」です。ライバルのツールに比べると機能は少なめなのですが、シンプルかつ軽く、初めての人が触れるのに最適といえます。Git は慣れないと何が起きているのかわかりにくいものですが、GitHub Desktop を活用して、Git によって何が起きているのかを視覚化して説明するよう心懸けました。

また、最後の第 7 章では、GitHub Desktop の操作と対比する形でコマンドラインの「Git コマンド」を解説しています。職場の事情で Git コマンドを使わないといけない人にも、スムーズに導入していただけると考えています。

さて、本書を執筆中の 2020 年 4 月、あるビックニュースが飛び込んできました。「GitHub がその中核機能を無料化する」というものです。それまで有料プランでしか使えなかった機能が Free プランでも利用可能になりました。このニュースはいろいろな捉え方があると思いますが、少なくとも「景気がいい話」であることは間違いなく、月並みな言葉ですが「ビックウェーブ化した」といえるでしょう。

本書が、ビックウェーブに乗りたい皆さまの一助となれば幸いです。

2020 年 6 月　リブロワークス

CONTENTS

目次

CHAPTER 2 GitHub Desktopでローカルのファイルを管理しよう

CHAPTER 3 GitHubのリモートリポジトリで共有しよう

CHAPTER 4 コンフリクトとブランチを理解しよう

CHAPTER 5 GitHubの便利な機能を利用しよう

CHAPTER 6 コマンドラインを利用しよう

CHAPTER

1

Gitが必要な理由を知ろう

SECTION 01

バージョン管理はなぜ必要？

本書で解説する「Git（ギット）」はエンジニア向けのバージョン管理システムですが、最近はエンジニア以外の人でも使う機会が増えてきています。また、Gitを利用したインターネット上のサービス「GitHub（ギットハブ）」も知名度が上がり、一般のニュースにも採り上げられています。このセクションでは、そもそもGitとはどのようなものなのか、何ができるのかを解説します。

◎ ファイルの「バージョン管理」とは？

いきなり質問ですが、皆さんは普段ファイルを扱うときに「バージョン」を意識していますか？　バージョン（Version、版）という言葉は、WindowsやExcelのようなアプリのバージョンをイメージさせますが、あなたが普段パソコンで作成している文書ファイルや写真にもバージョンはあります。例えば最初に文書ファイルを作成したときがバージョン0、ひとまず完成した状態がバージョン1、あとから見直して問題を修正したものがバージョン2……という具合です。要するにバージョンとはファイルの履歴のことなのです。

ファイルを修正してからそのまま上書き保存すると、元の状態は完全に消えてしまいます。何かの理由で元の状態を残しておきたい場合、特にツールなどを使っていなければ、大きく直す前などにコピーしておくか、ファイル名を変えて保存しておくしかありません。このように古いバージョンのファイルを残しておいて管理することをバージョン管理といいます。

手作業でバージョン管理する場合は、ファイル名に連番や日付を入れておくとか、フォルダを作ってその中に待避させるといったやり方がありますが、いずれの場合も少々面倒です。特に、複数人でファイルをやりとりするときは、バージョン管理のルールを勘違いしてしまったり、新しいルールを勝手に作ってしまう人が出てきたりして、混乱が起きがちです。

ソフトウェア開発の世界では、このような混乱は致命的なトラブルを引き起こします。そこで作り出されたのが、手間なく明確な形でファイルを管理するバージョン管理システムです。

◎ Gitは現在主流のバージョン管理システム

本書の主役となるGitは、現在最も広く使われているバージョン管理システムです。Linuxの開発者として有名なリーナス・トーバルズ氏が、Linuxの開発に使うために産み出しました。Linuxはオープンソース（プログラムのソースコードが公開されており、誰でも変更・利用できる）の代表的なOSであり、そのために作られたGitも多くのオープンソースプロジェクトで使用されています。現在その用途はさらに広がり、オープンソース以外の開発や、書籍の原稿管理のような開発以外の用途にも使われるようになりました。

Gitを利用すると、「誰が／いつ／どのファイルの／どの部分を変更したか」を明確にして管理することができます。そのおかげで、問題が起きれば短時間で原因を突き止めることができ、履歴をさかのぼって問題が起きる前の状態に戻すこともできます。

図1-1 Gitによるバージョン管理の様子

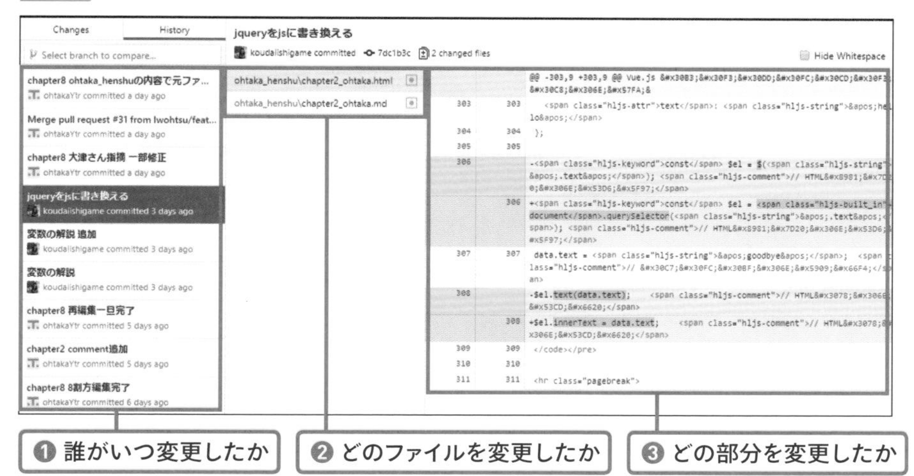

◎ Gitはファイルを共有するときにも役立つ

オープンソース開発は、複数の有志によって進められることが一般的です。そのため、Gitも複数人でファイルを共有して共同作業するしくみを標準で持っています。インターネット経由でファイルを共有できるのはもちろんのこと、分散型と呼ばれる構造のおかげで、ネットワークに接続できない状況でもパソコンの中にある情報を元に開発作業を続けることができます。

ところで、ファイルを共有して作業するしくみは、Git以外にもさまざまなものがあります。一番シンプルで誰もが経験があるのは、メールの添付ファイルを使う方法でしょう。ほかには、DropBoxやGoogleドライブ、OneDriveなどのファイル共有サービスも一般化しています。

メールでのファイル共有はやりとりするファイルが少ないうちはいいのですが、増えてくるとどれが最新かわからなくなったり、ファイルが大きすぎて送信エラーになったりといったトラブルが起きます。これで長期間作業を続けるというのは現実的ではありません。

それに比べると、ファイル共有サービスは格段に便利です。ただし、長期間の作業で数多くのファイルを共有していると、次のような問題が起きることがあります。

- **ファイルを保存すると自動的に同期されるため、誰が更新したのかわからなくなる。**
- **複数人が同じファイルを編集してしまい、誤って上書きされたり、ファイルのコピーが勝手に増えたりする。**
- **同期トラブルが起きて、全員が最新のファイルを共有しているのかわからなくなる。**

Gitでも同様のトラブルは皆無とはいえませんが、大幅に減らすことができます。まず、Gitではファイルが勝手に同期されることはありません。コミット／プッシュ／プルといった操作を行う必要があります。最初は面倒に感じるかもしれませんが、その際に更新者や更新場所の情報も記録されるため、あとで問題を探しやすくなります。

また、複数人が同じファイルを編集して食い違いが起きた場合は、コンフリクト（衝突）という状態になります。誰かがコンフリクトを解決するまで、ファイルを1つに統合することはできません。先ほど説明したようにプッシュ／プルという操作で同期するため、最新ファイルかそうでないかも明確です。

このようにGitによるファイル共有は、他の方法に比べると手間が増える面もありますが、確実なファイル共有を保証してくれるのです。

◎ Gitを利用したインターネット上のサービス「GitHub」

Gitについて調べると、たいていはGitHubという名前が見つかります。GitHubはGitのしくみを利用したインターネット上のサービスで、現在はマイクロソフト傘下のGitHub社が運営しています。

Gitはネットワーク上でファイルを共有するしくみを標準で持っていますが、それを利用するにはネットワーク上の保管場所となるサーバー（リモートリポジトリ）が必要です。それを提供してくれるのがGitHubなのです。内容を公開したプロジェクトなら無料でも利用できるため、多くのオープンソースプロジェクトがGitHubに集まっています。

2020年には、東京都が「新型コロナウイルス感染症対策サイト」をGitHub上で開発・公開しました。GitHub上にWebサイトのデータを保管しておけば、全世界の多くの人がサイト開発に貢献することができます。GitHubの存在を多くの人に広めた象徴的なニュースといえます。

図1-2 GitHubトップページ

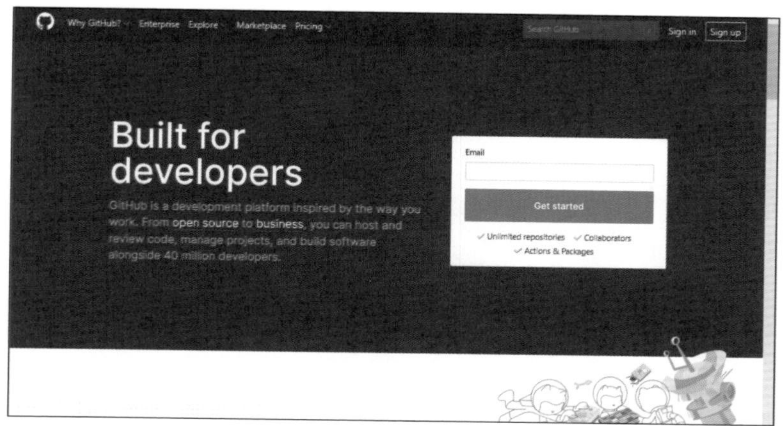

https://github.com/

図1-3 東京都 新型コロナウイルス感染症対策サイト

https://github.com/tokyo-metropolitan-gov/covid19

ここまでの話を聞くと、オープンソースの開発者以外には関係ないサービスと感じるかもしれませんが、GitHubには月額数百円程度のコストで非公開のファイルを記録することができます。そのため、非公開プロジェクトのファイルを共有する目的でも広く利用されています。

◎ Gitを利用するには?

Gitを利用するには、パソコンにGitクライアントと呼ばれるアプリをインストールします。Gitクライアントは、大きくコマンドラインタイプとGUI(Graphical User Interface)タイプの2種類に分かれます。コマンドラインタイプは、キーボードからgitコマンドを入力して操作するもので、慣れるまでに時間は掛かりますが、Gitのすべての機能を利用できます。GUIタイプはマウスで操作するもので、学習コストは低くなりますが利用できる機能が限定されています。

図1-4 主なGitクライアント

アプリ名	種類	解説
git	コマンドライン	Git公式から配布されている。単独のアプリではなくLinuxやmacOSのターミナルから利用する。
Git Bash	コマンドライン	Git for Windowsというプロジェクトが配布している。Windows用のアプリ。
GitHub Desktop	GUI	GitHubが配布しているアプリ。機能は限定的だが軽く覚えやすい。
Source Tree	GUI	アトラシアン社が配布しているアプリ。多機能。

図1-5 GitHub Desktop

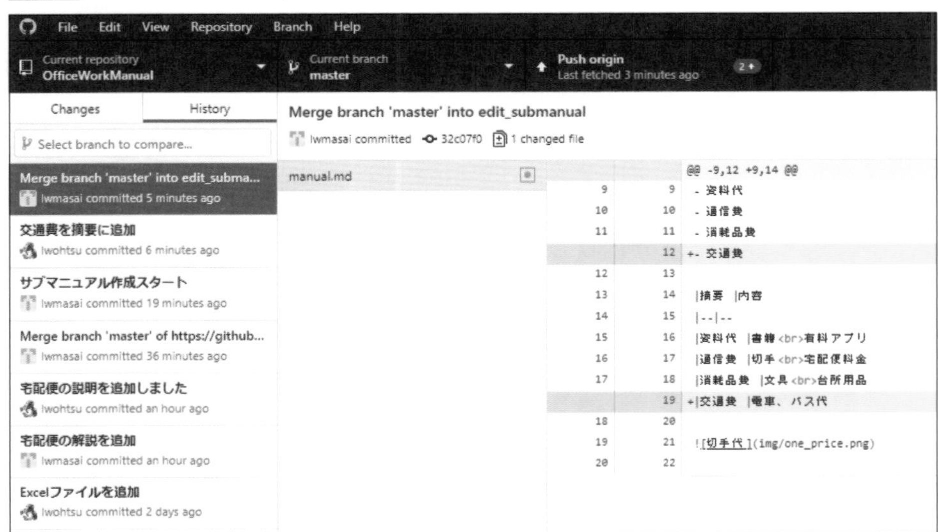

図1-6 Git Bash

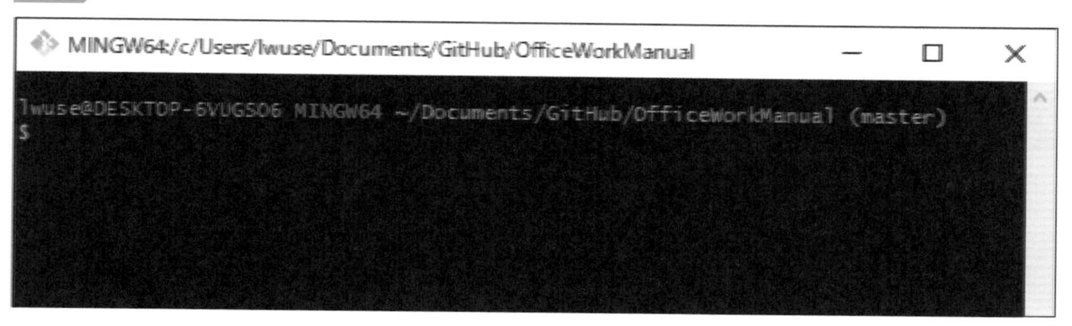

コマンドラインに慣れていない人にはGUIのアプリのほうをおすすめしますが、所属している組織によってはコマンドラインのGitを使うよう求められることもあります。そこで本書では、まずは学習コストが低いGitHub DesktopでGitの使い方を説明し、最後の第6章でコマンドラインでの操作方法を解説します。これなら徐々にステップアップしながら、両方の使い方を覚えることができるはずです。

また、Gitを利用したサービスには、GitHub以外にBitbucket(ビットバケット)やGitLab(ギットラブ)、Backlog(バックログ)などがありますが、本書ではGitHubのみを扱います。Gitのしくみを利用している点は共通なので、Gitの用語やしくみが理解できてくれれば、GitHub以外のサービスも利用できるようになるからです。

COLUMN テキストファイルとバイナリファイル

ファイルには、文字コードという文字を表す数値だけで構成されるテキストファイルと、それ以外のバイナリファイルの2種類があります。例えば、JPEGやPNGなどの画像データや、WordやExcelなどのオフィスアプリで作成した文書ファイルは、バイナリファイルです。テキストファイルは、ファイルの拡張子が「txt」のもの以外に、Webページを作成するときに使うHTMLファイルやCSSファイル、プログラムのソースコードファイルなどがあります。

Gitはもともとプログラムのソースコードを管理する目的で作られたため、テキストファイルの管理は得意ですが、バイナリファイルは少々苦手です。バイナリファイルの管理もできないわけではないのですが、管理できるのは「いつ/誰が/どのファイルを更新したか」までで、バイナリファイルのどの部分が変わっているかを管理することができません。

また、一般的にテキストファイルはバイナリファイルよりサイズが小さく、GitHubなどのサービスもそれに合わせて設計されているため、大きなバイナリファイルをアップロードするとトラブルが起きることがあります。数MBの画像ファイルが問題になることはありませんが、100MBを超える動画ファイルなどをアップロードするのは避けるべきでしょう(巨大ファイルを扱うLFSというしくみがありますが設定などが必要です)。

SECTION 02

GitHub Desktopをインストールする

GitHubが無料で公開しているGitHub Desktopをインストールしましょう。GitHubと連携して使うことが多いため、先にGitHubのアカウント（ユーザー名）を作成しておきます。GitHubのユーザー名はGitでバージョン管理するときに「誰が変更したか」を表すために使われるので、長く使う名前ということを考えて決めてください。

◎ GitHubアカウントを作成する

GitHub Desktopをインストールする前に、GitHubのユーザー名とパスワードを決めてアカウント（利用権）を作成します。GitHubのユーザー名は、GitHubのサービス上だけでなく、Gitでファイルを更新したユーザーを表す名前としても使われます。長く使うものですから、自分だけでなくほかの人が見ても誰のことかがわかる名前にしましょう。GitHubをよく使う人の中には、TwitterなどのSNSのユーザー名と統一していることもあります。「unknown1234」のような適当な名前でも登録できますが、あまりおすすめしません。

POINT

Gitのユーザー名とGitHubのユーザー名は別にすることもできます。ただし、それだとややこしいので合わせることをおすすめします。

まずは、WebブラウザーでGitHubのサイトを表示します。GitHubのサイトは、英語のgithub.comと日本語のgithub.co.jpがありますが、日本語サイトでも途中から英語サイトに飛ばされるので、ここでは最初から英語サイトで登録します。

- **GitHub（英語サイト）**
  https://github.com/

図1-7 ユーザー名とパスワードを決める

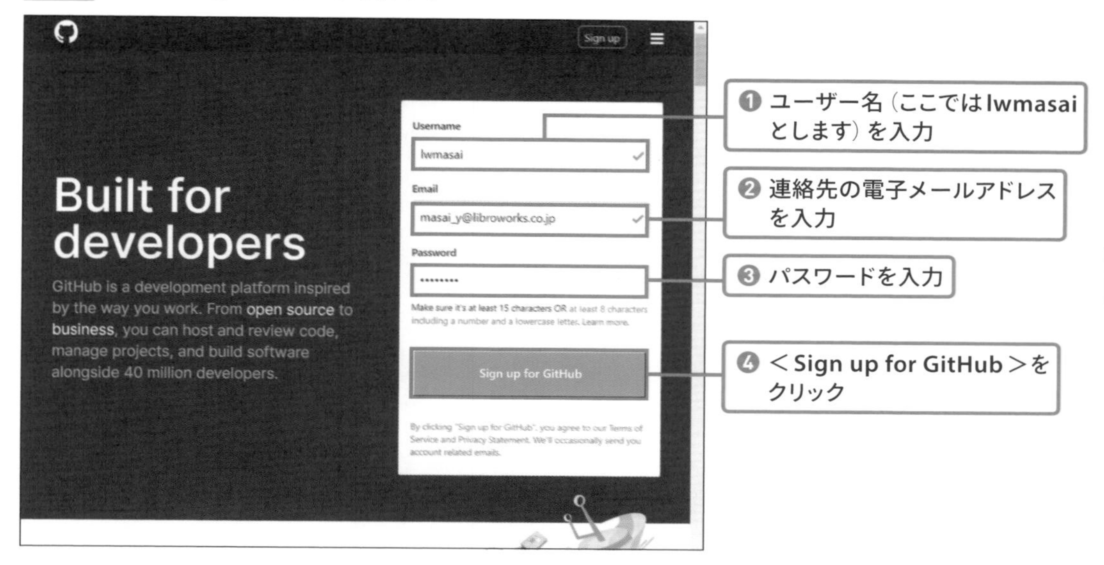

人間が登録していることを確認するためのページが表示されます。＜検証開始＞をクリックしてパズルを解き、＜Join a free plan＞をクリックしてください。

図1-8 パズルを解いて次の手順に進む

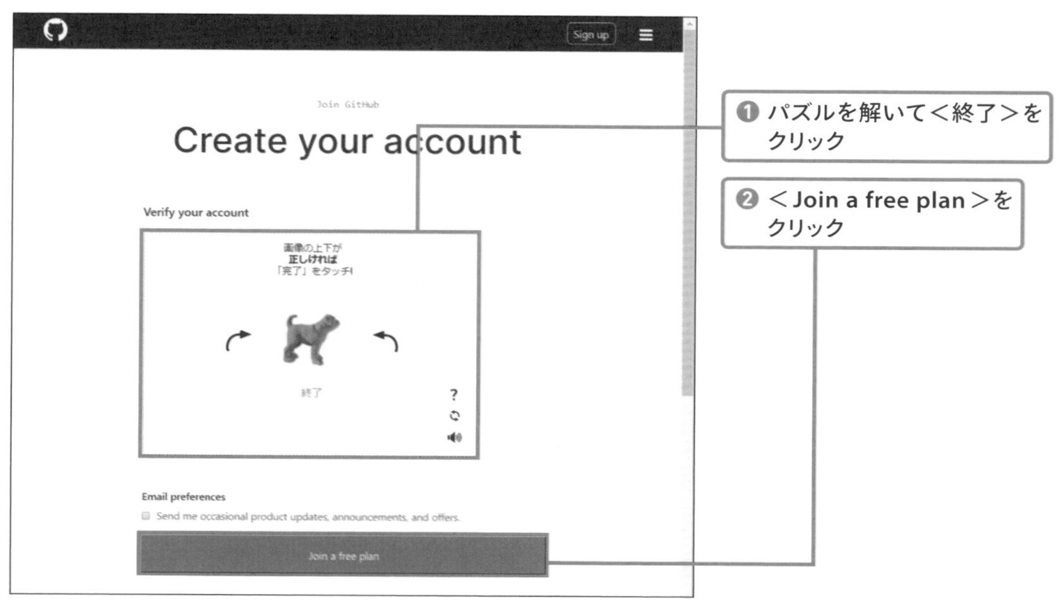

アンケートのページが表示されますが、スキップしてもかまいません。下までスクロールして、＜Complete setup＞をクリックします。

図1-9 アンケートを確認

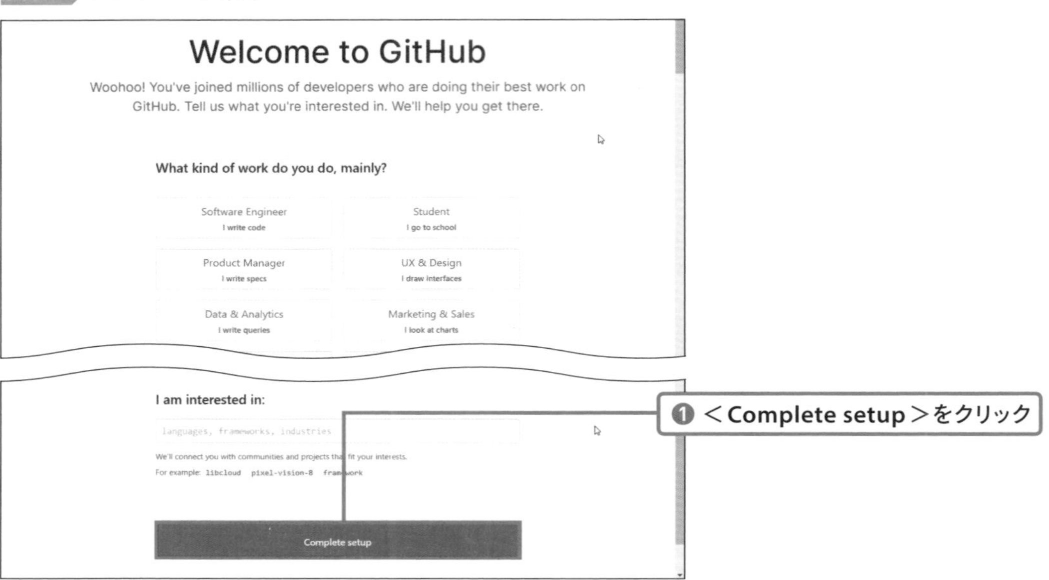

少しして連絡先として入力したメールアドレス宛てに確認（Verify）用のメールが届きます。

図1-10 GitHubからメールが届く

メールの＜Verify email address＞をクリックすると、GitHubのページが表示されます。リポジトリというものを作成する画面になっていますが、今は作成しないのでページを閉じてもかまいません。

図1-11 登録が完了した

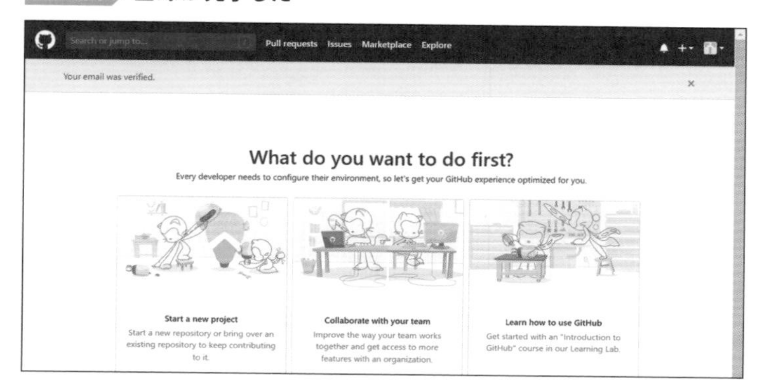

◎ GitHub Desktopをインストールする

続いてGitHub Desktopをインストールしましょう。GitHub Desktopのダウンロードサイトを表示すると、現在使っているパソコンのOSに合わせたダウンロード用ボタンが表示されます。クリックしてファイルをダウンロードしてください。

- **GitHub Desktopのダウンロードサイト**
  https://desktop.github.com/

図1-12 GitHub Desktopをダウンロードする

ダウンロードしたファイルを実行してインストールを開始します。インストールが完了するとGitHub Desktopの初期設定の画面が表示されます。ここで先ほど決めたGitHubのユーザー名とパスワードを入力してサインインします。なお、インストールの完了後、＜File＞→＜Options＞→＜Accounts＞→＜Sign in＞を選択して、サインインすることもできます。

図1-13 GitHub Desktopの初期設定

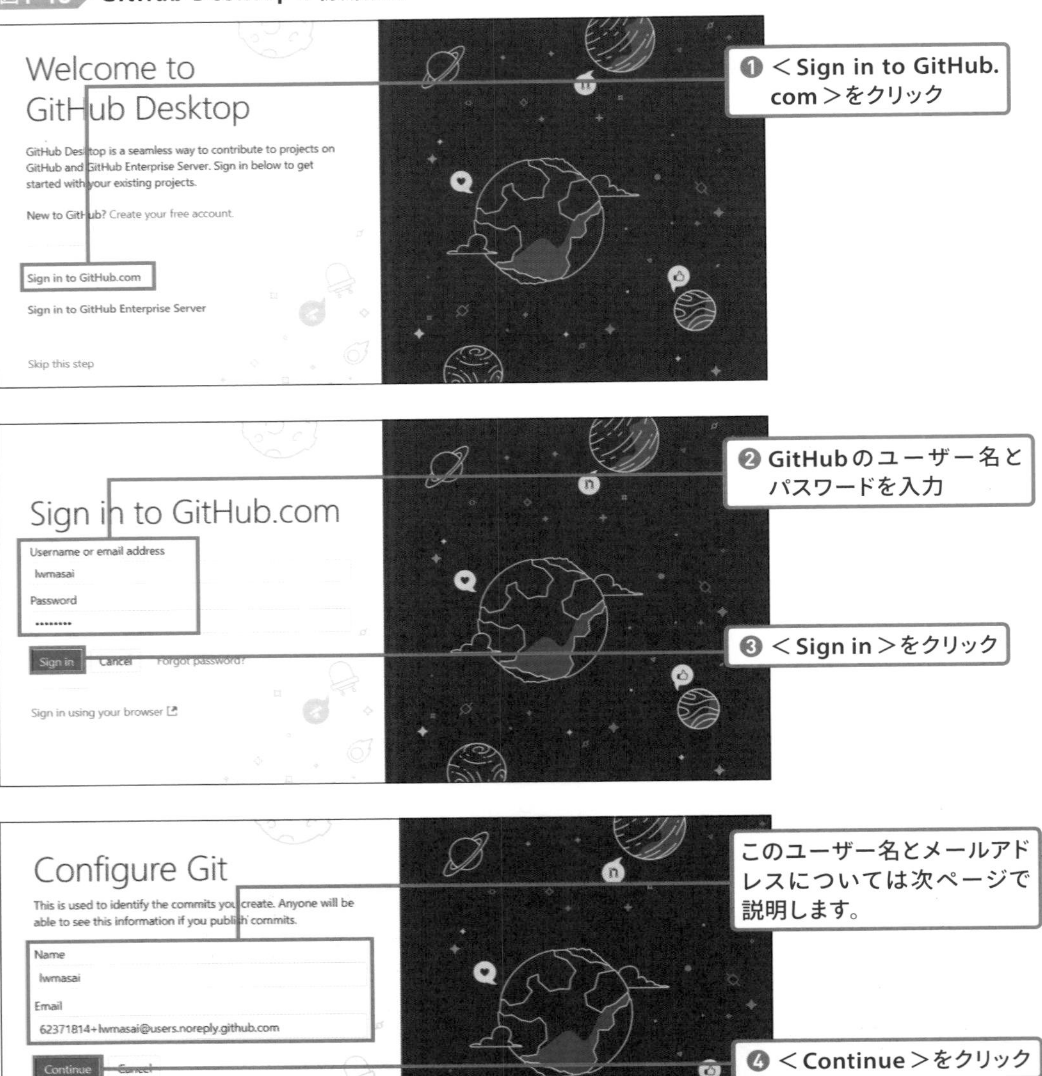

図1-14 GitHub Desktopの初期設定を完了する

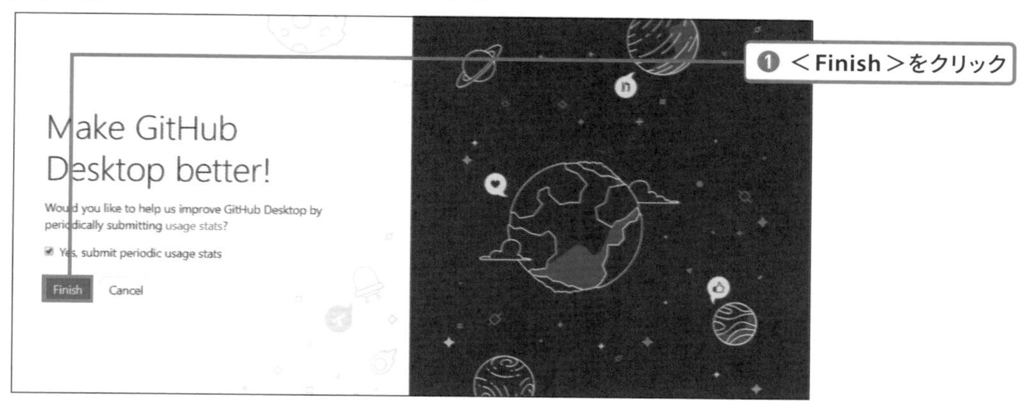

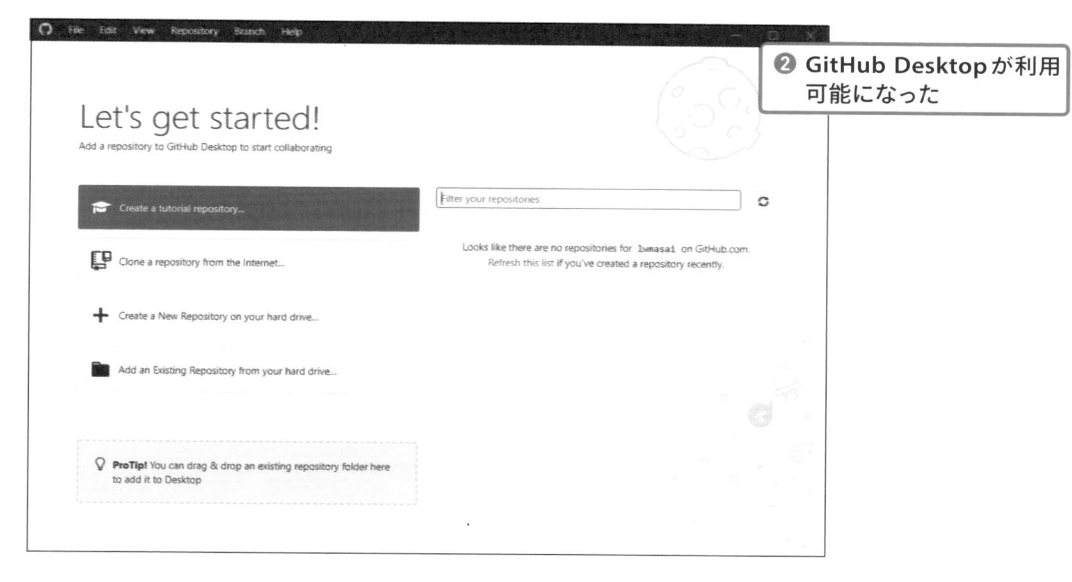

GitHubのアカウントを作成済みなら、インストールは簡単に終わります。

ちなみに、初期設定の3枚目の画面（Configure Git）に、ユーザー名と「@users.noreply.github.com」というメールアドレス（コミットメールアドレス）が表示されていたことにお気付きでしょうか。ファイルの更新者として表示される名前をGitHubのユーザー名から変えたい場合は、ここで設定を変更できます。コミットメールアドレスは更新者の身元を表すもので、第三者に公開されます。個人のメールアドレスを公開したくない人が多いため、GitHubが代わりのメールアドレスを提供してくれているのです。なお、このアドレスに送ったメールは送信エラーになり、通知も届きません。

たいていの場合は初期設定のままで問題ありません。

◎ GitHubの料金プラン

最後にGitHubの料金プラン(2020年6月時点)について触れておきます。中核となる機能は無料のFreeプランで利用できるのでこのまま読み進めてかまいません。また、有料プランにする場合でも、料金を払う必要があるのはファイルの保管場所(リポジトリ)を持つユーザーだけで、そこに参加するユーザーはFreeプランで大丈夫です。

Freeプランでも、公開/非公開を問わずリポジトリの数に制限はなく、複数ユーザーで管理できる組織アカウント(Organization)も利用可能できます。上位のプランでは利用可能な容量などが増加されており、Enterpriseプランでは自社専用のGitHubサーバーを持つことができ、最上位のGitHub OneではサポートなどBが強化されています。

図1-15 GitHubの料金プラン案内ページ

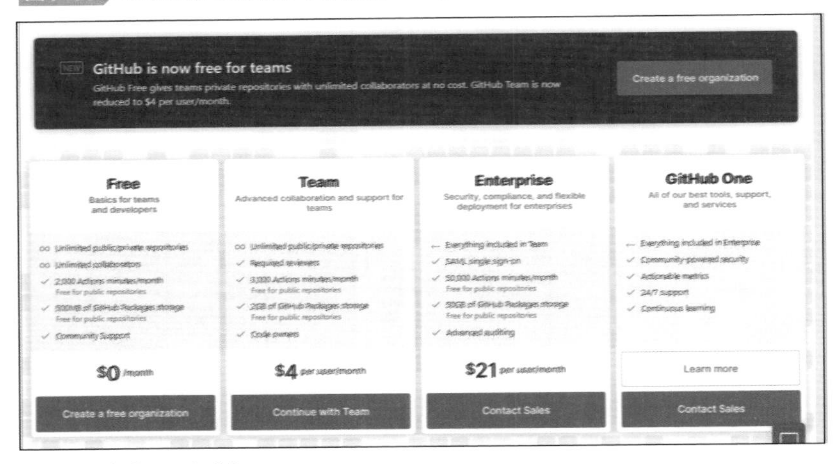

https://github.com/pricing

COLUMN | **GitHubのヘルプ**

料金支払い設定の変更など、GitHubの使い方でわからないことはGitHubヘルプで調べることができます。GitHub Desktopのヘルプもこの中にあります。なお、日本語訳されたページも用意されていますが、頻繁に更新されるために一部は英語のままです。

- **GitHubヘルプ**

https://help.github.com/ja

SECTION 03

Visual Studio Codeをインストールする

Gitはプログラムのソースコード管理のために作られたため、ソースコード編集用のテキストエディタやIDEと組み合わせて使われることがよくあります。ここではGitと連携する機能を持つVisual Studio Code（以降VSCode）のインストール方法を解説します。

◎ Gitと相性のいいテキストエディタ

Gitはファイルなら何でもバージョン管理できますが、最大の用途はプログラムやWebページなどのソースコードファイル（プログラミング言語で書かれたテキストファイル）の管理です。そのため、ソースコードの編集に使用するテキストエディタやIDE（統合開発環境）の中にはGitと連携する機能を持つものがあり、プログラム開発以外でも役立ちます。本書ではその中からマイクロソフト社のVSCodeを紹介します。

VSCodeのソース管理画面では、前回のバージョンからどこが変更されたか（差分）をわかりやすい形で表示できます。また、コンフリクトの解消や、前バージョンまで戻すといったGitの一部の機能を利用できます。

図1-16 VSCodeのソース管理画面

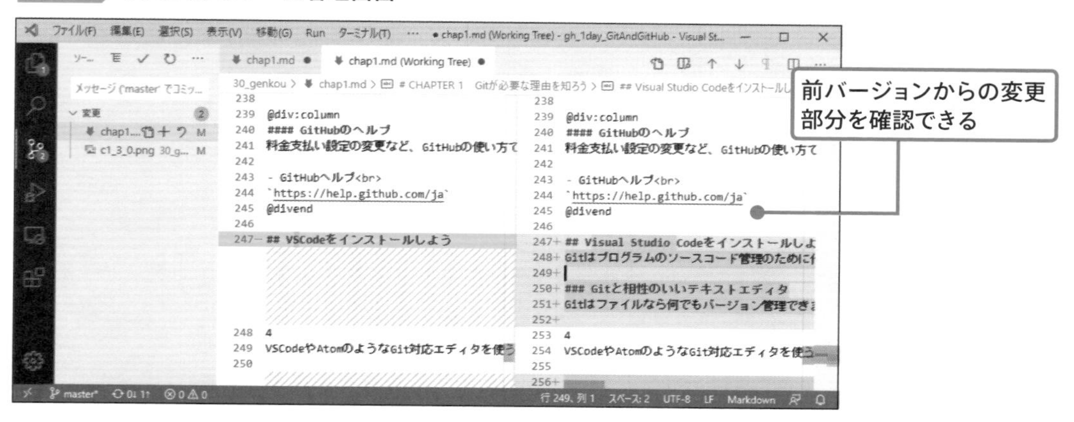

◎ VSCodeのインストール

VSCodeは公式サイトから無料で配布されています。Windows、macOS、Linux版があり、現在使っているパソコンのOSに合わせたダウンロード用ボタンが表示されます。

- **VSCodeのダウンロードサイト**
  https://code.visualstudio.com

図1-17 VSCodeをダウンロードする

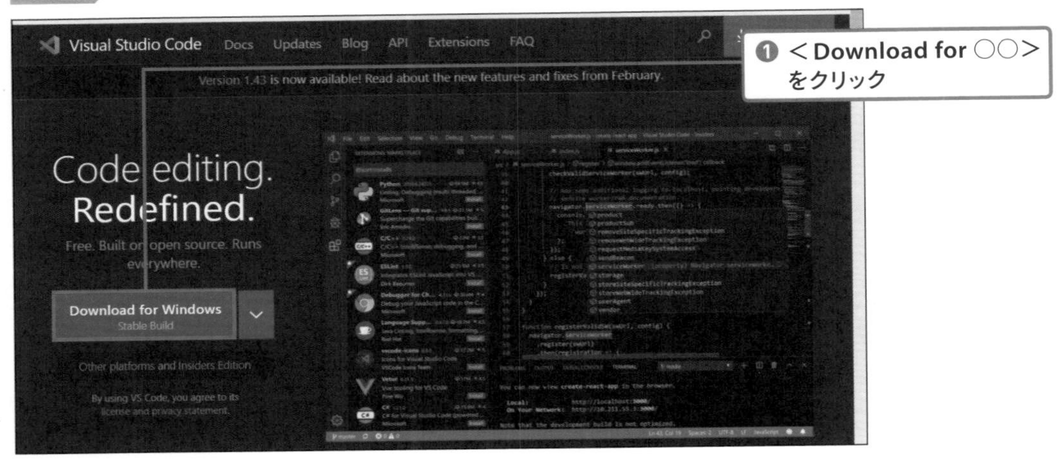

ダウンロードしたファイルを実行してインストールを進めます。基本的に＜次へ＞をクリックしていけばインストールは完了します。

図1-18 VSCodeのインストール

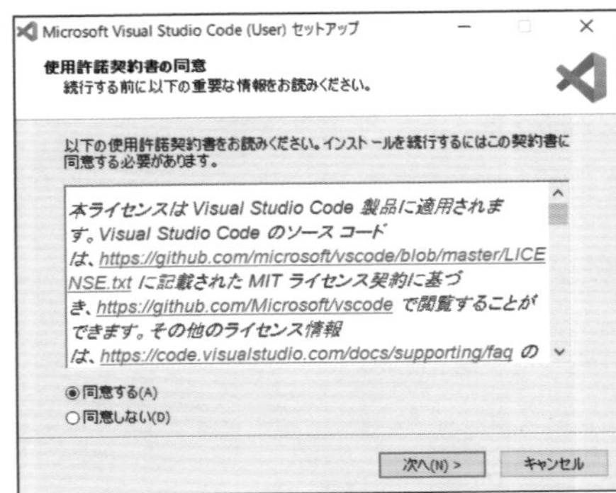

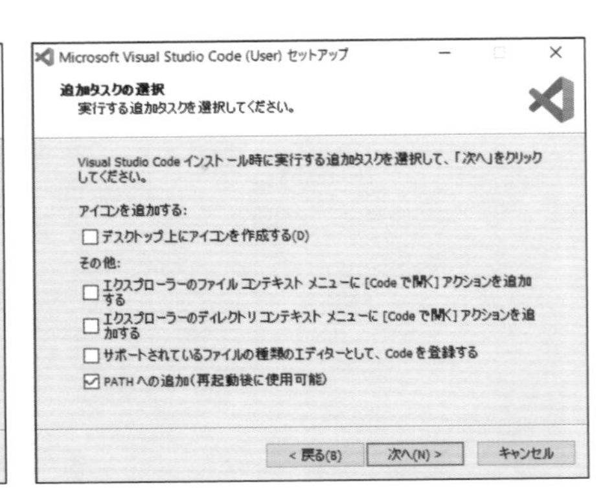

インストールが終了したら日本語化の設定を行います。「Extentions」画面に切り替え、Japanese Language Packをインストールします。

図1-19 VSCodeの日本語化

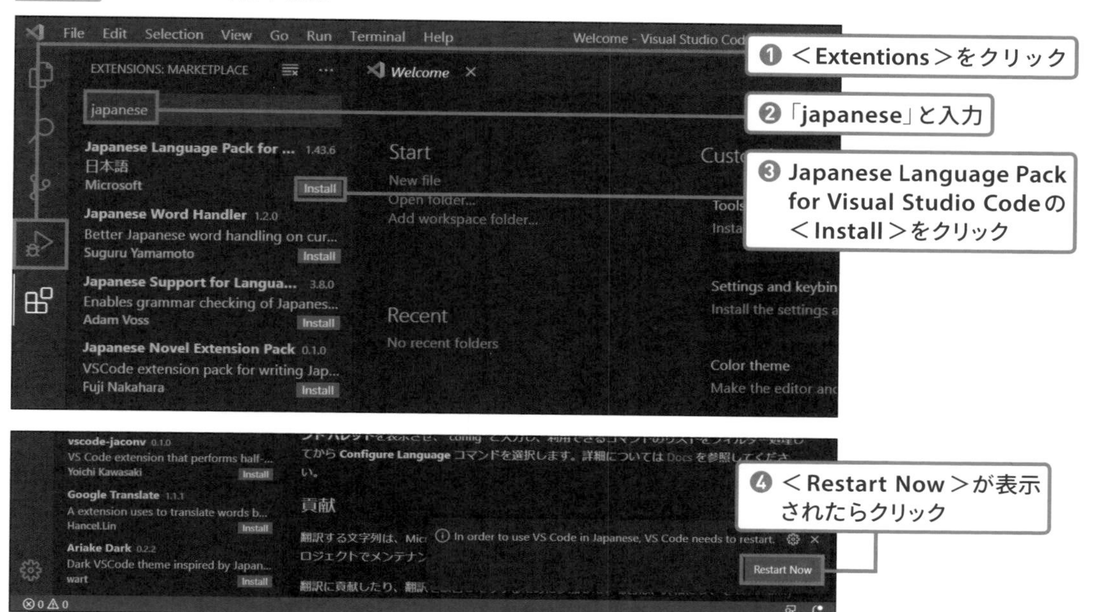

VSCodeが再起動されると、画面の各部の名称が日本語に変わっています。

また、必要な操作ではありませんが、本書ではVSCodeの画面配色をライトテーマに切り替えて解説します（紙面を見やすくするためです）。配色を切り替えるにはメニューから<ファイル>（Macの場合は<Code>）→<基本設定>→<配色テーマ>を選択し、ライトテーマのいずれかを選択します。

図1-20 VSCodeの配色テーマを変更

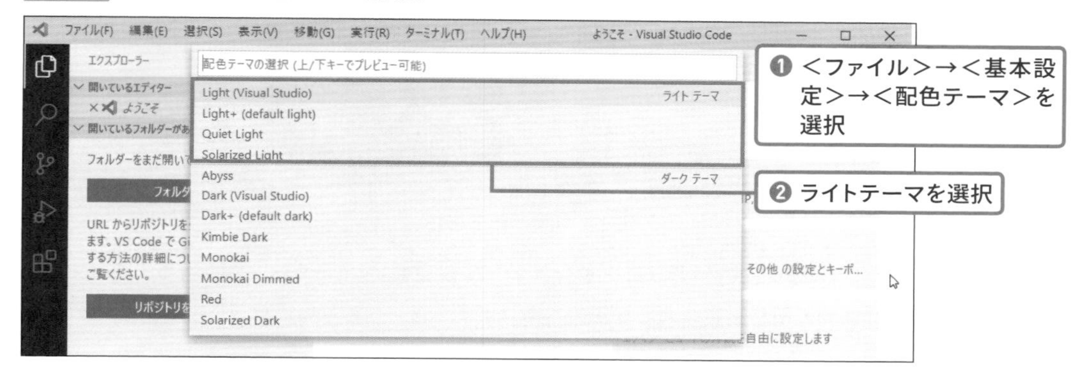

1 Gitが必要な理由を知ろう

◎ コマンドラインのGitをインストールする

単にGitを利用するだけならGitHub Desktopだけで大丈夫なのですが、VSCodeのGit連係機能を使うためにはコマンドライン用のGitが必要です。Gitの公式サイトからインストールしましょう。

図1-21 コマンドライン用Gitがインストールされていない場合

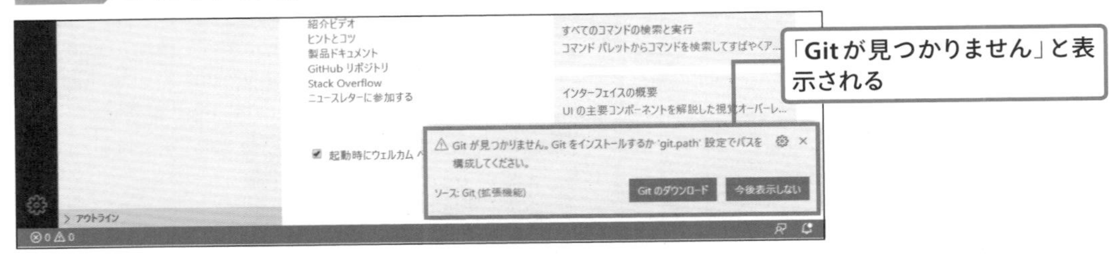

- **Gitの公式サイト**
  https://git-scm.com

図1-22 Gitのダウンロード

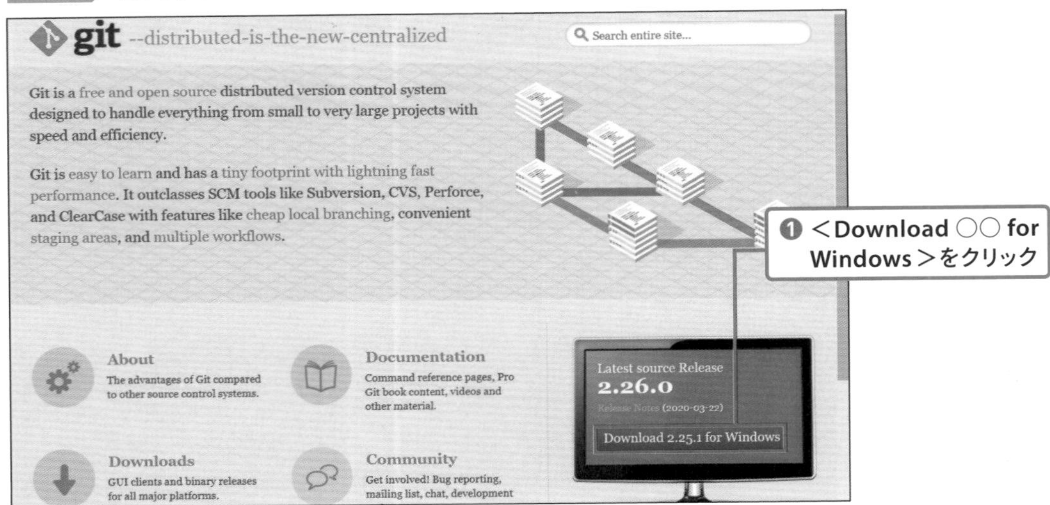

ダウンロードしたファイルを実行してGitをインストールします。大部分は<Next>をクリックしていけばいいのですが、何カ所か設定が必要な部分があります。

POINT

macOSは標準でGitがインストールされていますが、バージョンが古い場合があります。Gitの公式サイト（https://git-scm.com）よりダウンロードしてインストールしてください。インストール時の選択肢はほとんどありませんがセキュリティの警告が出ることがあります。その場合はシステム環境設定のセキュリティとプライバシー画面で許可してください。

図1-23 Gitのインストール①

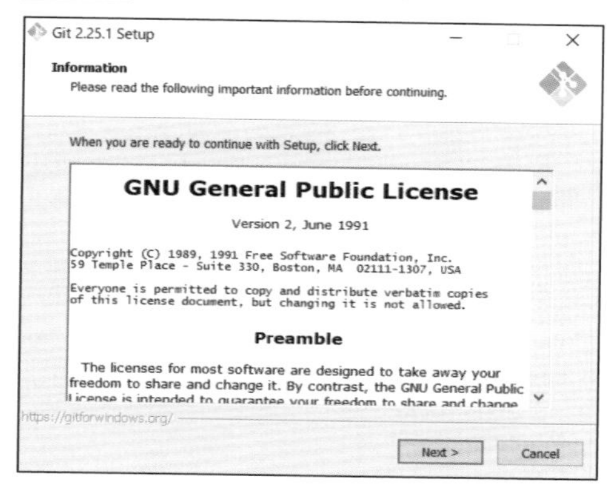

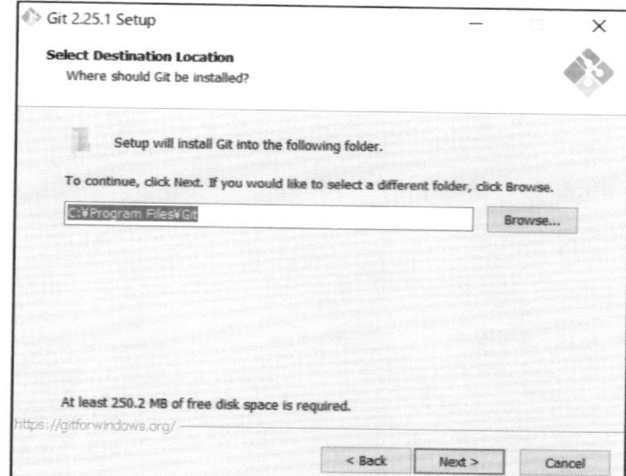

インストールコンポーネントやインストール場所の選択も初期設定のままでかまいません。

図1-24 Gitのインストール②

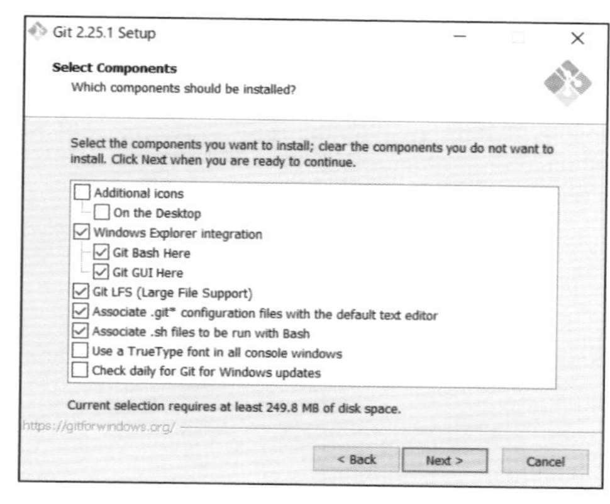

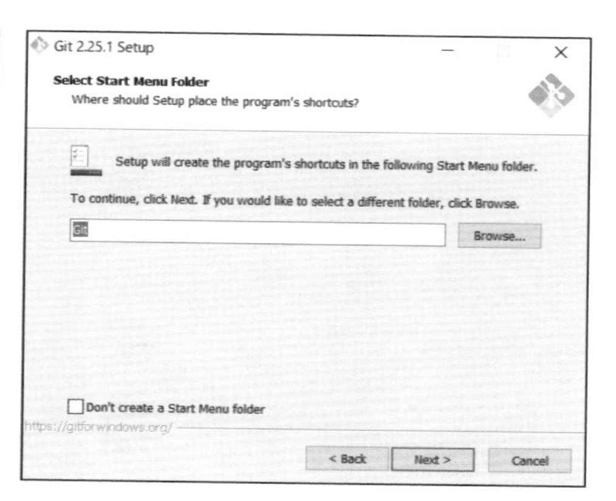

デフォルトエディタの選択画面（Choosing the default editor used by Git）ではVSCodeを選択します。コマンドライン用Gitで何かの編集作業が必要なときは、VSCodeが起動するようになります。

図1-25 Gitのインストール③

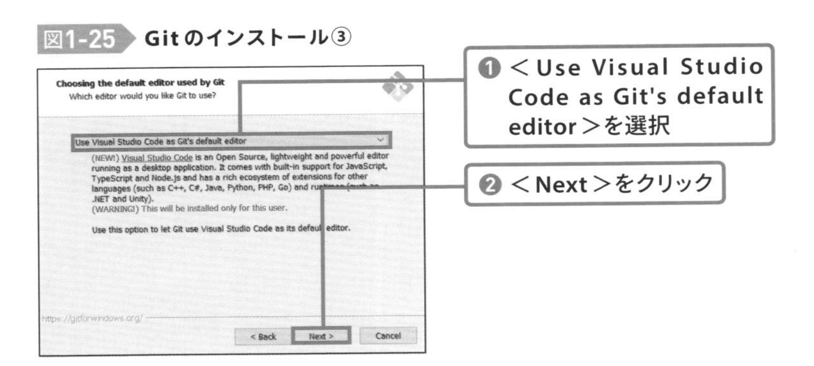

パスについての確認画面（Adjusting your PATH environment）では、＜Git from the command line and also from 3rd-party software＞を選択してください。VSCodeなどのサードパーティ製アプリでGitを利用できるようになります。

図1-26 Gitのインストール④

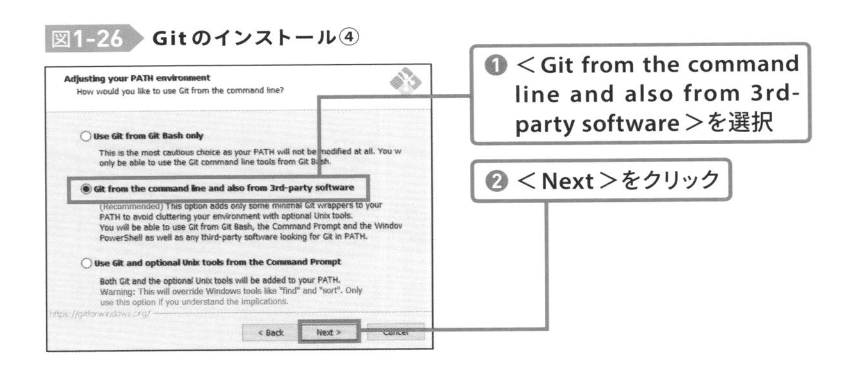

HTTPSの設定（HTTPS transport backend）や改行コード変換の設定（the line ending conversions）が表示されます。これらは初期設定のままでかまいません。

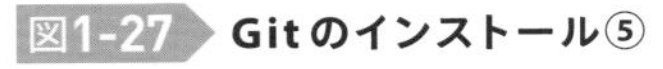
図1-27 Gitのインストール⑤

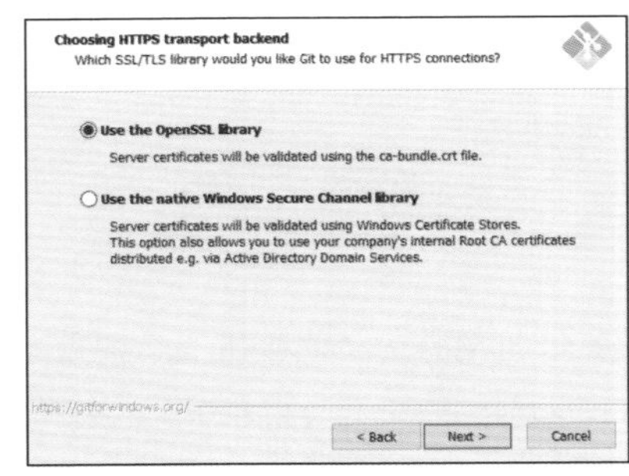

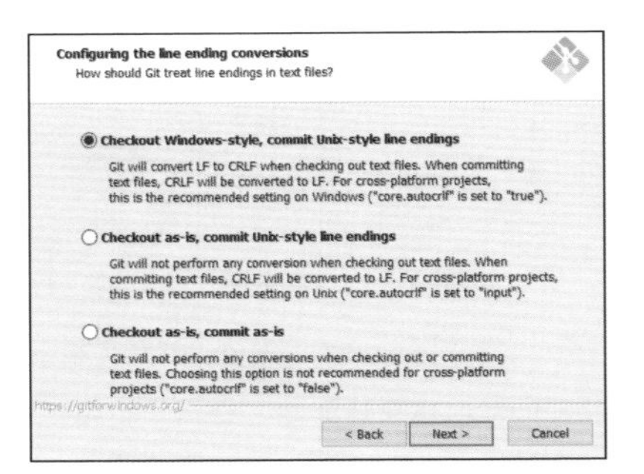

POINT

改行コード（改行を表す文字コード）は、WindowsではCRLF、macOSやLinuxではLFが標準となっており、初期設定（Checkout Windows-style...）ではリモートリポジトリとのやりとりの際に自動的に変換されます。これで不都合が起きる場合は、Gitのリポジトリごとの設定で、特定のファイルだけ改行コードを維持するよう設定することができます（P.39参照）。

Git Bashの設定やエクストラオプションの設定も初期設定のままで大丈夫です。

図1-28 Gitのインストール⑥

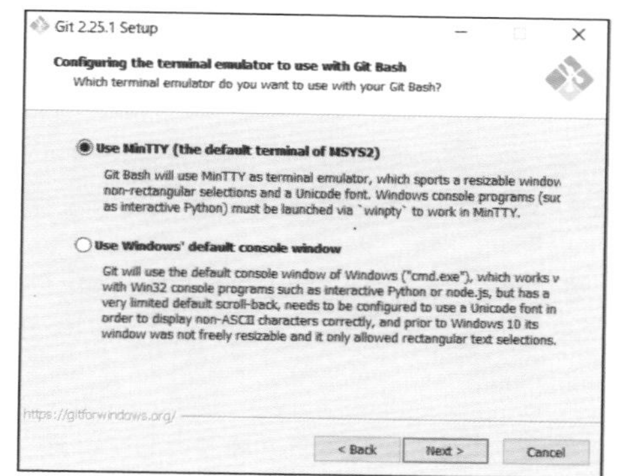

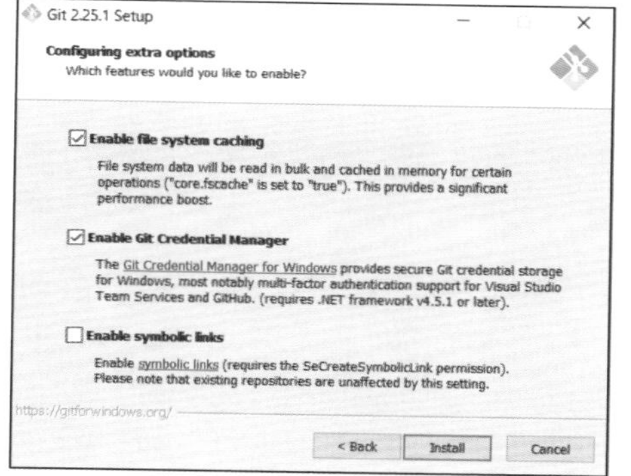

「Completing the Git Setup Wizard」と表示されたらインストールは完了です。

図1-29 Gitのインストールが完了した

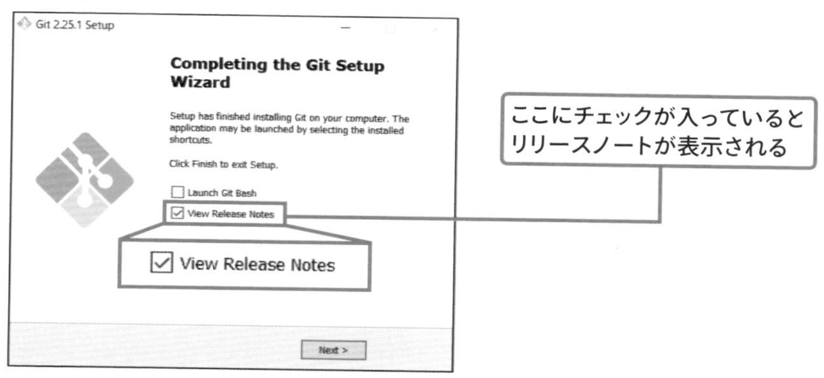

Gitのインストール中にVSCodeを起動していた場合は、いったん終了して起動し直してください。それでVSCodeからGitが利用可能になります。

SECTION 04

Gitの基本的なしくみを理解する

GitHub Desktopの操作は比較的シンプルなのですが、Gitのしくみや用語がわかっていないと意味がまったく理解できません。逆にしくみさえわかっていれば、操作は簡単に覚えられます。そこで次章から実際の操作の説明を始める前に、Gitの基本的なしくみと用語を解説します。

◎ ただのフォルダを「リポジトリ化」する

Gitを利用するには、パソコン内のフォルダを、保管庫を意味するリポジトリに変えます。リポジトリ化すると、フォルダ内に.gitという名前の隠しフォルダ（通常の方法では見られないフォルダ）が作られます。この.gitフォルダがリポジトリの本体です。

あとはファイルを編集してはリポジトリ（.gitフォルダ）に記録、編集しては記録を繰り返していきます。このリポジトリに記録する操作をコミットといい、記録したひとかたまりのデータのこともコミットと呼びます。

図1-30 リポジトリ（.gitフォルダ）の基本的な使い方

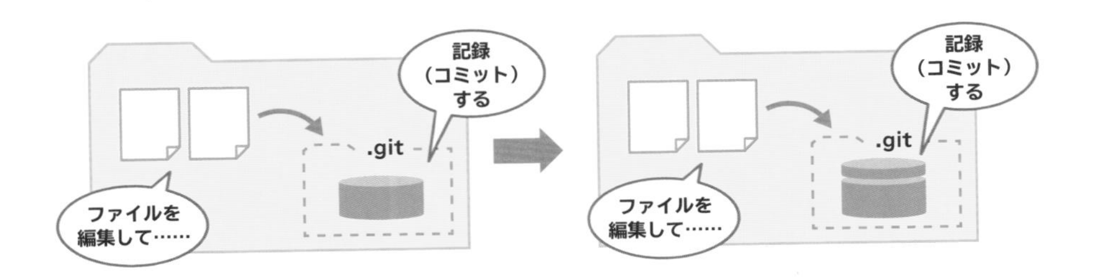

リポジトリ化したフォルダの中は2つの世界に分かれます。1つはGit以外のプログラムから見える通常の世界です。これをワーキングディレクトリと呼びます（ワークツリーまたは作業ツリーと呼ばれることもあります）。一般的なオフィスソフトやグラフィックスソフト、エディタなどで操作できるの

はワーキングディレクトリだけであり、リポジトリ化する前とまったく変わりません。

もう1つはGitが管理するリポジトリです。この中にはコミットが複数記録されています。リポジトリを見られるのはGitHub Desktopのような Gitに対応したアプリだけです。VSCodeのような Gitをサポートしているアプリも、リポジトリ内の一部の情報を見ることができます。

図1-31 リポジトリ化したフォルダの中の世界

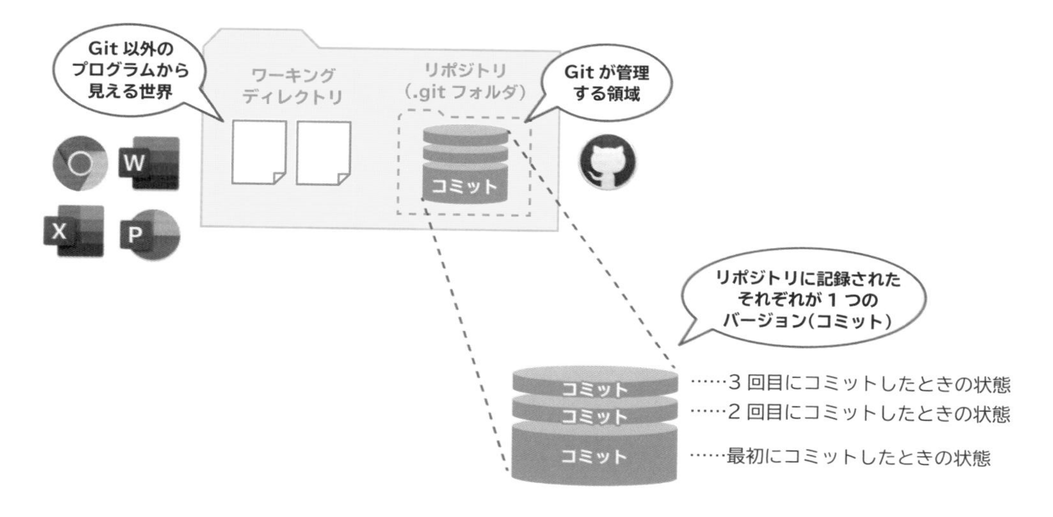

リポジトリに記録されるコミットに注目してみましょう。コミットには、「コミットという操作を行った時点のワーキングディレクトリの状態」が記録されています。仮にワーキングディレクトリのファイルをすべて削除したとしても、リポジトリにコミットしていればそこからファイルを復元できます。

個々のコミットには、直前のコミットからの変更点（差分）だけが記録されています。そのため、変更が少なければコミットのデータサイズは小さくなります。逆にいうと最新のコミットだけがあってもファイルを復元することはできません。

COLUMN　いったんコミットしたデータは消せない

Gitを使う際に注意してほしいのは、いったんコミットしたデータはリポジトリから削除できないという点です（最新のコミットだけは取り消せます）。コミット後にワーキングディレクトリからファイルを削除してコミットし直しても、「ファイルを削除した」というコミットが登録されるだけです。そのため、個人情報やパスワードなどが書かれたファイルをコミットしてしまうと、大変困ったことになります。コミットされると困る情報はワーキングディレクトリに入れないようにするか、無視ファイル（P.86）に登録しておきましょう。

◎ リモートリポジトリを利用したファイル共有

Gitを利用して複数人で共同作業を行うには、インターネットなどのネットワーク上にリモートリポジトリを作成し、パソコン内のローカルリポジトリと同期します。先に紹介したGitHubの目的も、リモートリポジトリを用意することです。

パソコンの中のファイルとネットワーク上のファイルを同期するという点ではDropBoxなどのファイル共有サービスに似ていますが、Gitでは自動的に同期されることはありません。ローカルリポジトリの内容をリモートリポジトリに反映するときはプッシュ、リモートリポジトリの内容をローカルリポジトリに反映するときはプルという操作を行います。

複数のユーザーで作業するときは、それぞれがローカルリポジトリを作り、リモートリポジトリと同期します。チームメンバーそれぞれがリポジトリを持つため、Gitは分散型のシステムと呼ばれます。そのおかげで、ネットワークに接続していない状態でもローカルリポジトリのデータを使って作業できます。

図1-32 Gitによるファイル共有のしくみ

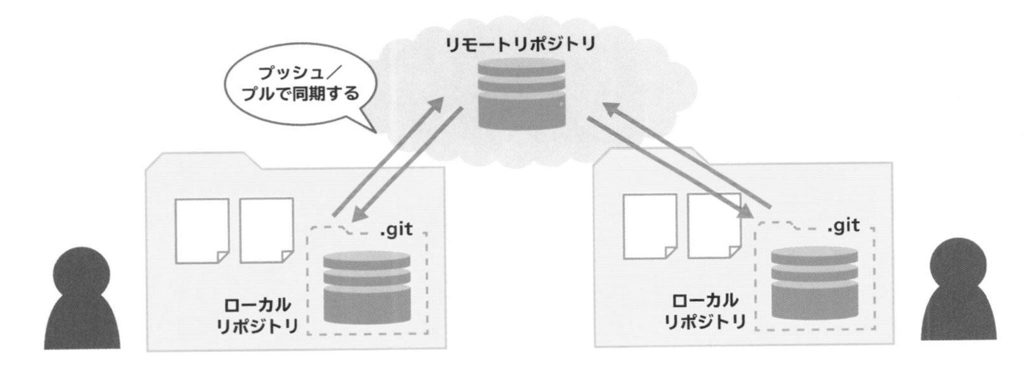

注意してほしいのは、Gitが同期するのはリポジトリ同士だという点です。ファイルをリポジトリにコミットしていなければ、同期の対象にはなりません。

また、複数人がローカルリポジトリで作業した結果、同じファイルの内容が食い違ってしまった場合はコンフリクト（衝突）という問題が起きます。コンフリクトを解消するまで同期できなくなります。Gitに慣れないうちはコンフリクトを起こしがちなので、チャットツールなどを使って事前に誰がどのファイルを編集するかを相談しながら進めたほうがよいでしょう。

共同作業をより効率よく行うために、ブランチやプルリクエストといった機能も利用できます。これらについては後半の章で紹介します。

CHAPTER

2

GitHub Desktopでローカルのファイルを管理しよう

SECTION 01

ローカルリポジトリを作成する

この章ではGitHub DesktopとVSCodeを使ったローカルリポジトリの使い方を学びます。まずはローカルリポジトリを作ってみましょう。ローカルリポジトリを作る方法はいくつかありますが、ここでは何もない状態から作成する方法を説明します。

◎ ローカルリポジトリを作成する

◎ ローカルリポジトリの作成方法は3つある

GitHub Desktopを使ってパソコンの中にローカルリポジトリを作りましょう。ローカルリポジトリの作り方には次の3通りがあります。

❶ハードディスク内に新規ローカルリポジトリを作成

ローカルリポジトリもリモートリポジトリもない状態からスタートする場合は、＜File＞→＜New repository＞を選択して作成します。Gitを使わずに作業を進めていて、新たにGitを利用することにした場合も、この方法でリポジトリ化します。

❷リモートリポジトリをコピーしてローカルリポジトリを作成

すでにリモートリポジトリがある場合は、＜File＞→＜Clone repository＞を選択するか、Webブラウザーで GitHub上のリモートリポジトリを表示して＜Open in Desktop＞を選択します（P.76参照）。リモートリポジトリをローカルにコピーすることを「クローンする」または「クローンを作成する」といいます。

❸すでに作成済みのローカルリポジトリを取り込む

他のGitクライアントで作成したローカルリポジトリをGitHub Desktopで利用できるようにするには、＜File＞→＜Add local repository＞を選択します。

3番目の方法について補足すると、第1章でも説明したようにGitの情報は.gitという隠しフォルダ内に記録されており、それを管理するアプリは何でもかまいません。ですから、コマンドラインで作成したローカルリポジトリを途中からGitHub Desktopで管理したり、普段はGitHub Desktopで管理して難しい操作だけコマンドラインで行ったりと、複数のGitクライアントを組み合わせて操作してもまったく問題ありません。

◉ 新規ローカルリポジトリを作成する

GitHub Desktopを起動して、名前と保存先（Local path）を指定してローカルリポジトリを作成しましょう。リポジトリの名前はローカルリポジトリを作るフォルダの名前になります。Gitのようなツールで日本語のフォルダ名を使うのは望ましくない（元が英語圏のツールなのでトラブルが起きることがある）ので、英数字の組み合わせで名前を付けてください。保存先のパスにも日本語のフォルダ名を含めないようにしましょう。

図2-1 ローカルリポジトリの作成

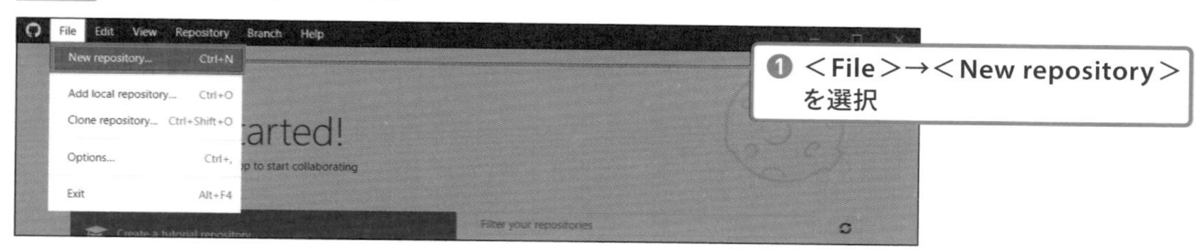

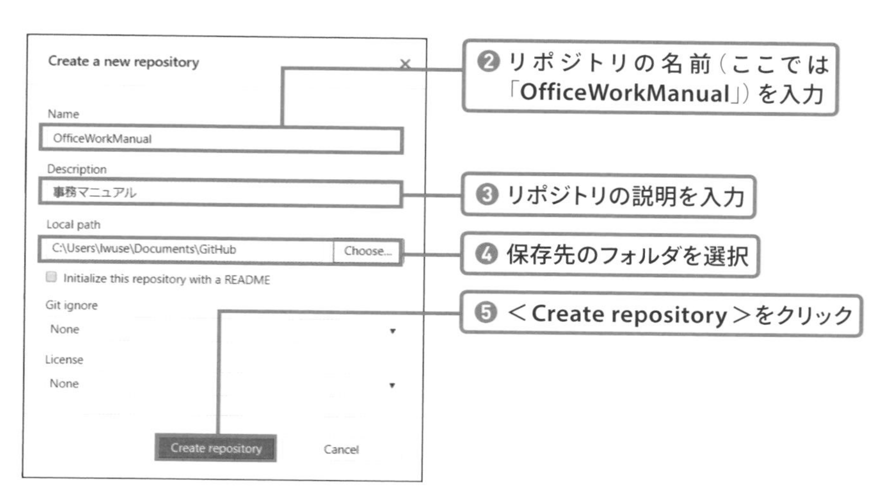

この画面では、ほかにREADMEやGit ignore、Licenseなども選択できますが、今回はすべてなし（None）で進めます。これらについては、第3章以降で解説します。

GitHub Desktopの画面がローカルリポジトリ作成後の状態に変わります。まだ何もしていないので右側の領域に「No local changes」と表示されています。ここにはファイルやコミットの情報などが表示されます。

図2-2 ローカルリポジトリ作成後の画面

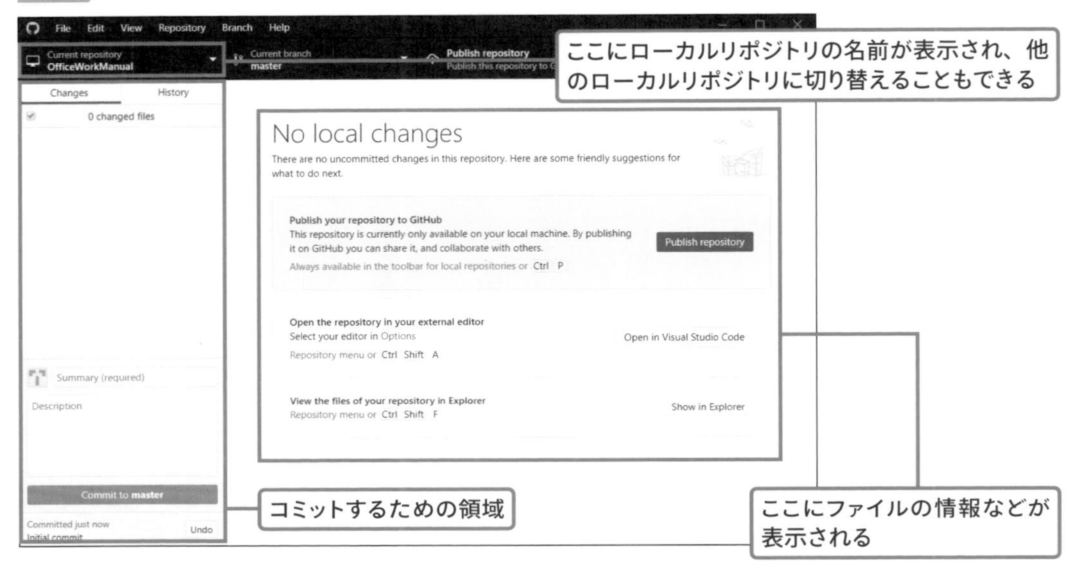

◎ .gitフォルダを確認する

ローカルリポジトリを作成すると、＜Local path＞に指定したフォルダ内に＜Name＞（ここでは「OfficeWorkManual」）のフォルダが作られます。フォルダウィンドウで確認しましょう。中には.gitattributesというファイルだけがあります。.gitattributesはリポジトリの設定が書かれたテキストファイルです。

図2-3 ローカルリポジトリのフォルダを確認

.gitフォルダは通常は非表示になっているので、隠しフォルダを表示する設定にしないと見えません。Windowsのフォルダウィンドウでは、<表示>タブの<隠しファイル>にチェックを入れると表示されます。macOSの場合は、Finderで command + shift + . キーを押すと、表示されます。

図2-4 .gitフォルダを確認

間違って.gitフォルダを削除すると大変なことになるので、<隠しファイル>のチェックは外しておきましょう。

COLUMN

.gitattributesで改行コード変換設定を行う

ローカルリポジトリを作成すると、設定ファイルの.gitattributesが自動的に作られます。テキストファイルなのでVSCodeで編集可能です。GitHub Desktopでローカルリポジトリを作成した場合、初期状態では次のように書かれています。

リスト2-1 初期状態の.gitattributes

```
# Auto detect text files and perform LF normalization
* text=auto
```

1行目はコメント文で、2行目の「*」はすべてのファイルを指し、「text=auto」はテキストファイルの改行処理を自動設定にするという意味です。自動設定ではWindows向けのCRLFと他のOS向けのLFが環境に合わせて自動変換されます。次のように書き加えると、「特定の拡張子（ここでは「sh」）のファイルは改行コードを常にLFに保つ」といった設定ができます。

リスト2-2 .gitattributesの変更例

```
# Auto detect text files and perform LF normalization
* text=auto
*.sh text eol=lf
```

◎ VSCodeでフォルダを開く

VSCodeを起動し、作業するための準備をします。Gitではリポジトリ化したフォルダを中心に作業するので、VSCodeでもフォルダを開いて作業することをおすすめします。フォルダを開いて作業すると、フォルダ内へのファイルの追加や削除などの操作を手早く行えます。

図2-5 VSCodeでフォルダを開く

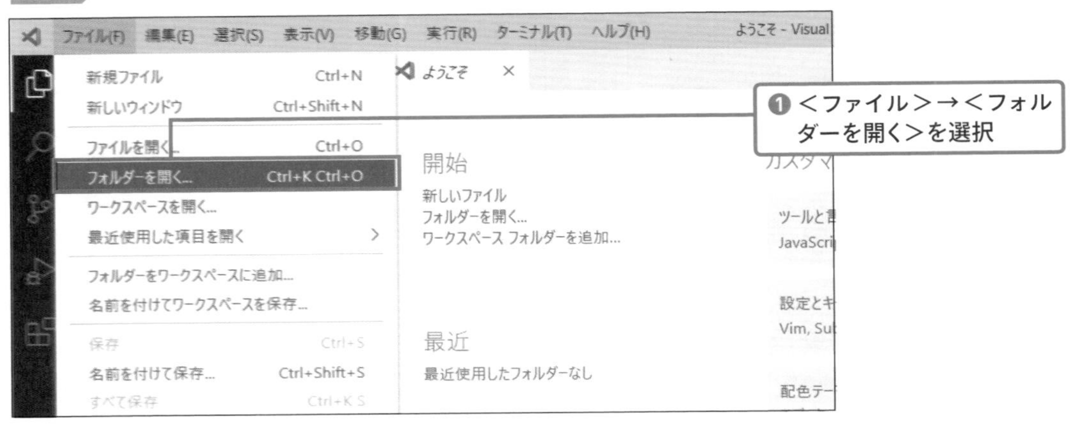

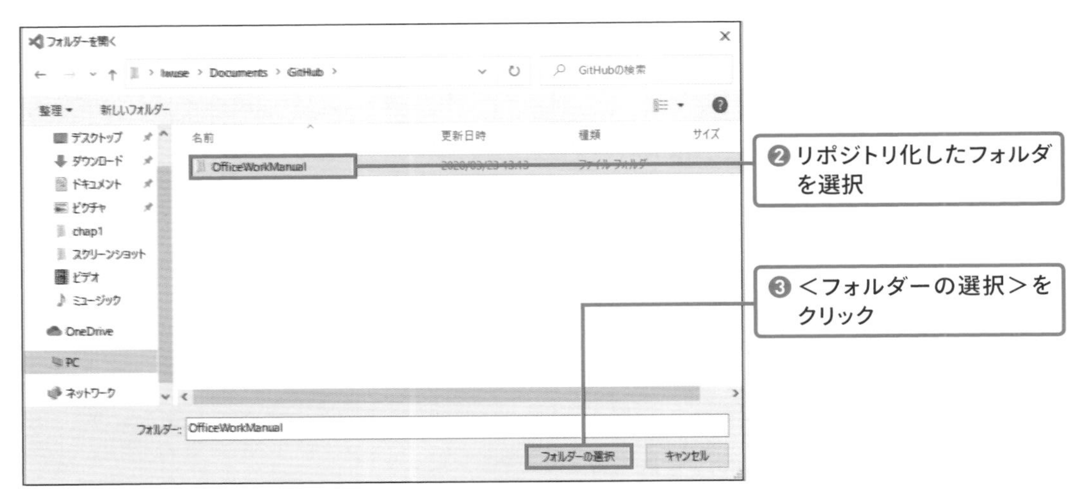

フォルダを開くと、VSCodeの左側にあるエクスプローラーにフォルダ内のファイルが表示されます。まだ何も作成していない段階でも、自動作成された.gitattributesが表示されています。ファイル名をクリックするとファイルの中身を確認できます。

図2-6 VScodeのエクスプローラーでファイルを確認

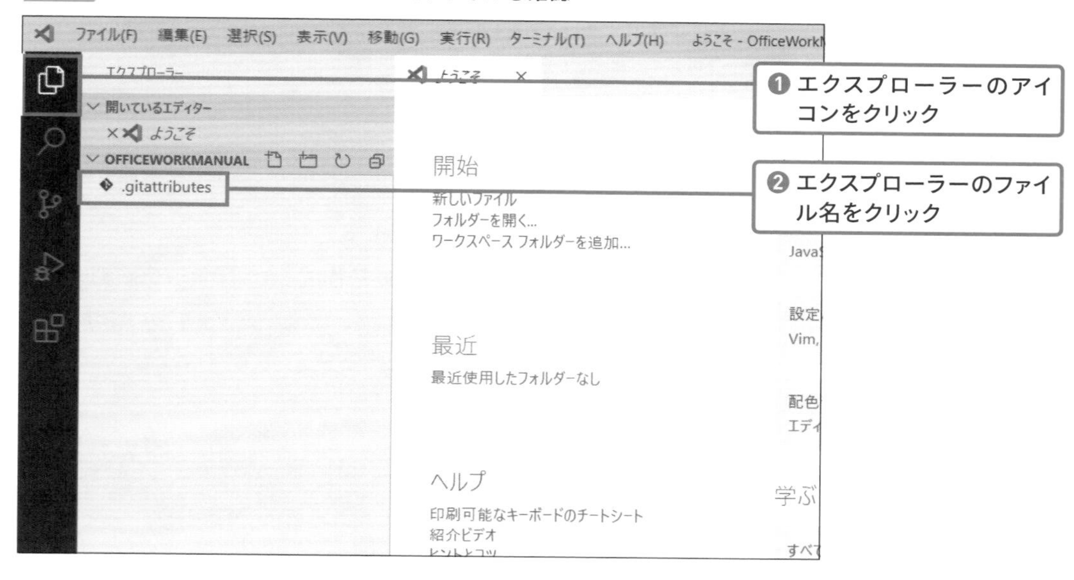

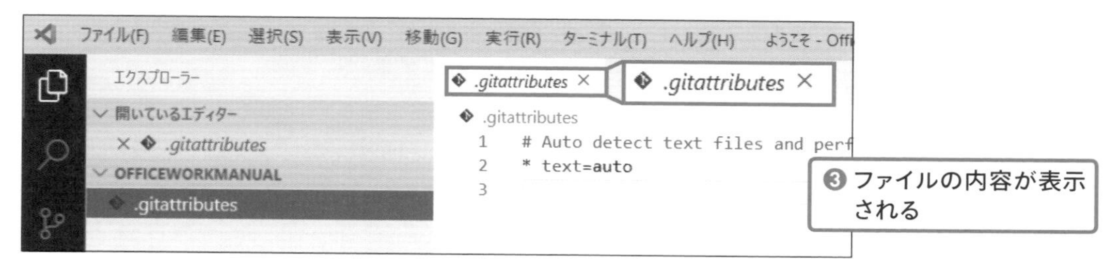

VScodeのエクスプローラーからファイルを開く場合、クリックで開いたときとダブルクリックで開いたときで微妙に動作が変わります。クリックで開く操作は一時的に内容を確認したいときに使うもので（タブのファイル名が斜体になっています）、他のファイルをクリックして開くと自動的に閉じられます。複数のファイルをすばやく切り替えながら内容を確認したいときなどに便利です。

ダブルクリックして開く操作は、ファイルを継続して編集したいときに使います。この方法で開くとファイルが勝手に閉じられることはないので、閉じたいときはタブの<×>をクリックします。

POINT

画面がせまく感じるときは、左側のエクスプローラーのアイコンをクリックすると、折りたたんでエディタの領域を広げることができます。再表示したいときは再度エクスプローラーのアイコンをクリックします。

SECTION 02

変更を「コミット」する

新しいファイルを作成して、コミットしてみましょう。ファイルを新規作成したり編集して保存したりしても、コミットするまではリポジトリには何の影響もありません。ここではファイルの編集／保存とコミットの関係をつかんでください。

◎ ファイルを新規作成する

VSCodeでファイルを作成し、変更して保存するところまでやってみましょう。Markdownという形式のテキストファイルを作ります。ファイルの拡張子は「md」としてください。Markdownについてはあとのセクションで解説するので、とりあえず本の通りに操作してください。

図2-7 新規ファイルを作成

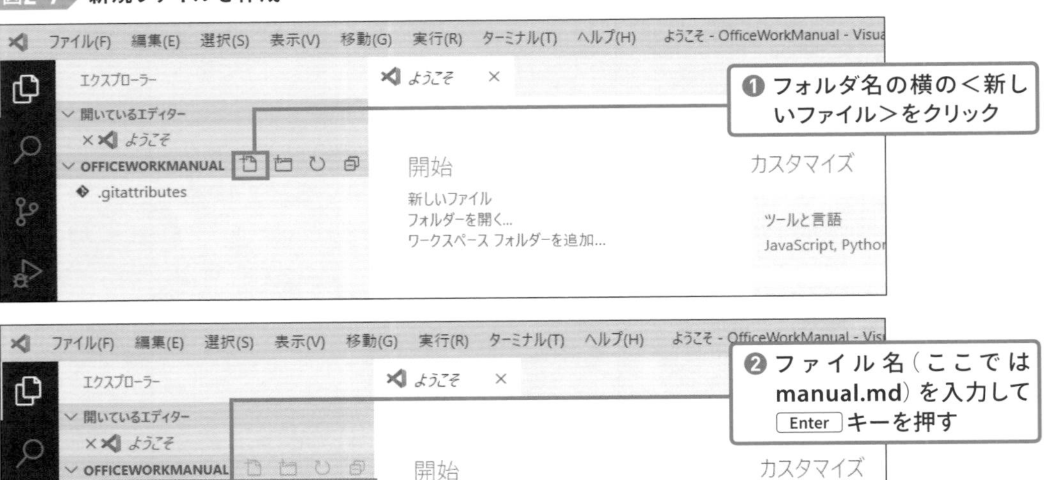

図2-8 新規ファイルが作成された

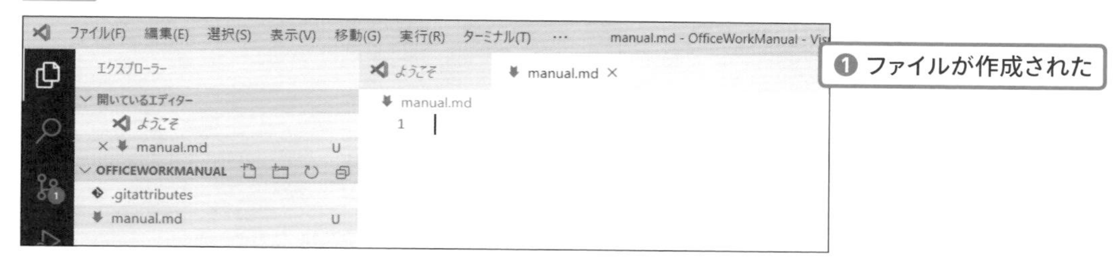

この段階でフォルダウィンドウとGitHub Desktopを見てみましょう。フォルダウィンドウにファイルが表示されているのは当たり前ですね。GitHub Desktopの＜Changes＞タブにもファイルが表示されています。GitHub Desktopはリポジトリ化したフォルダ内の状態を監視し、変更があれば表示してくれます。しかし、この段階ではまだコミットされていません。コミットの対象となるものが表示されているだけです。

図2-9 新規ファイルを確認

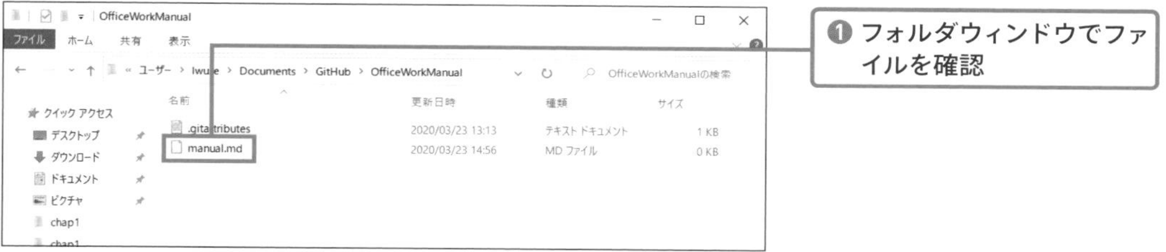

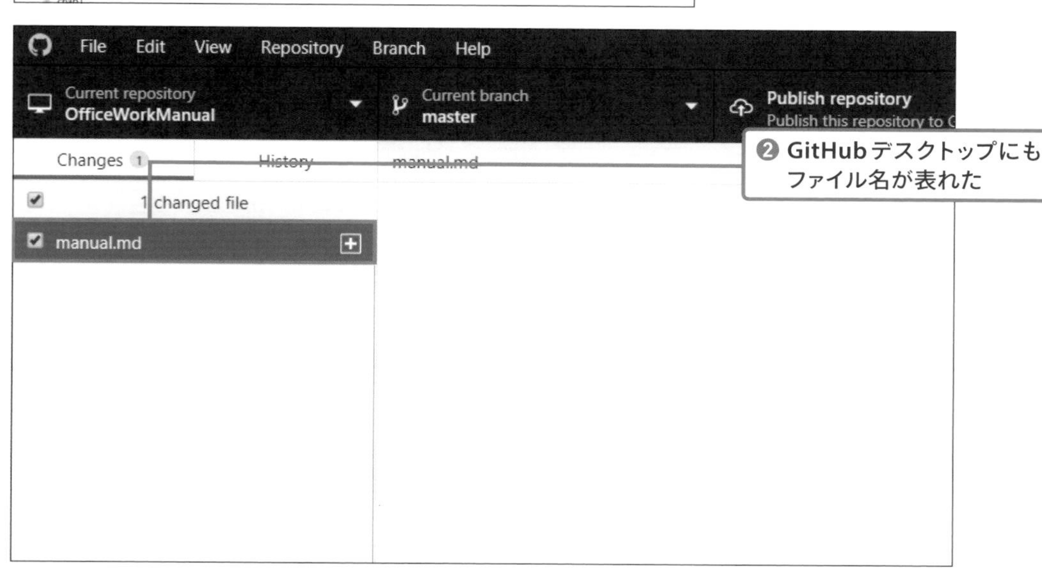

引き続きファイルを編集して上書き保存してみましょう。VSCodeで上書き保存するには、＜ファイル＞→＜保存＞を選択するか、Ctrl＋S（macOSではcommand＋S）キーを押します。このあたりの操作は一般的なテキストエディタやワープロソフトと同じです。

図2-10 新規ファイルを確認

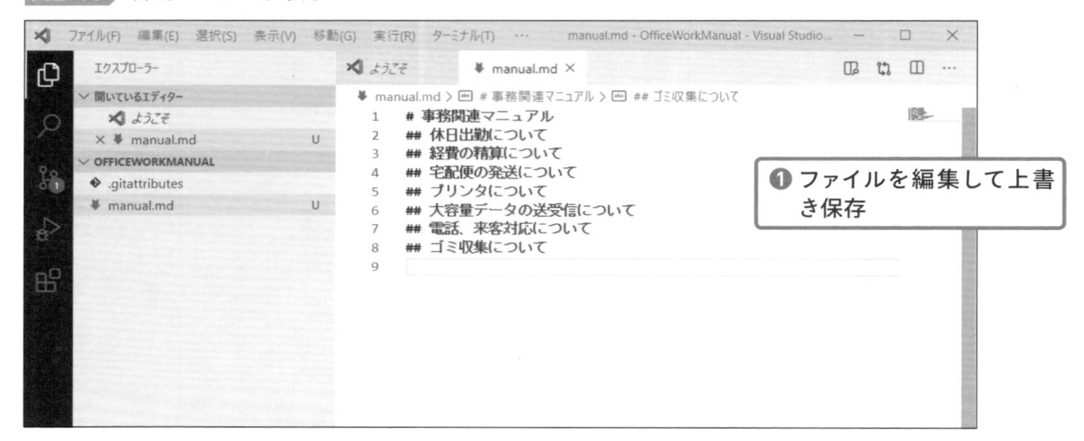

入力しているテキストは、社内マニュアルをイメージしたものです。行頭には半角の「#（シャープ）」を付けます。

リスト2-3 manual.md

```
# 事務関連マニュアル
## 休日出勤について
## 経費の精算について
## 宅配便の発送について
## プリンタについて
## 大容量データの送受信について
## 電話、来客対応について
## ゴミ収集について
```

POINT

Markdownでは、行頭の#は見出しを表します。「#」が一番ランクの高い見出しで、「##」は2番目のランクです。1～6の6段階まで指定できます。#のあとは半角スペースを空けてください。

上書き保存してからGitHub Desktopに切り替えてみましょう。＜Changes＞タブにファイルが表示されているところまでは同じですが、右側の領域にファイルの変更内容が表示されています。

図2-11 新規ファイルを確認

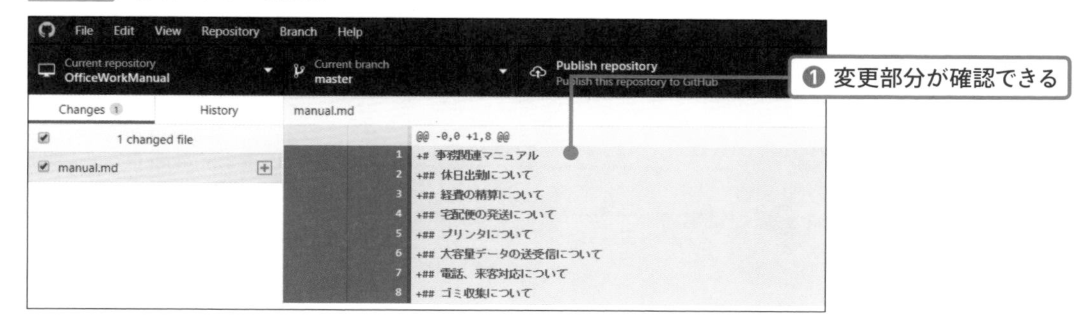

しかし、この段階でもまだファイルはコミットされていません(正確には作成時点を表すコミットがあります)。ワーキングディレクトリの状態が変わり、GitHub Desktopがそれを検出しているだけです。

図2-12 ここまでの状態

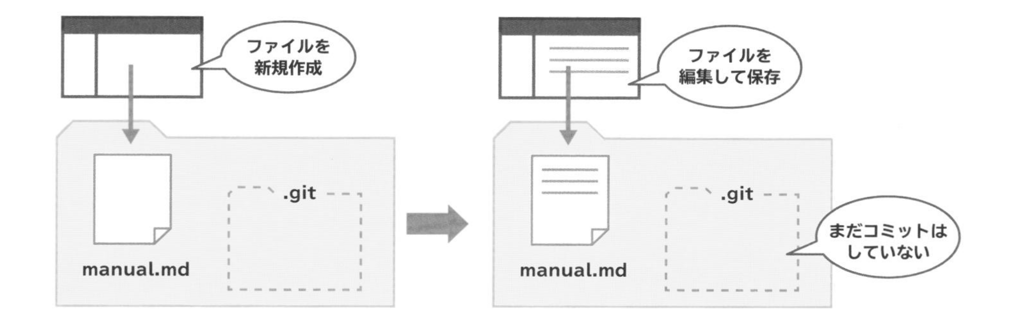

GitHub Desktopの<Changes>タブに変更したファイルが表示され、チェックを入れた状態のことをステージングといいます。変更を検出しただけの状態に名前が付いているのは大げさに感じるかもしれませんが、コマンドラインのGitで操作するときはこれが重要なのです。

◎ 変更をコミットする

それでは、現在のワークディレクトリの状態をコミットしてみましょう。ファイルの変更部分を記録するので、「変更をコミットする」ということがあります。

コミットする際は、コミットの内容を表すコミットメッセージを入力します。コミットメッセージはタイトルと説明を設定できますが、タイトルだけでもかまいません。

図2-13 変更をコミットする

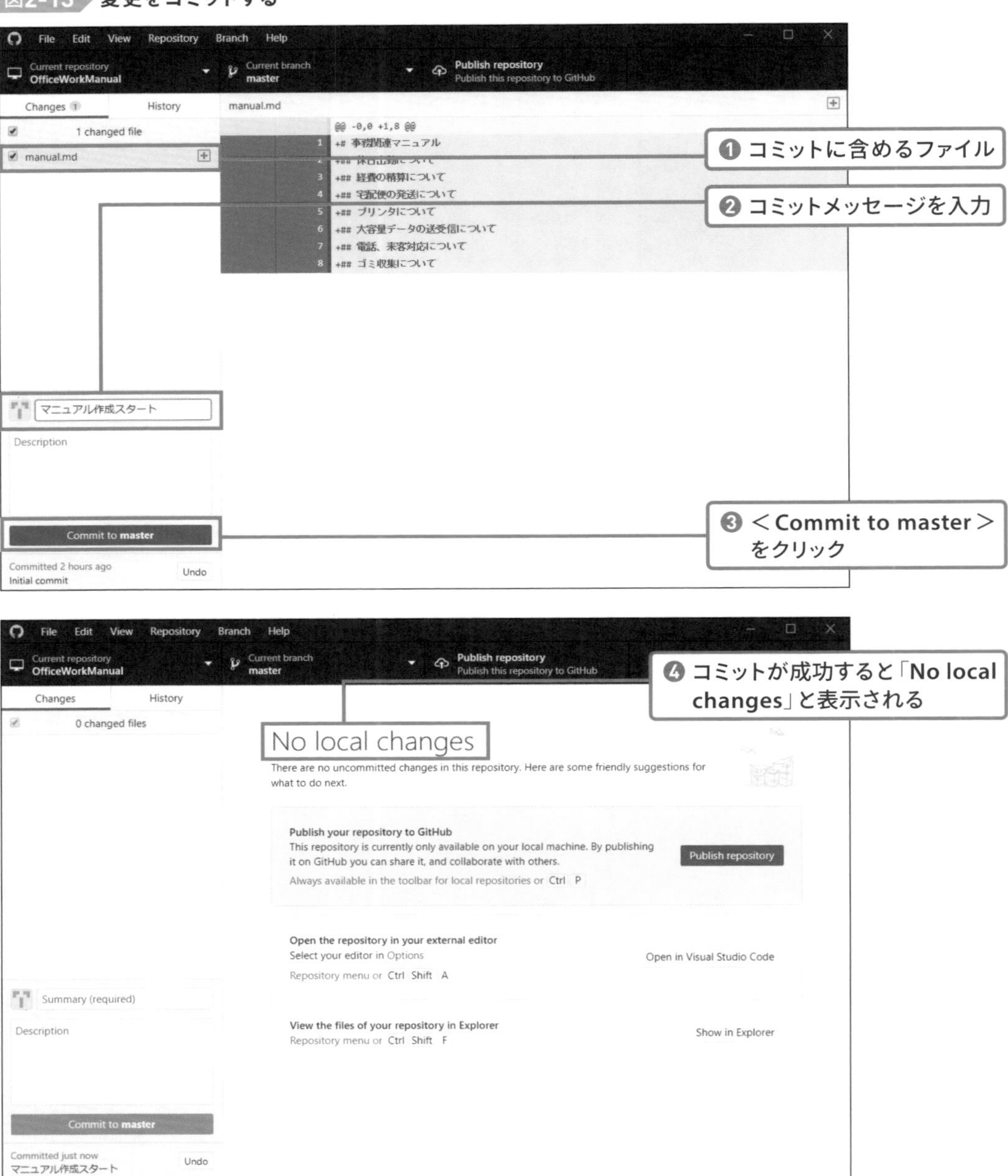

コミットが成功すると、コミットされていない変更がなくなるため、＜Changes＞タブには何も表示されなくなり、右側の領域に「No local changes」と表示されます。

コミットの履歴を確認するには、＜History＞タブに切り替えます。＜History＞タブにはこれまでのコミットが一覧表示されており、選択するとそれぞれの変更内容を確認できます。コミットした覚えのない「Initial commit」は、リポジトリ作成時点を表しています。

図2-14 ＜History＞タブで履歴を確認

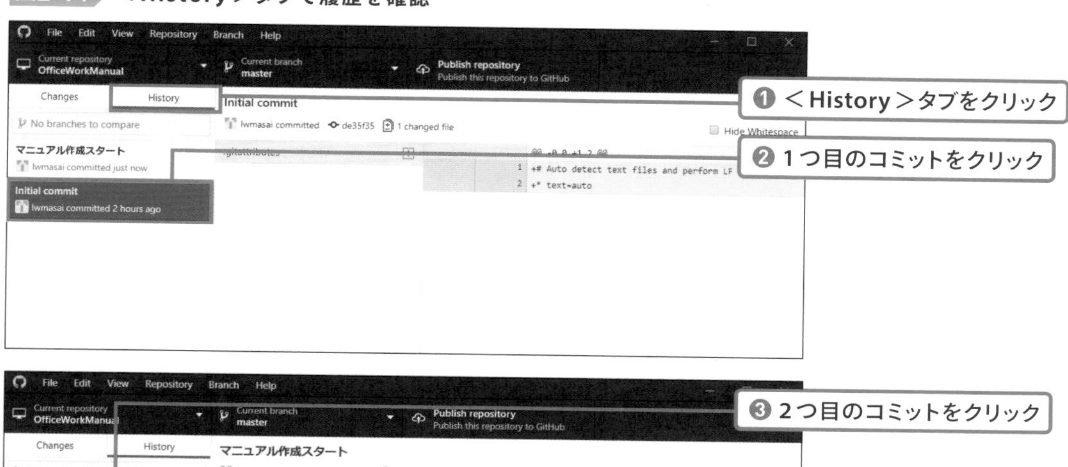

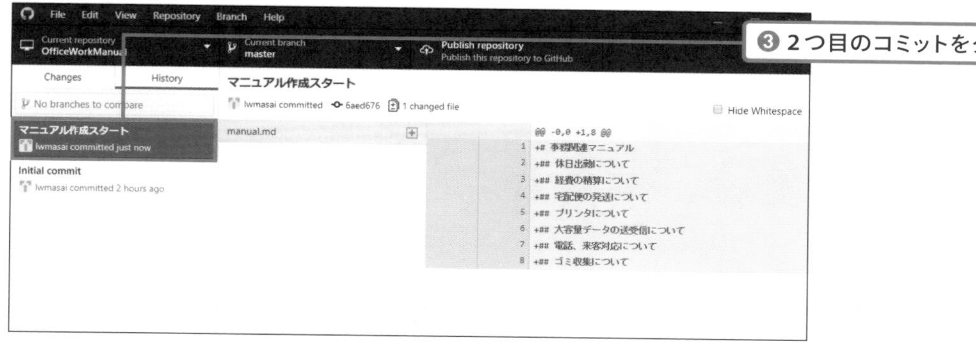

コミット後の状態を図で表すと、次のようになります（正確にはInitial commitもあります）。現時点のmanual.mdの状態は.gitフォルダ内に記録されたので、仮にワーキングディレクトリ内のmanual.mdを削除しても復元可能です。

図2-15 コミット後の状態

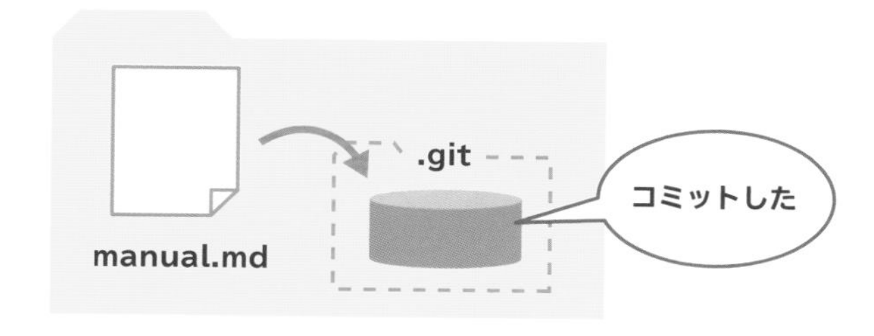

◎ ファイルを編集してコミットする

コミットを理解するために、ファイルを少しだけ変更してコミットしてみましょう。VSCodeではカット＆ペーストでも移動できますが、行を選択して Alt ＋ ↓ キーを押しても移動できます。

図2-16 ファイルを編集

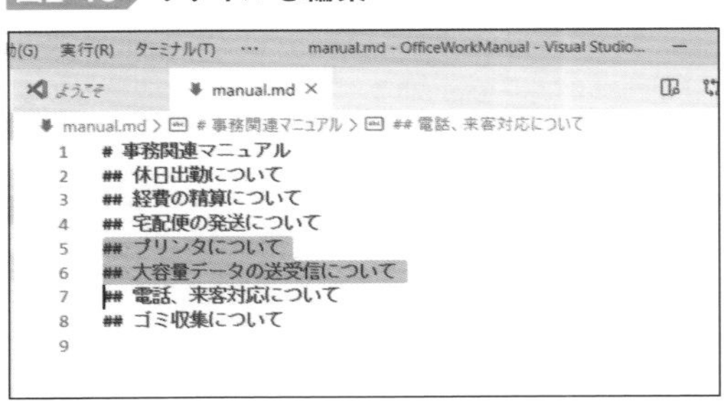

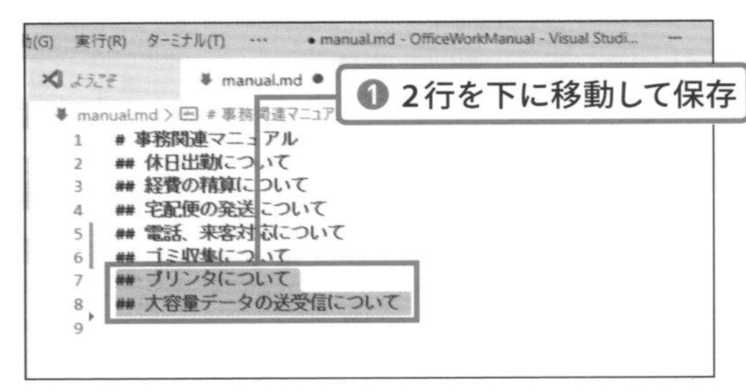

ファイルを上書き保存したら、GitHubに切り替えてコミットしましょう。保存していない変更はコミットできません。＜Changes＞タブを見ると、削除された行は赤、追加された行は緑で表示されています。これは前回のコミットからの変更部分を表しており、差分と呼びます。差分を見ると、行の移動とは「行の削除と行の追加」であることがわかります。

図2-17 変更をコミット

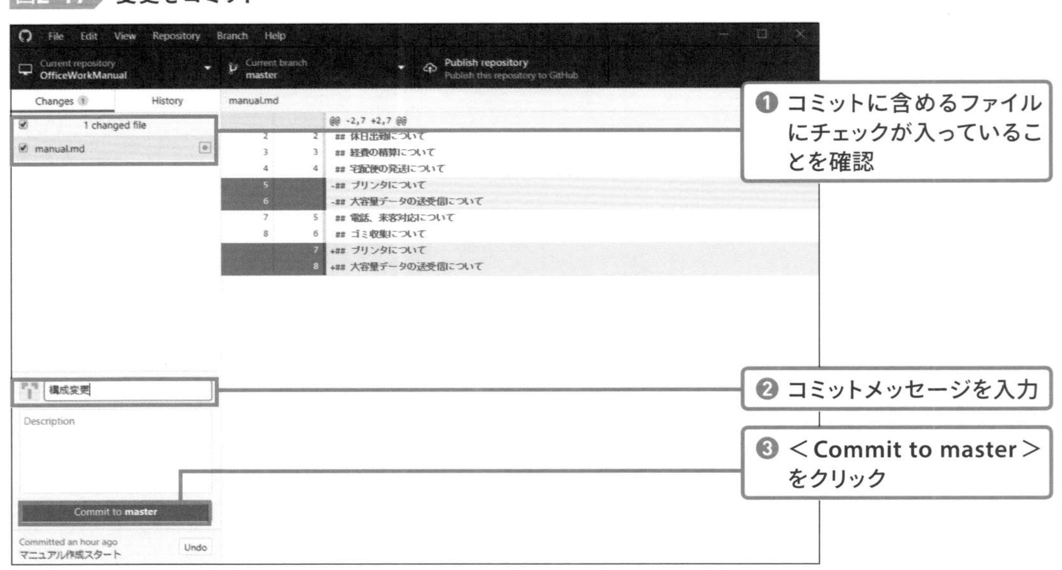

図2-18 ＜History＞タブで履歴を確認

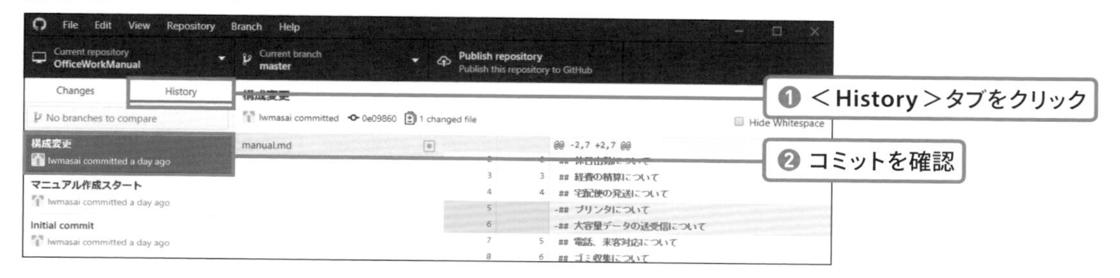

今回は学習のために保存のたびにコミットしましたが、それだと少しやりすぎです。コミットが増えすぎて、かえってどこを変更したのかわからなくなってしまいます。コミットはあとで履歴を見直しやすいものがよいとされています。例えば「機能Aを追加」「機能Bを追加」といったタイトルのコミットならわかりやすいですね。

ただし、長期間コミットしないのはあまりよくないので、区切りが悪くても1日の作業が終わった時点でコミットしてもいいでしょう。作業途中であることを示すためにコミットメッセージの先頭に「WIP:」を付けるという習慣があります。「WIP:」はWork in progressの略です。

COLUMN 常にすべてのファイルをコミットに含めるとは限らない

コミットはあとで見直しやすいものにすべきなので、1回の変更でもコミットを複数に分けたほうがよいこともあります。例えばWebサイトの「CSS（デザイン）更新」と「HTML（内容）更新」を分ける場合などです。デザインはOKでも、内容変更を取り消すケースもありうるからです。

図2-19 コミットに含めるファイルを選ぶ

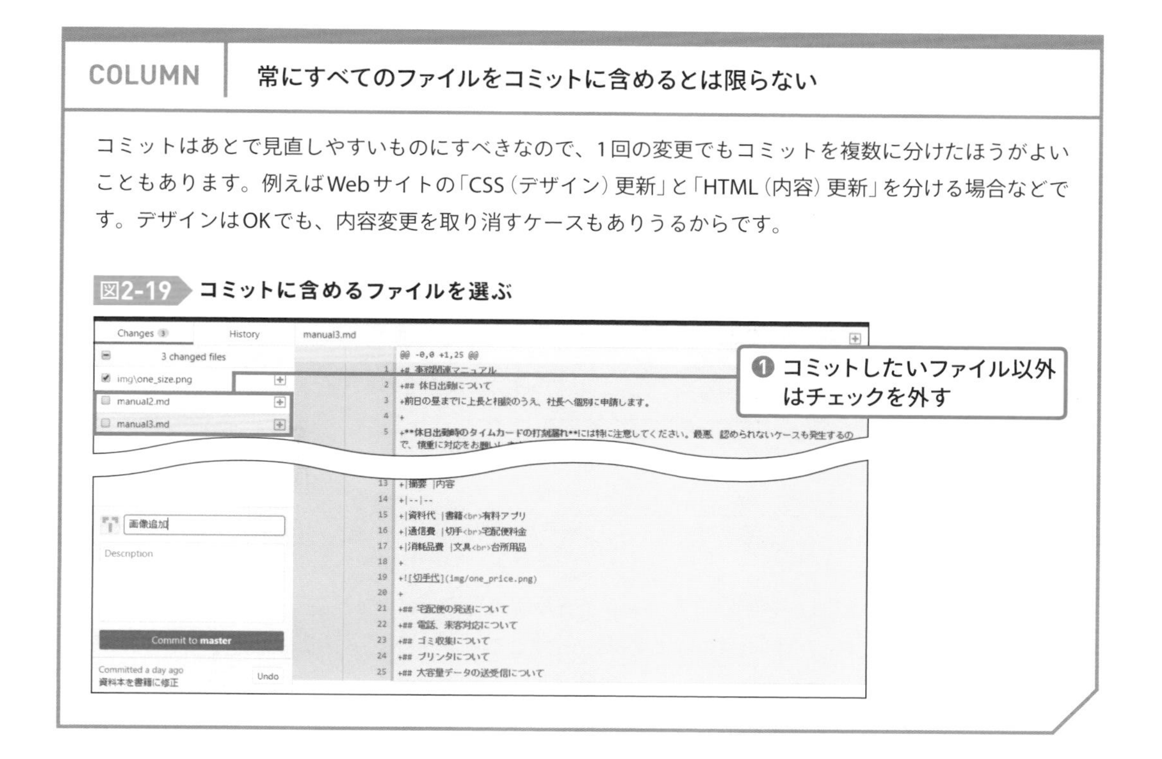

SECTION 03

コミットを取り消す

慣れないうちは、誤ってコミットしてしまうこともあります。誤ったコミットを残しても問題はありませんが、コミットした直後なら取り消すこともできます。また、取り消す前の状態を残したい場合や、何手順か前まで戻したいときは、コミットを打ち消すリバートコミットを追加します。

◎ 直前のコミットを取り消す

コミットの取り消し方はいくつかあります。まずは一番簡単な直前のコミットを取り消す方法を説明しましょう。この方法で取り消した場合、直前のコミットは完全に消えてしまい、＜History＞タブの履歴にも残りません。

まず、ファイルに適当な文を加えて上書き保存します。

図2-20 ファイルを適当に編集する

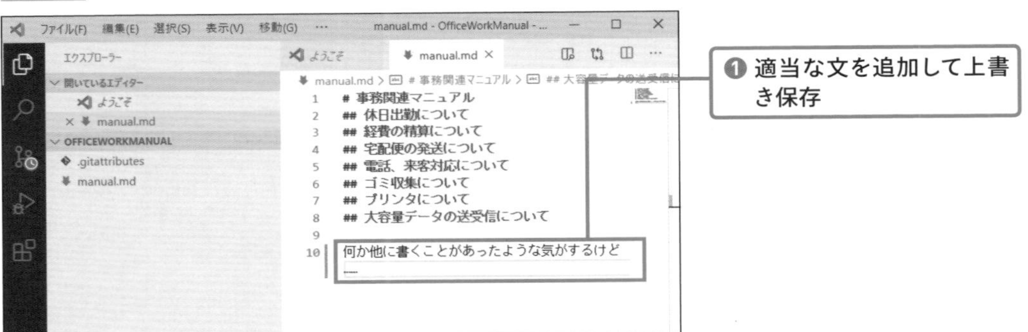

この変更をコミットします。今回はコミットタイトルは適当でいいので、特に指定せず＜Commit to master＞をクリックしてください。GitHub Desktopでコミットメッセージなしでコミットした場合、入力欄にうっすら表示されている「Update ファイル名」がコミットメッセージとなります。

図2-21 変更をコミット

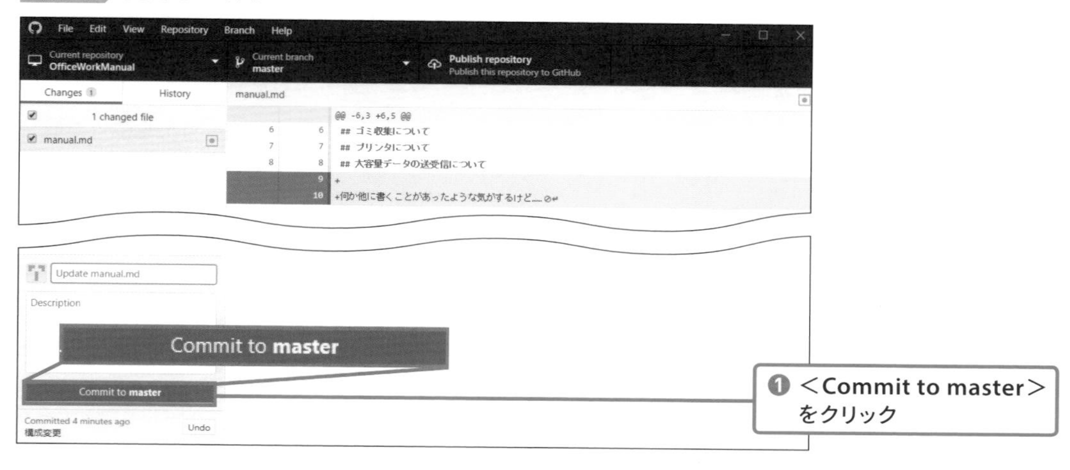

コミット後に画面の左下を見ると、＜Undo＞というボタンが表示されています。これをクリックすると直前のメッセージを取り消せます。

図2-22 直前のコミットを取り消す

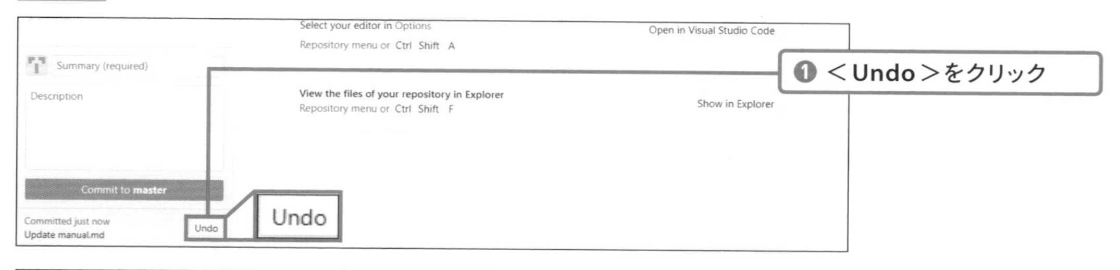

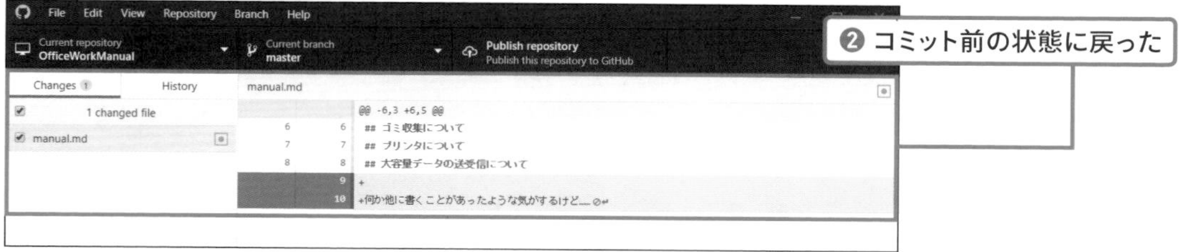

POINT

リモートリポジトリへのプッシュなどの操作を行うと＜Undo＞が消え、この方法では取り消せなくなります。その場合は次に説明するリバートなどを行ってください。

◎ リバートを行ってコミットを取り消す

先ほど説明したUndoでは直前のコミットしか取り消せず、リモートリポジトリへのプッシュなどの操作を行うと取り消せなくなってしまいます。リバートを使えば、Undoできなくなった状態でも取り消すことができ、複数のコミットを取り消すこともできます。

リバートは正確にはコミットの取り消しではなく、コミットによる変更を打ち消すコミットです。例えば、「1行追加するコミット」に対して「その行を削除するリバートコミット」を追加します。そのため、何回もリバートするとコミットが増えます。

実際にやってみましょう。取り消したいコミットがある状態からスタートします。

図2-23 コミットをリバート

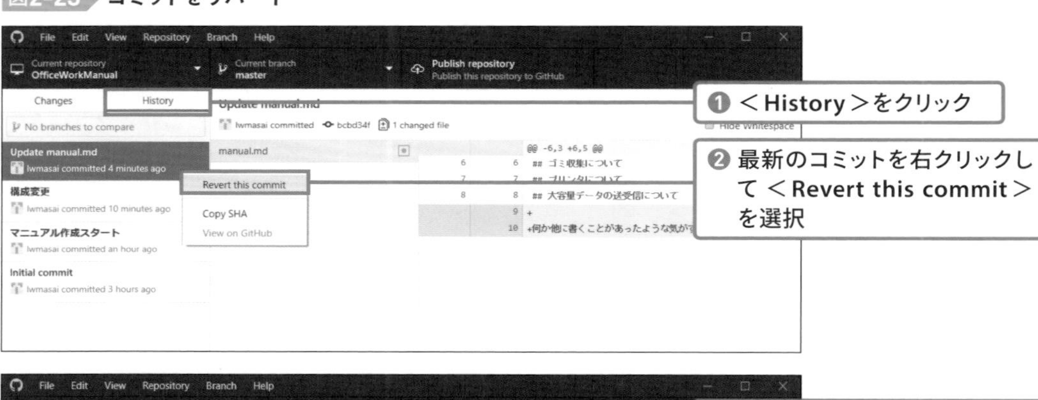

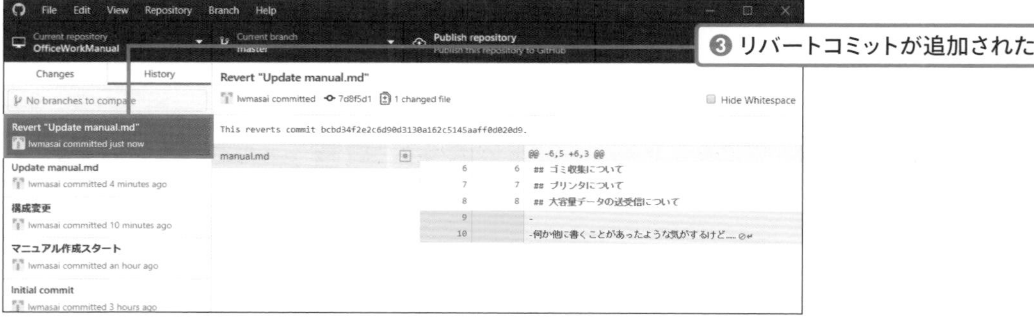

リバートコミットの内容を見ると、削除を表す赤い差分が表示されており、直前のコミットを取り消していることがわかります。このようにリバートはコミットの履歴に残ります。これは取り消したことも記録に残すべきという考え方に基づいています。

ちなみに、リバートしたこと自体を取り消したい場合、リバートコミットを右クリックして＜Revert this commit＞を選択します（直後であればUndoでリバートコミットを取り消せます）。そうすると、リバートコミットを打ち消すリバートコミットが追加され、取り消す前の状態に戻ります。もちろんさらにリバートすることもできますが、リバートコミットが続くと履歴が見にくくなるので、あまりおすすめできません。

複数のコミットをリバートするには

GitHub Desktopで最新以外のコミットを右クリックしてリバートしようとすると、次のようなエラーメッセージが表示されます。

図2-24 複数のコミットをリバートしようとすると……

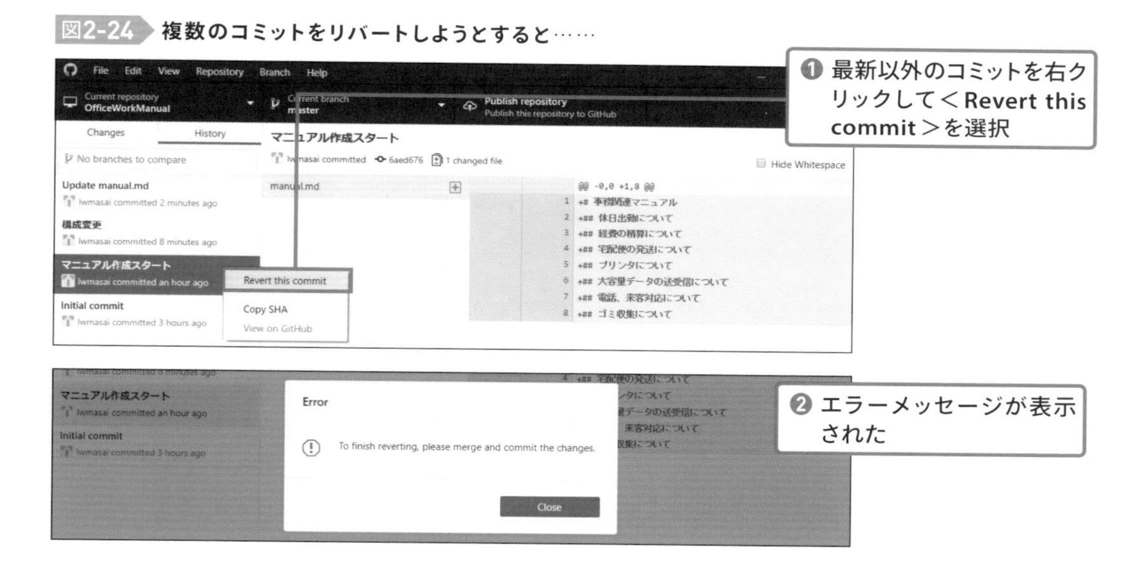

この場合は、最新のコミットから順番に1つずつリバートしてください。なお、コマンドラインのGitでは任意のコミットの状態まで戻すことも可能です。

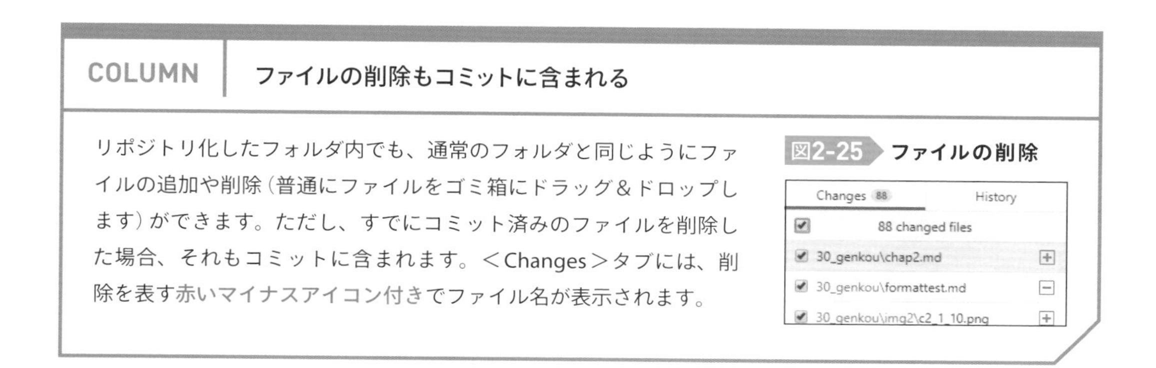

COLUMN ファイルの削除もコミットに含まれる

リポジトリ化したフォルダ内でも、通常のフォルダと同じようにファイルの追加や削除（普通にファイルをゴミ箱にドラッグ&ドロップします）ができます。ただし、すでにコミット済みのファイルを削除した場合、それもコミットに含まれます。<Changes>タブには、削除を表す赤いマイナスアイコン付きでファイル名が表示されます。

図2-25 ファイルの削除

SECTION 04

Markdownの書き方を覚える

Markdownはテキストファイルの記法の一種で、いくつかの記号を使って見出しや箇条書き、表などの簡単な書式を設定できます。そのまま読むこともできますし、HTMLに簡単に変換することもできます。GitHub向けのドキュメントではMarkdownが使われるため、書き方を覚えておきましょう。

◎ 見出しと段落を入力する

Markdownはテキストファイルの一種ですが、その記法によって「見出し」「箇条書き」「強調」「表」「画像」などを表現できます。つまりMicrosoft Wordのような書式の表現が可能なのですが、Wordのファイル（docx）がバイナリファイルなのに対し、Markdownは拡張子が「md」のテキストファイルです。そのため、Gitでの管理に適しています。また、Markdownは容易にHTMLに変換することができ、Webで利用するドキュメントの記述に使われています。GitHubでもよく使われているので、その基本的な書き方を覚えておきましょう。

まず一番シンプルなルールは、行頭に#を付けると「見出し」になり、何も付けないと「段落」になるというものです。VSCodeの見出しのあとにいくつか文章を入力してください。

図2-26 段落を追加

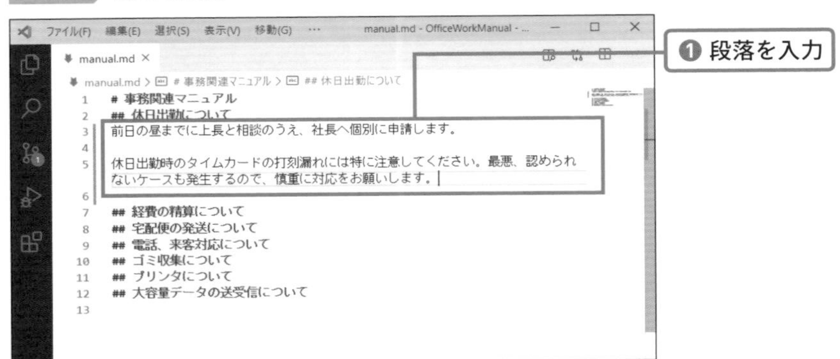

段落の途中では1行空けることが改行を意味します。テキストファイルのままではわかりにくいので、VSCodeのMarkdownプレビューを使って確認してみましょう。これはMarkdownをHTMLに変換して表示する機能です。Markdownプレビューはコマンドパレットから表示します。

図2-27 Markdownプレビューを表示

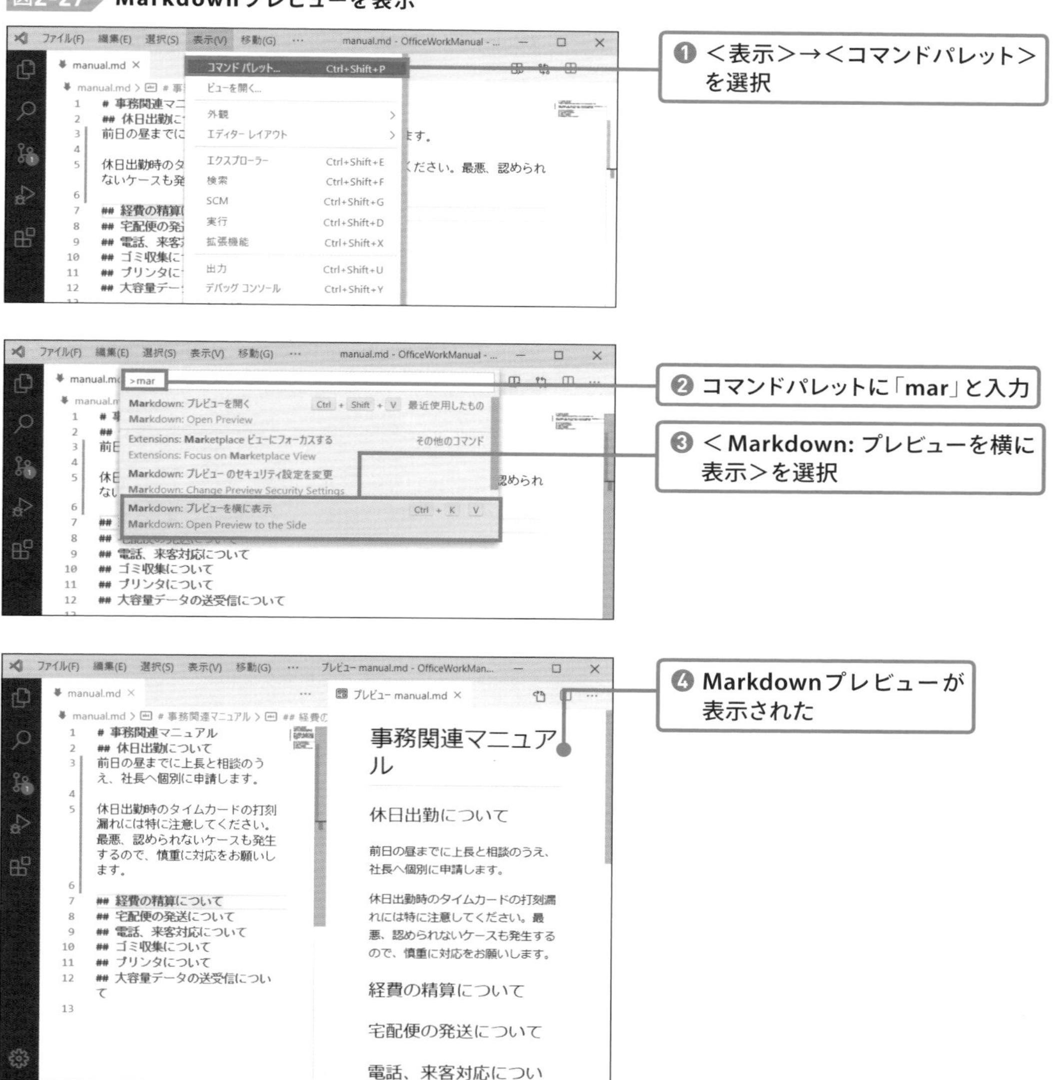

Markdownプレビューを見ると、#の数によって見出しの大きさが変わり、1行空きのところで段落が分かれていることがわかります。

◎ 強調と箇条書きを入力する

次は段落の一部を強調してみましょう。強調には**（アスタリスク2つ）または*（アスタリスク1つ）を使います。**はHTMLのstrong要素、*はem要素に変換されます。HTMLの表現はCSSによって自由に変わるのですが、一般的にはstrong要素は太字、em要素は斜体で表示されます。

図2-28 段落の一部を強調する

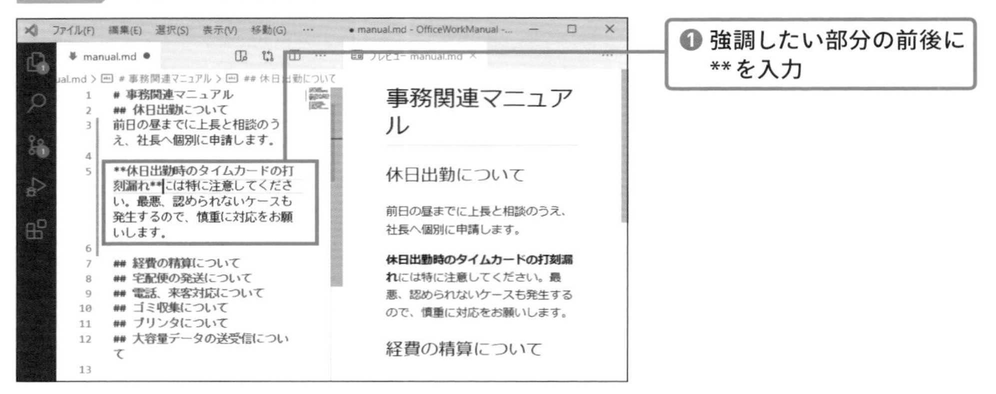

行頭に-（ハイフン）または*（アスタリスク）を付け、そのあと半角空けると箇条書きになります。

図2-29 箇条書きを入力する

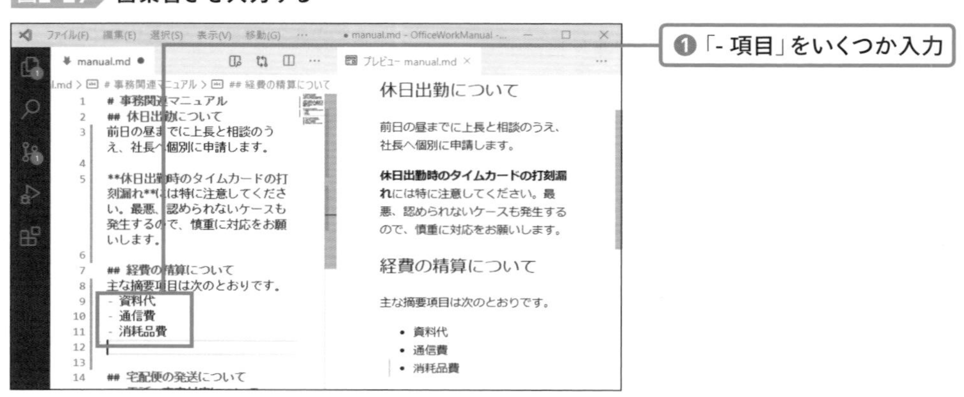

番号付き箇条書きにしたい場合は、先頭に「半角数字.」と書きます。先頭が半角数字ならいいので、「1. 2. 3.」の代わりに「1. 1. 1.」と書いてもOKです。

◎ 表を入力する

Markdownで表を入力することもできます。あまり複雑な表を作るのには向いていませんが、簡単な表であれば、箇条書きを入力するのと同程度の手間で済みます。

Markdownの表は|（バー）と-（ハイフン）の組み合わせで書きます。|はセルの区切りを表し、見出し行とデータ行の境目に|---を入力します。-の数は2個以上あれば何個でもOKです。

リスト2-4 表の記述例

```
|摘要    |内容
|--|--
|資料代   |資料本<br>有料アプリ
|通信費   |切手<br>宅配便料金
|消耗品費 |文具<br>台所用品
```

図2-30 表を入力する

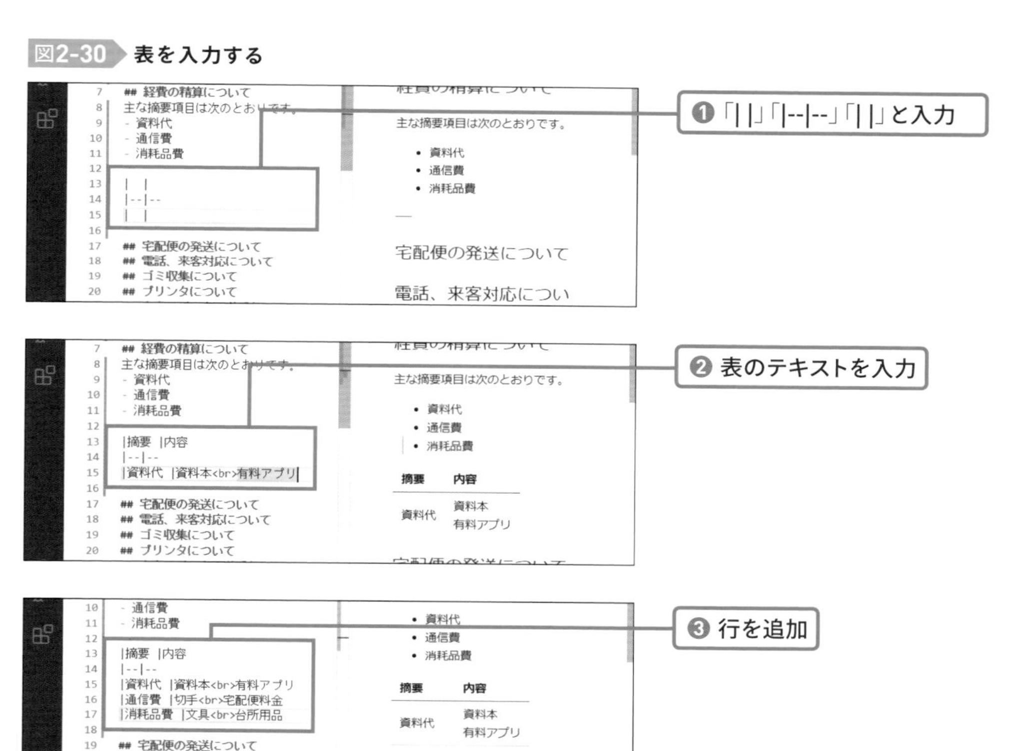

Markdownの中にHTMLを混ぜて書くこともできます。先の例では表のセル内で改行するためにHTMLの
タグを入力しています。セル内で右寄せやセンタリングしたり、セル結合したりすることもできないため、どうしても複雑な表を入力する必要がある場合は、HTMLの<table>要素を使ってください。

◎ 画像を挿入する

Markdownに画像を挿入するには、`![代替文字列](画像のパス)`というように記述します。代替文字列は何かの理由で画像を表示できないときに、代わりに表示する文字列です。

リスト2-5 画像挿入の記述例

```
![代替文字列](画像のパス)
```

ちなみに先頭の!を取って[リンク文字列](URL)と書くとハイパーリンクになります。

まずはMarkdownに表示する画像ファイルを用意しましょう。リポジトリ化したフォルダ内にフォルダを作成し（ここではimgとしていますが何でもかまいません）、その中に画像ファイルを入れます。Markdown側では画像ファイルの拡張子も指定する必要があるので、拡張子を表示しておきましょう。

図2-31 画像ファイルを用意

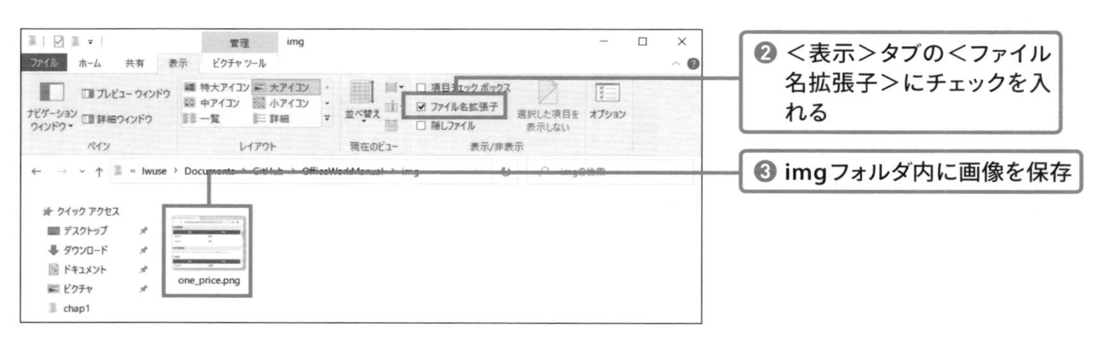

Markdownに「`![切手代](img/one_price.png)`」と入力して、ファイルを保存します。imgフォルダの

中に画像ファイルを入れたので、パスは「img/画像ファイル名.拡張子」となります。Markdownプレビューに画像が表示されます。

図2-32 画像を挿入

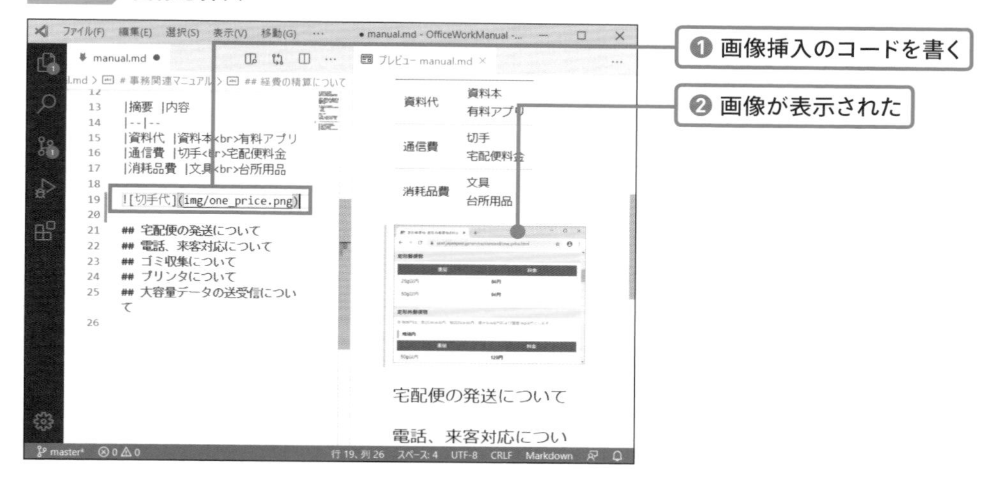

変更をコミットしましょう。今回は画像ファイルを追加したので、コミットにファイルの追加が含まれます。

図2-33 変更をコミット

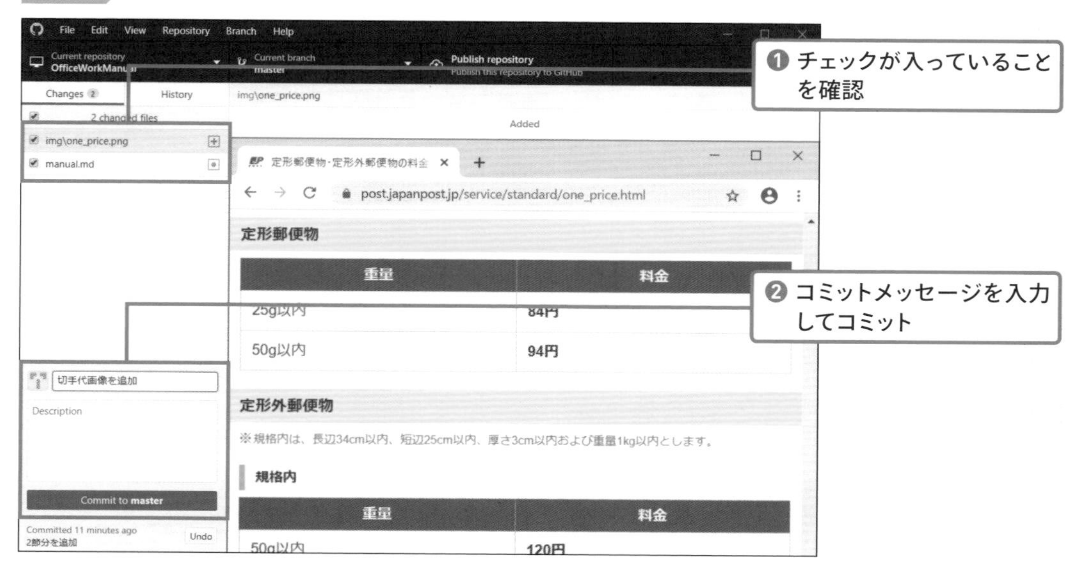

SECTION 05

VSCodeの「ソース管理」機能を利用する

VSCodeはテキストエディタでありながら、Gitのリポジトリを見る機能も用意されています。前回のコミット時からどこが変更されたのかを確認したり、コミット後の変更を取り消したり、GitHub Desktopに切り替えずにコミットしたりすることもできます。

◎ VSCode上で直前のコミットからの変更を確認する

VSCodeのソース管理画面を表示すると、Gitと連携したさまざまな操作を行えます。もちろんGitHub Desktopでも同じ操作ができますが、アプリを切り替えるのが面倒なときに役立ちます。まずは差分を確認してみましょう。

図2-34 ソース管理画面を表示

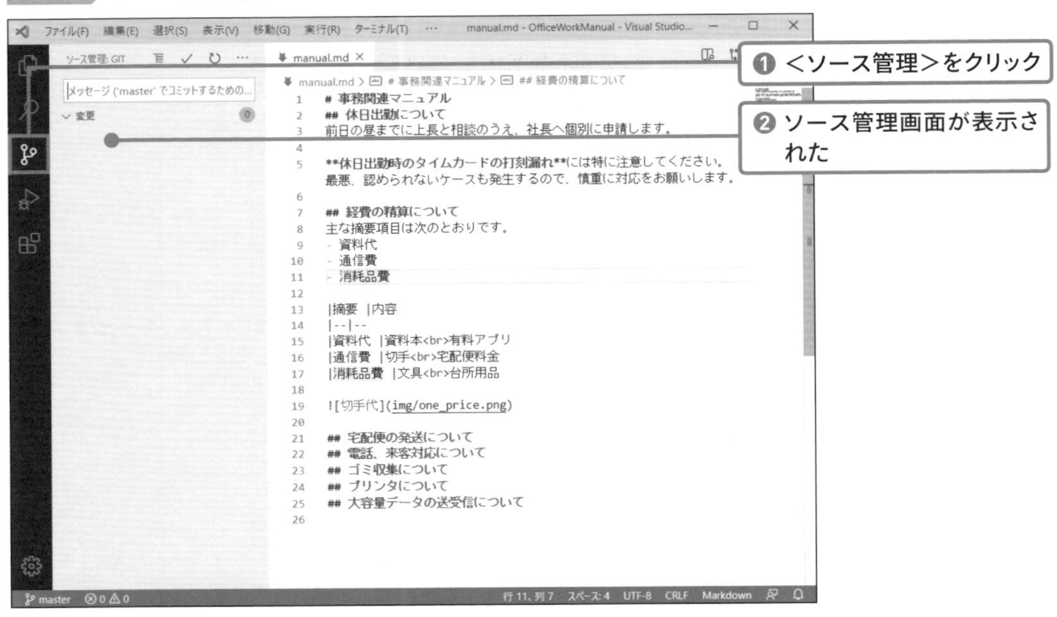

前回コミットしてから何も変更していないため、ソース管理画面には何も表示されません。ファイルの内容を少し書き替えてみます。

図2-35 ファイルを書き替える

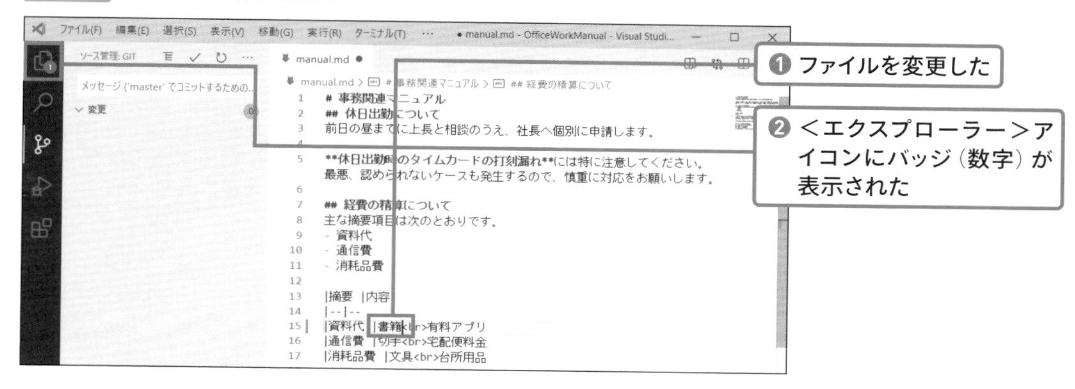

POINT

コミット後にテキストファイルを編集すると、変更した行に緑色のラインが表示されます。これは直前のコミットに対してテキストを追加したことを表しています。

変更して保存する前は、＜エクスプローラー＞アイコンに未保存のファイルがあることを示すバッジ（円で囲まれた数字）が表示されます。未保存の変更はコミットの対象にならないので、ソース管理画面には何も表示されていません。ファイルを保存すると＜ソース管理＞アイコンにバッジ（数字）が表示され、変更したファイルがソース管理画面に現れます。

図2-36 ファイルを保存すると……

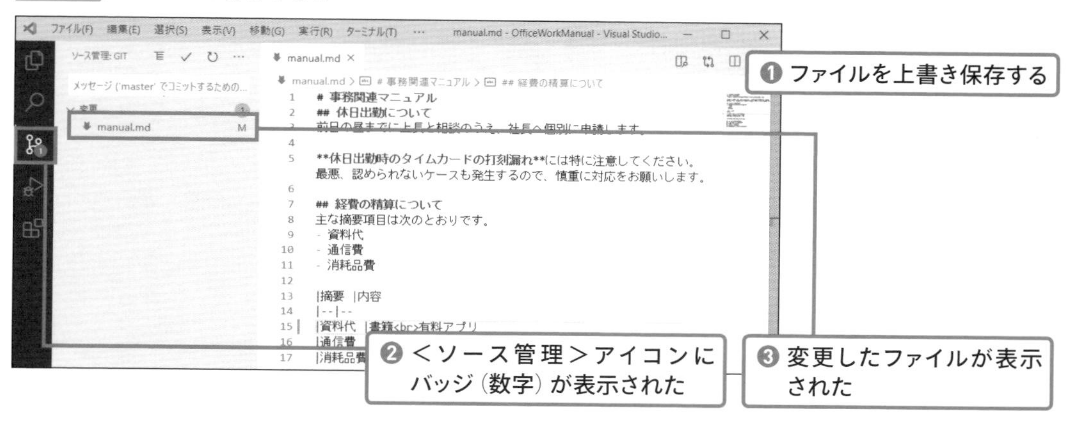

ここでどこが変更されたのかを確認してみましょう。ソース管理画面でファイル名をクリックすると、差分のタブが表示されます。これを見ると、コミット段階と比較して表示できます。

図2-37 差分を表示する

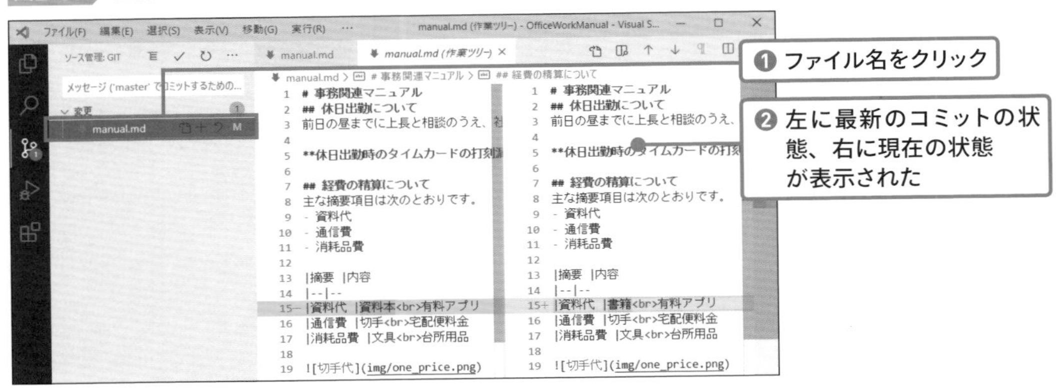

◎ コミット前の変更を破棄する

VSCode上ではコミット前の変更を破棄することができます。前にGitHub Desktopで行ったコミットの取り消しとは違い、まだコミットしていない変更を破棄して最新のコミット時点まで戻す操作です。

図2-38 変更を破棄する

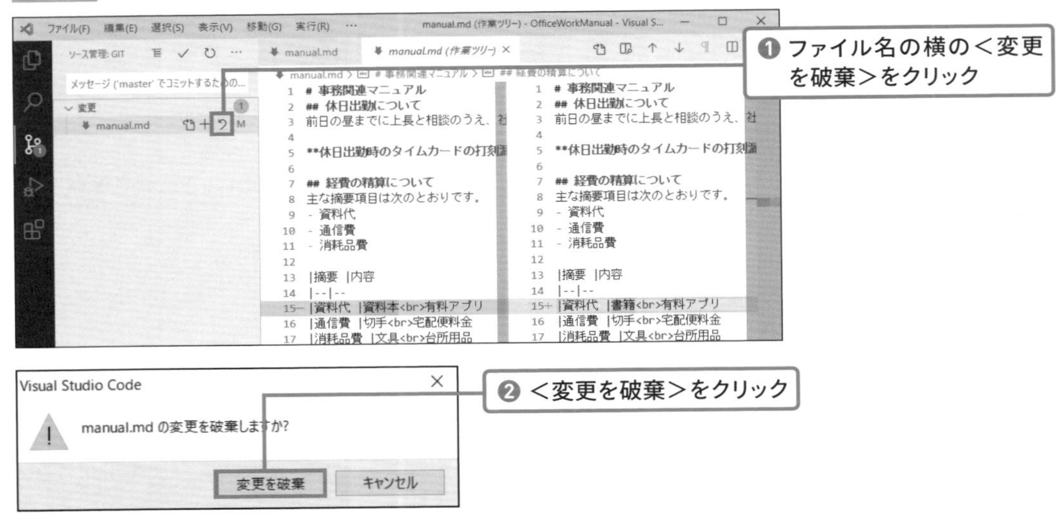

最新のコミット時点に戻り、差分を表す赤や緑のハイライトが消えます。

図2-39 最新のコミット時点に戻った

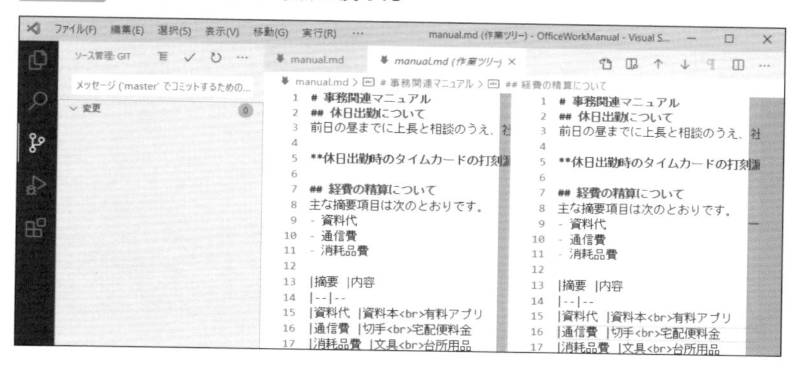

破棄した変更がVSCodeで行った編集であれば、Ctrl＋Zキーを押して元に戻す（つまりコミット時点から変更した状態に戻す）ことができます。

COLUMN GitHub Desktopで変更を破棄する

GitHub Desktopで変更を破棄したい場合は、＜Changes＞タブに表示されているファイルを右クリックして＜Discard changes＞を選択します。変更を破棄した結果ファイルが削除される場合は、削除を確認するメッセージが表示されます。

図2-40 Discard changes

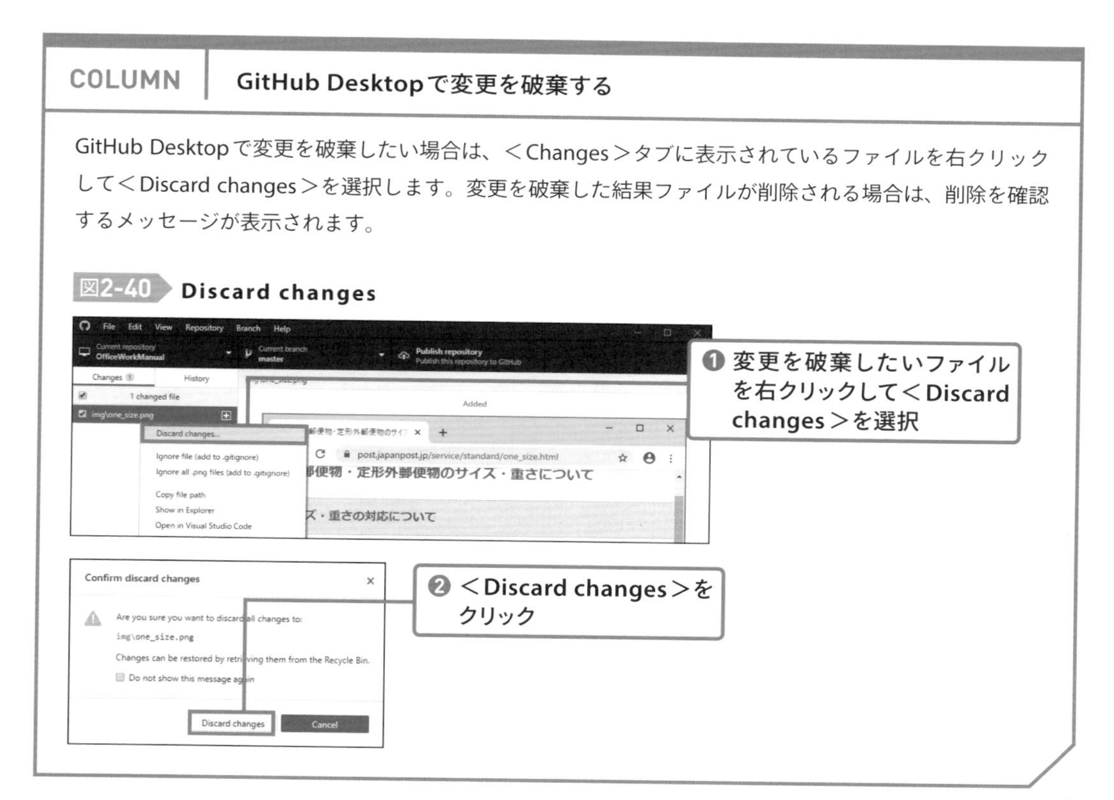

◎ VSCodeでコミットする

VSCodeでコミットすることもできます。コミットに含めたいファイルの＜変更をステージ＞をクリックし、コミットメッセージを入力します。＜変更をステージ＞という操作は、GitHub Desktopでいえば、＜Changes＞タブでファイルにチェックを入れる操作に当たります。

図2-41 コミットする

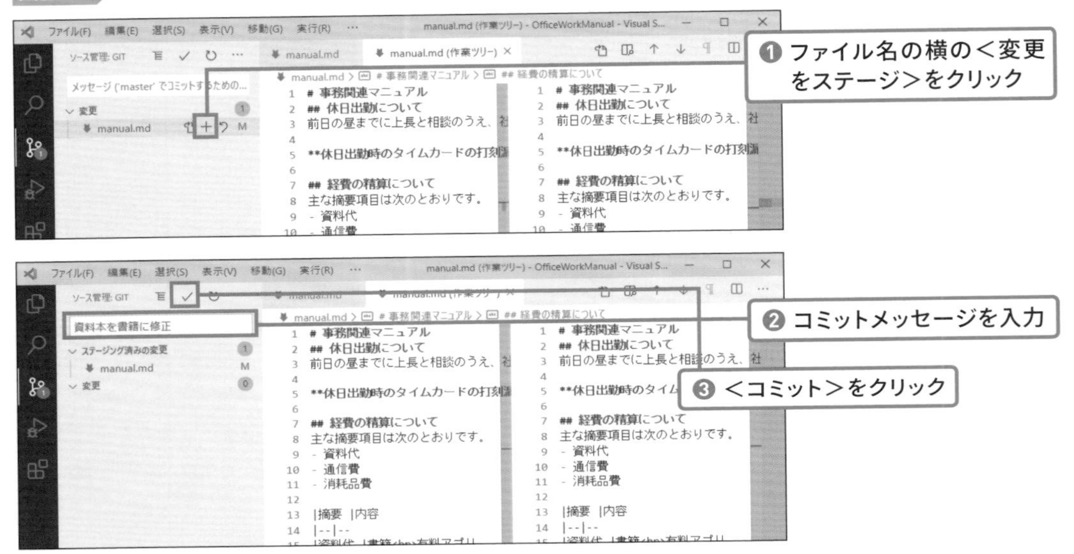

どのGitクライアントを使っても、リポジトリに対する操作は共有されています。VSCodeでコミットしても、ちゃんとGitHub Desktopで確認できます。

図2-42 GitHub Desktopで確認

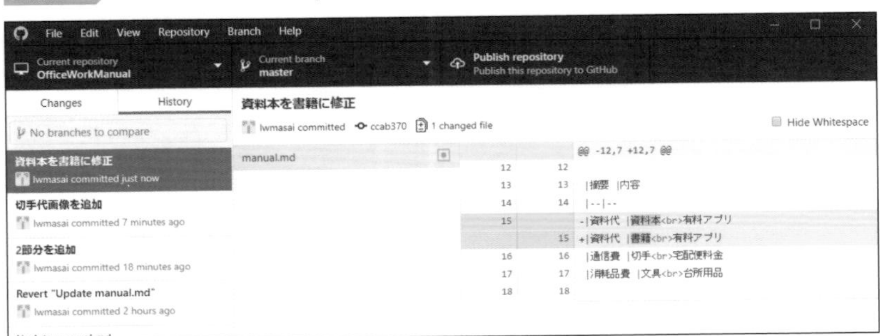

CHAPTER

3

GitHubのリモートリポジトリで共有しよう

SECTION 01

リモートリポジトリとGitHub

Gitで共同作業を行うために必要となるのがリモートリポジトリで、それをインターネット上で作成するサービスがGitHubです。ここではリモートリポジトリとローカルリポジトリの関係を説明します。また、これから利用していくGitHubのサイト構成についても見ていきましょう。

◎ リモートリポジトリとは

リモートリポジトリはネットワーク上にあるリポジトリです。Gitで共同作業を行いたい場合や、複数のパソコンで作業したい場合などは、リモートリポジトリを作成します。プルとプッシュという操作によって、リモートリポジトリとローカルリポジトリを同期しながら作業を進めます。

このリモートリポジトリの作成環境を提供するのがGitHubです。GitHubでは無制限にリモートリポジトリを作成できます。ですから、さまざまな仕事のファイルを1つのリモートリポジトリに集約するような使い方はおすすめできません。原則的に1つのプロジェクト（案件）ごとに1つのリポジトリを用意しましょう。

図3-1 ローカルリポジトリとリモートリポジトリ

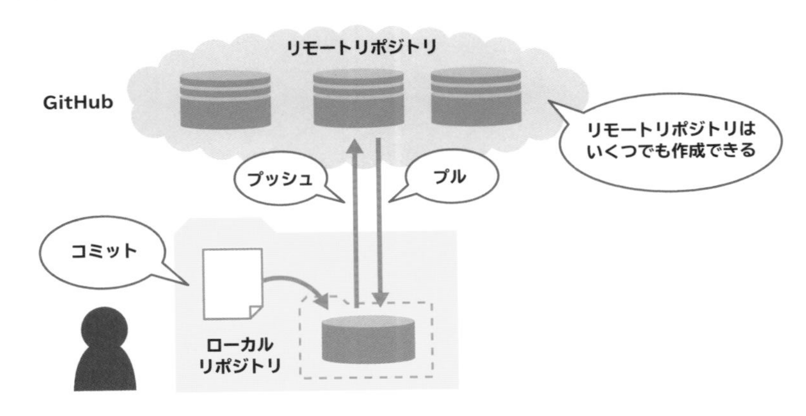

GitHubでは、誰もがリモートリポジトリを見られる公開（パブリック）リポジトリと、許可した人しか見られない非公開（プライベート）リポジトリを作成できます。この章ではパブリックリポジトリで解説し、次の第4章でプライベートリポジトリについて解説しますが、基本的な操作方法は変わりません。

◎ リモートリポジトリを利用した共同作業

リモートリポジトリを利用して共同作業を行う場合も、基本的に行う操作はプッシュとプルです。最初にクローンと呼ばれる操作によって、リモートリポジトリを複製したローカルリポジトリを作ります（ローカルリポジトリからリモートリポジトリを作ることもできます）。この全員の環境が同じになった状態からスタートし、それぞれが変更をコミットしてリモートリポジトリにプッシュ／プルしながら作業していきます。

図3-2 リモートリポジトリによる共同作業の流れ

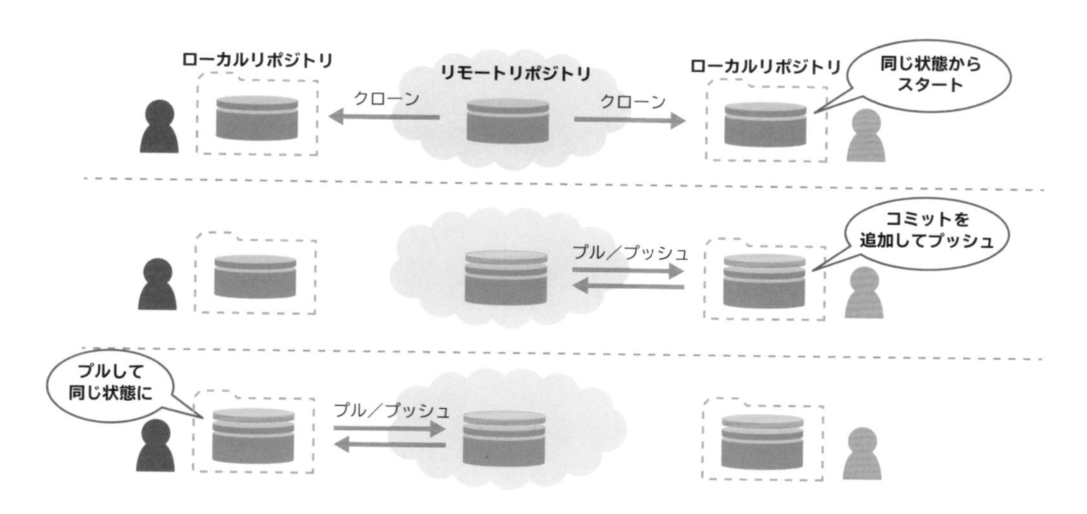

目ざとい方は、「それぞれのローカルリポジトリに別のコミットをしたらどうなるの？」と疑問に思われたかもしれません。その場合はプッシュ／プル時にGitがマージ（統合）という処理を行い、全員のリポジトリが同じ状態になるよううまく調整してくれます。その際にマージコミットというものが作られます。

図3-3 並行して異なるコミットが追加された場合

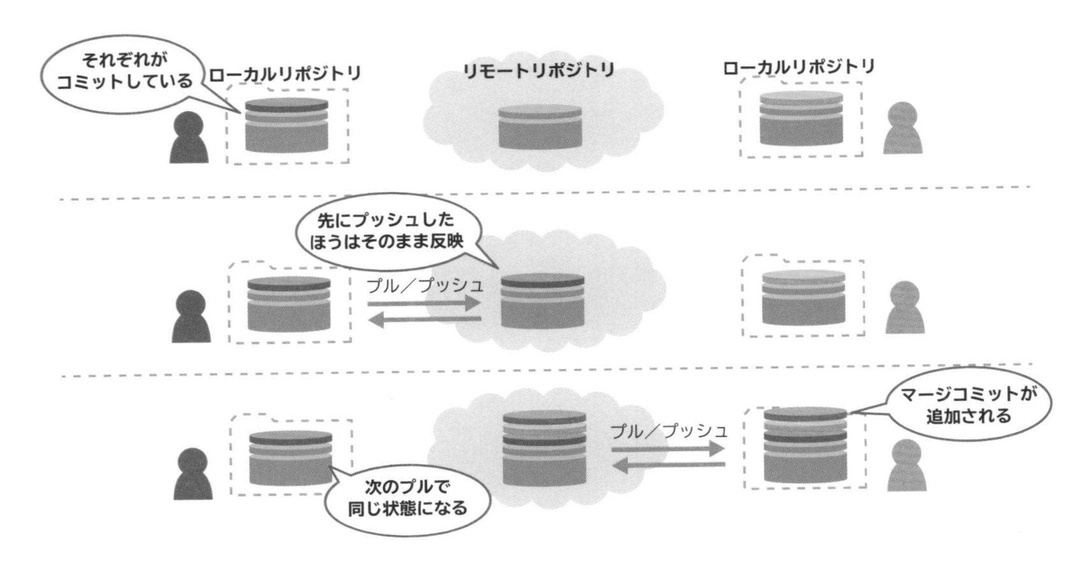

図3-4 GitHub Desktop上のマージコミット

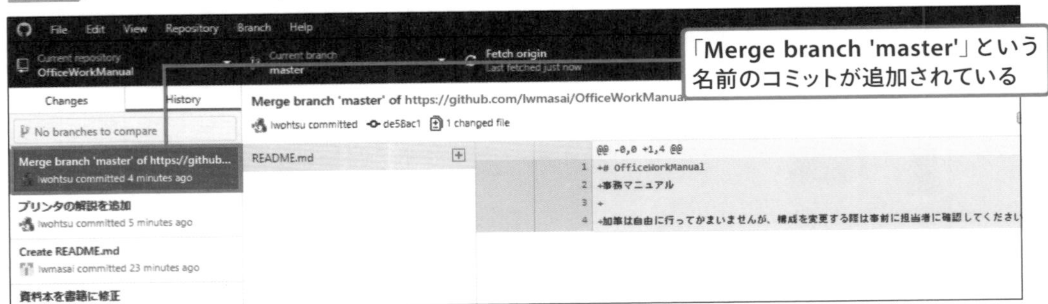

同じファイルの同じ場所を変更した場合など、自動的には解決できないこともあります。その場合はコンフリクトという状態になり、誰かが問題を解決してマージしなければいけません。これについては第4章や第5章で解説します。この章では「同じファイルを複数人で操作しない」という前提で解説します。

書籍を読みながら実際に操作して読み進める場合は、可能であれば複数のGitHubアカウントを用意するか、複数人で操作して共同作業を体感してください。それが無理な場合は、1人でできる部分だけ操作しても、流れはつかめるでしょう。

◎ GitHubのサイト構成

これから何度も見ることになるGitHubの画面を解説します。GitHubにサインインしていない人はまずサインインしてください。

図3-5 GitHubへのサインイン

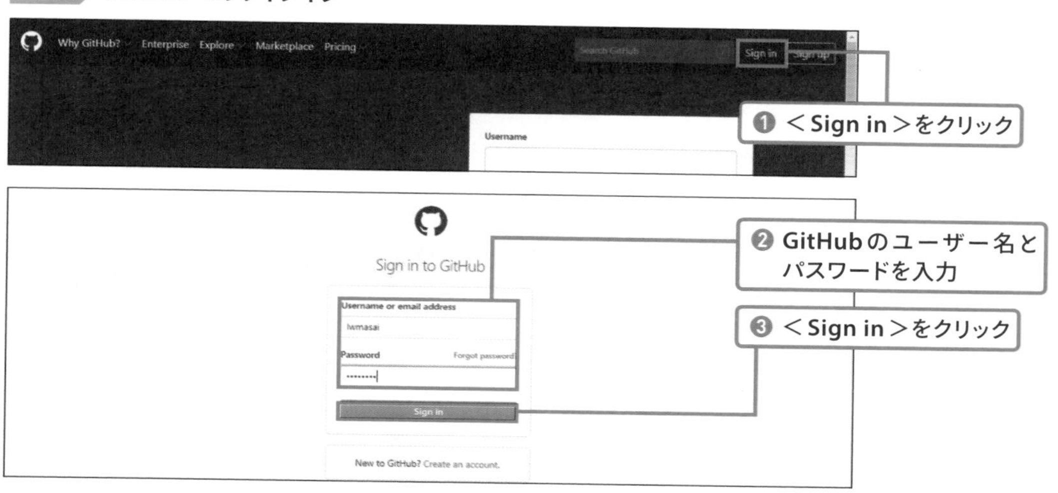

GitHubの構成は少々複雑ですが、大別すると、ユーザー用のページ（https://github.com）と、リモートリポジトリのページの2種類があります。ユーザーページでは、所有するリポジトリ一覧や各リポジトリの活動状況（誰かがコミットしたなどの通知）が表示されます。ユーザーページは左上のGitHubアイコンをクリックしても表示できます。

図3-6 ユーザーページ

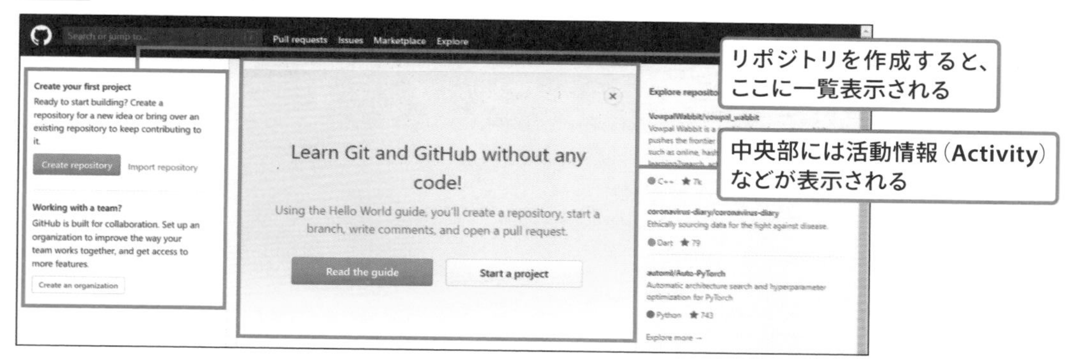

SECTION 02

リモートリポジトリを作って共同作業の準備をする

共同作業のために、リモートリポジトリを作成しましょう。ここではリモートリポジトリの作成から、共同作業するユーザーの環境にクローンし、リポジトリの解説となるREADMEを作成するところまでをやってみましょう。実際の共同作業は次のセクションで解説します。

◎ ローカルリポジトリからリモートリポジトリを作成する

リモートリポジトリを作成する方法には次の2通りがあります。

- **GitHub Desktopのパブリッシュ機能で、作成済みのローカルリポジトリからリモートリポジトリを作成する**
- **GitHub上でリモートリポジトリを作成する。ローカルリポジトリはクローンという機能で作成する**

今回は先にローカルリポジトリを作成しているので、1つ目の方法で作成しましょう。GitHub上での作成やクローンについてはあとで説明します。

GitHub Desktopでローカルリポジトリを表示した状態で、上部に表示されている＜Publish repository＞をクリックします。

図3-7 **GitHub Desktopからパブリッシュする**

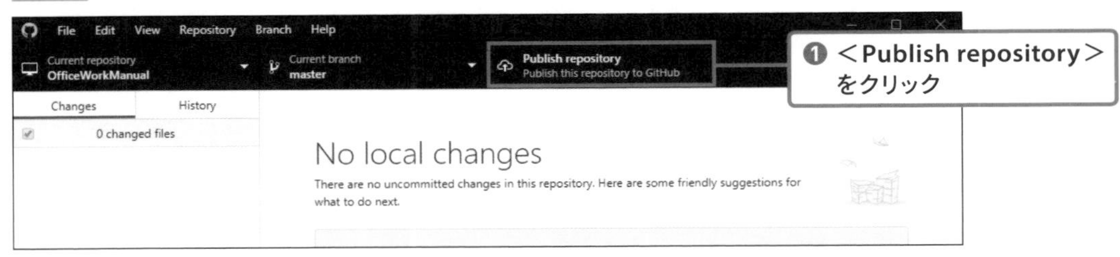

リモートリポジトリの設定画面が表示されます。＜Name＞と＜Description＞は、ローカルリポジ

トリから変更する必要がなければそのままでかまいません。今回はパブリックリポジトリにするので、＜Keep this code private＞のチェックを外しておきます。

図3-8 リモートリポジトリの設定

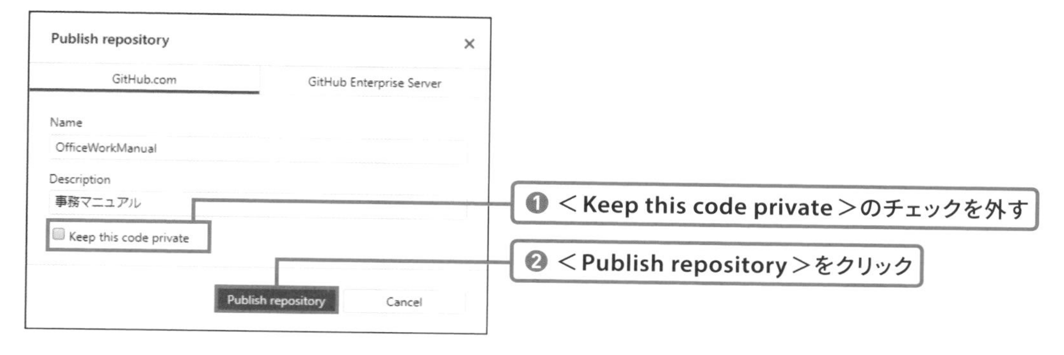

パブリッシュ（アップロード）が完了すると、GitHub Desktop上では＜Publish repository＞が＜Fetch origin＞に変わります。**Fetch**（フェッチ）はリモートリポジトリの状態を確認する操作です。

図3-9 パブリッシュが完了した

WebブラウザーでGitHub（https://github.com）にアクセスすると、ユーザーページにリポジトリ名が表示されているはずです。まだ表示されていない場合は、少し待ってからリロードしてください。リポジトリ名をクリックするとリポジトリページが表示されます。

図3-10 GitHub上でリポジトリを表示

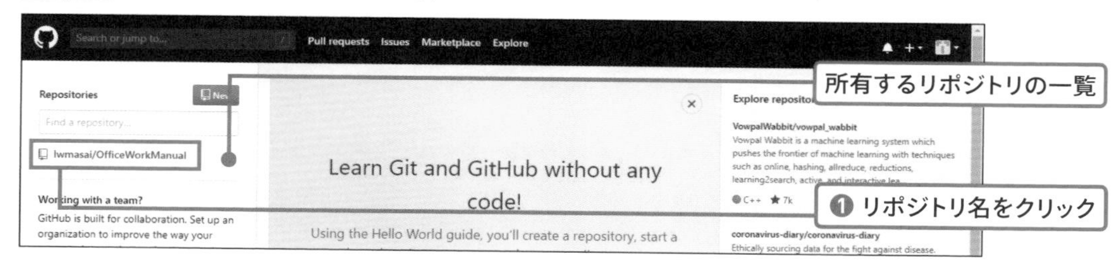

ユーザーページなどからリポジトリ名などをクリックすると、リポジトリページが表示されます。リポジトリのURLは「https://github.com/ユーザー名/リポジトリ名」という形式になるので、URLを直接入力して表示することもできます。

図3-11 リポジトリのページ

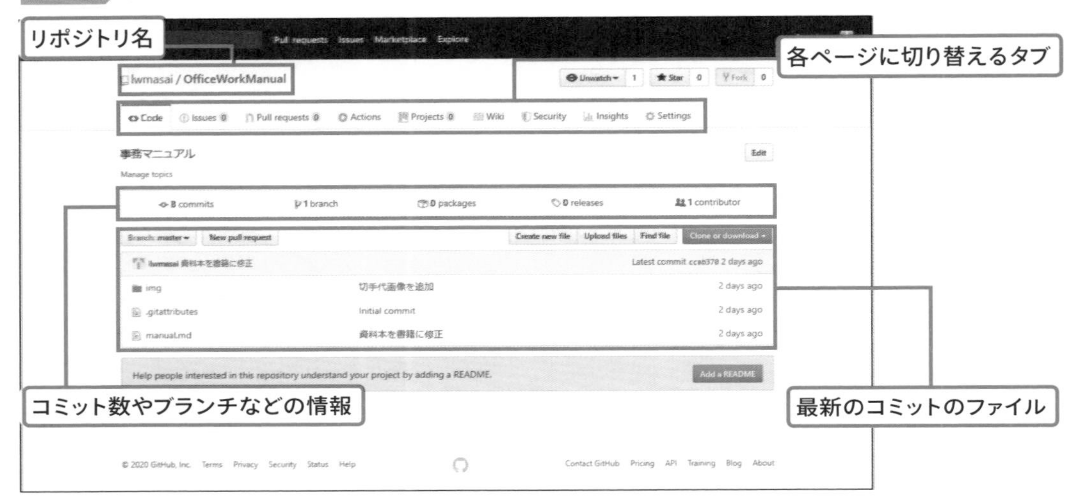

リポジトリページは、上部のタブで切り替えることができます。初期状態で表示されているのは＜Code＞タブで、ここには最新のコミットのファイル名が表示されています。ファイル名をクリックしてファイルの内容を確認することも可能です。

図3-12 manual.mdを表示した状態

◎ リポジトリのさまざまなページ

タブをクリックして表示できるいくつかのページについて簡単に説明しましょう。おそらく頻繁に使うことになるのが、＜Issues＞と＜Pull requests＞です。＜Issues＞タブは掲示板のようなもので、作業中に相談したいものなどを書き込むことができます。

図3-13 ＜Issues＞タブ

＜Pull requests＞タブは共同作業をスムーズに行うために使用します。＜Issues＞と＜Pull requests＞については第5章で解説します。

その他にも下表に示すタブがありますが、いずれも比較的高度な機能なので本書では割愛します（Settingsについては一部解説します）。

表3-1 リポジトリページのタブ

タブ	説明
Actions	CI/CD（継続的開発／配布）という開発手法で使用する
Packages、Releases	完成した成果物（アプリなど）を配布するときに使用する
Wiki	チームで利用するドキュメントを作成する
Security	セキュリティ上の警告が表示される
Insights	リポジトリに対する統計情報が表示される
Settings	リポジトリの設定を行う

◎ GitHub上でリモートリポジトリを確認する

GitHubのリポジトリページでは、リポジトリ内のファイル一覧を見るだけでなく、ファイルの内容を確認し、テキストファイルなら編集することもできます。つまり、GitHub上でリポジトリの編集ができてしまうのです。慣れるために少し確認してみましょう。

図3-14 GitHub上でファイルを確認する

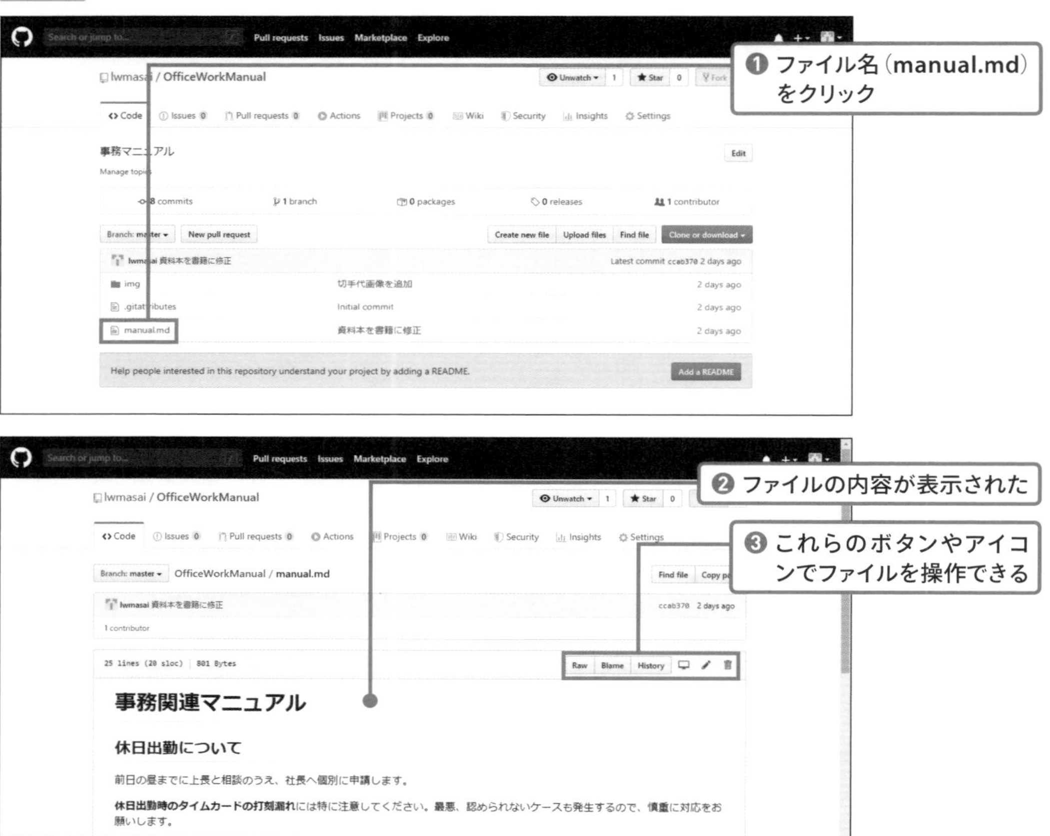

Markdownファイルはプレビュー（HTML変換後）の状態で表示されます。Markdown自体を表示したい場合は＜Raw＞をクリックするか、編集用の鉛筆アイコンをクリックします。

＜History＞はそのファイルのコミット履歴を、＜Blame＞は行単位のコミット履歴を確認できます。いつか必要になるので頭の隅に入れておいてください。元のページに戻るときは、Webブラウザーの＜戻る＞ボタンをクリックしてください。

図3-15 ＜History＞を確認する

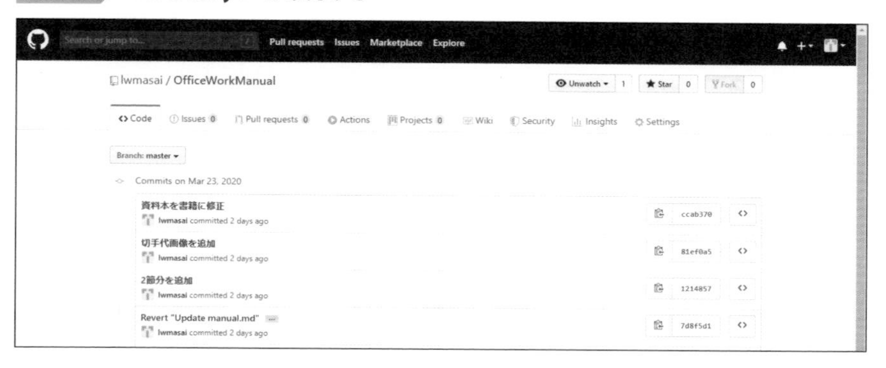

COLUMN GitHub上でリモートリポジトリを作成する

GitHub上でリモートリポジトリを作成したい場合は、上部の黒いバーの＜＋＞をクリックします。作成時の設定項目は＜Repository Name＞や＜Description＞などで、ほとんどはローカルリポジトリの作成と変わりません（P.37参照）。

図3-16 リモートリポジトリの作成

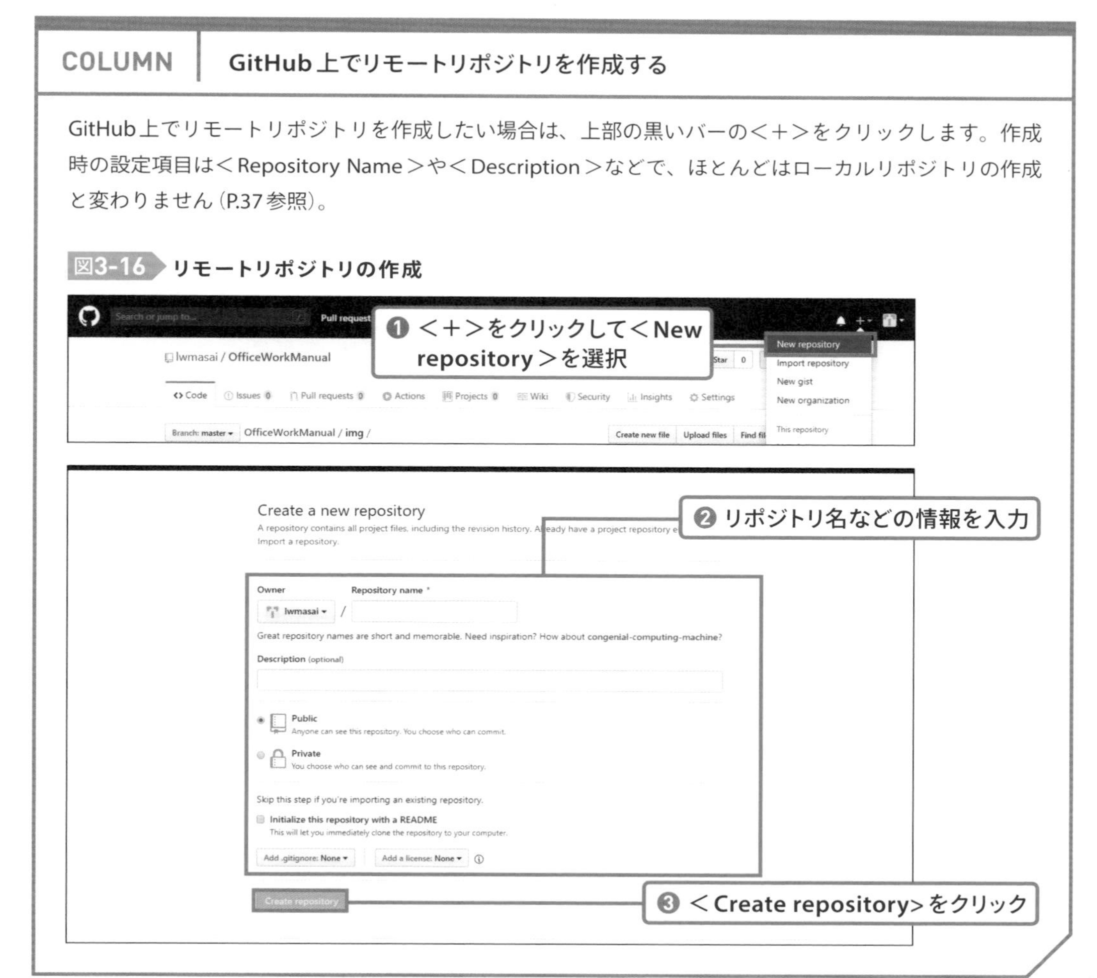

◎ リモートリポジトリからローカルリポジトリを作成する

共同作業するメンバーは、リモートリポジトリとまったく同じ内容のローカルリポジトリが必要です。クローンという操作を行って、ローカルリポジトリを用意します。以降は、リポジトリを作成したユーザーとは別のユーザー（ここではlwohtsu）を想定しています。第1章で解説したインストールやユーザー設定などはひと通り完了した状態です。

図3-17 リモートリポジトリをクローンする

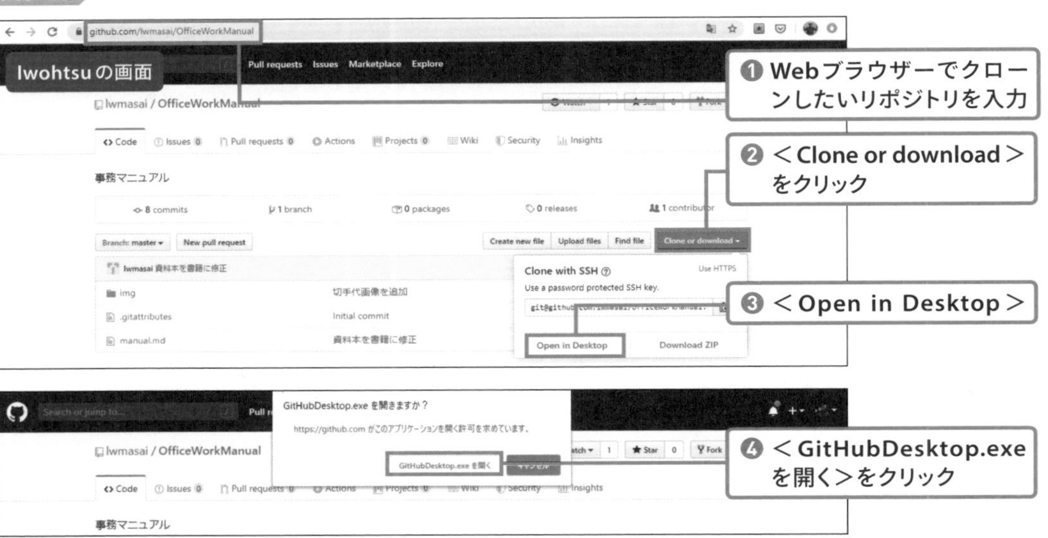

GitHub Desktopが起動し、Clone or repository画面が表示されます。設定が必要なのは保存先の<Local path>だけです。保存先のパスには日本語のフォルダ名を含まないようにしましょう。

図3-18 保存先を指定する

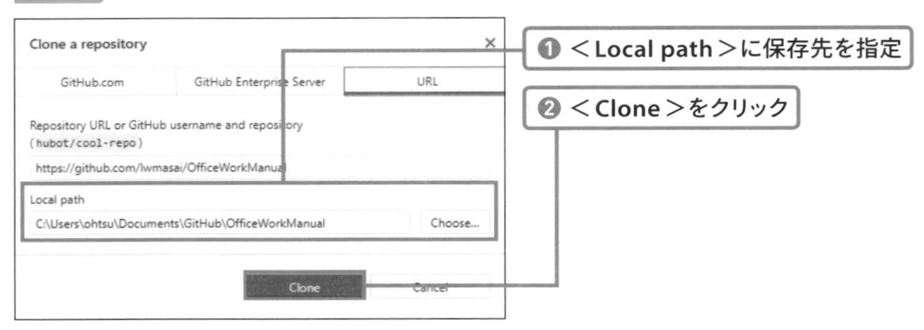

しばらくファイルのダウンロードが続き、完了するとクローンしたローカルリポジトリが表示された状態になります。＜History＞タブに表示されるコミットの履歴もまったく同じですし、フォルダウィンドウで内容を確認することもできます。もちろんVSCodeでの編集も普通にできます。

図3-19 ローカルリポジトリが作成された

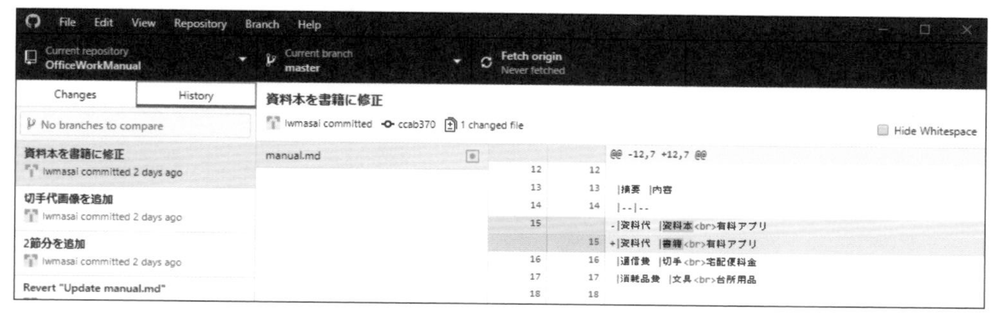

ただし、この時点ではまだリモートリポジトリにプッシュできません。そのためにはコラボレーター設定というものが必要となりますが、それは次のセクションで解説します。

◎ READMEを作成する

最初にリモートリポジトリを作成したユーザー（ここではIwmasai）のページに戻ります。リポジトリページの＜Code＞タブをよく見ると、ファイル一覧の下に＜Add a README＞というボタンが配置されています。このREADMEの実体は、リポジトリの直下に保存されたREADME.mdというMarkdownファイルで、入力しておくとリポジトリページのトップに表示されます。一般的にそのリポジトリで開発しているアプリの紹介文や、リポジトリの共同編集者に伝えたい注意文などを載せるために使われます。

READMEを作成しましょう。以下はリモートリポジトリを作成したユーザー（ここではIwmasai）で操作してください（この時点では他のユーザーはリポジトリを操作できません）。

図3-20 READMEを作成

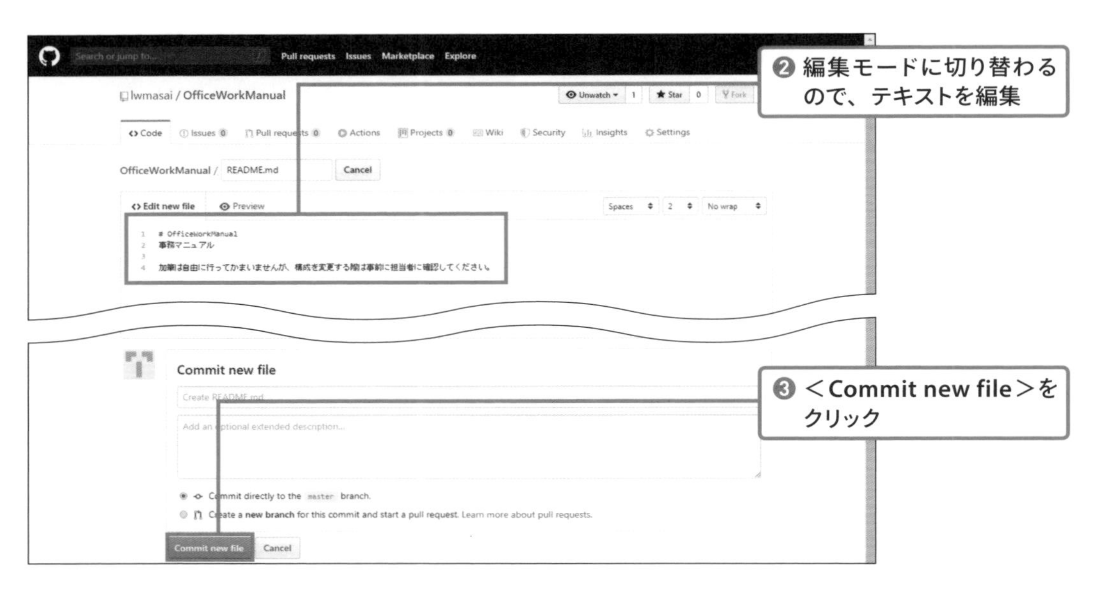

編集を完了してリポジトリページを確認すると、それまで＜Add a README＞が表示されていた部分にREADMEが表示されています。

図3-21 READMEを確認

READMEを追加したところで、ローカルリポジトリにプルして確認してみましょう。GitHub Desktopに<Fetch origin>と表示されているはずです。フェッチ（Fetch）とは、リモートリポジトリの状態を確認する操作で、まだプルしていないコミットが見つかったら<Pull origin>に変わります。

図3-22 ローカルリポジトリにプル

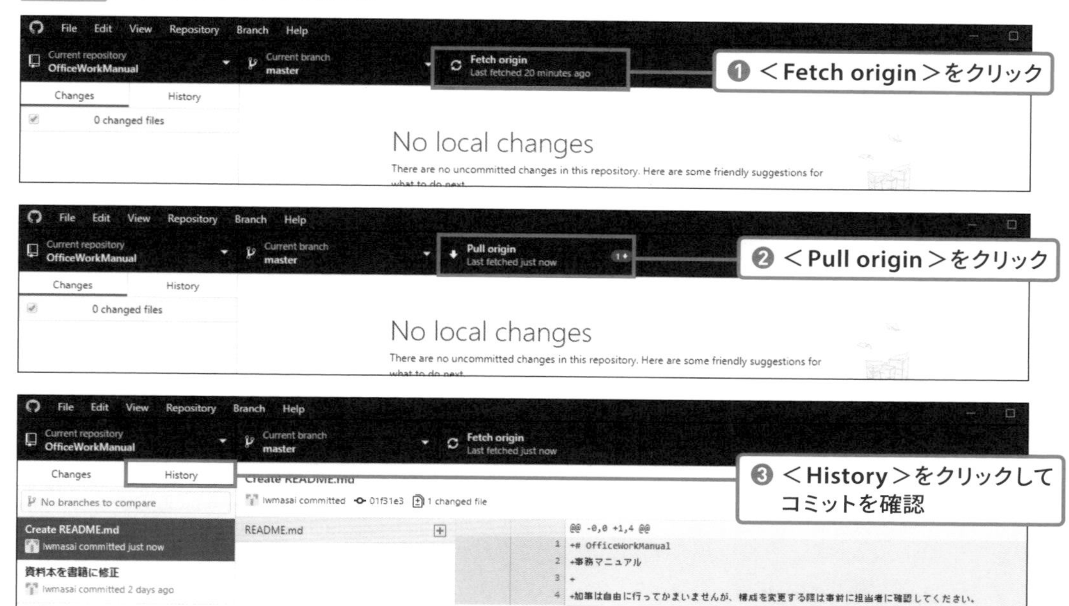

POINT

GitHub Desktopは定期的にフェッチを実行するので、クリックする前から<Pull origin>と表示されていることもあります。

プルが完了してから、フォルダウィンドウでリポジトリ化したフォルダを表示すると、README.mdというファイルが追加されています。

図3-23 README.mdを確認

SECTION 03

共同作業でファイルを編集する

リモートリポジトリの所有者以外の人がプッシュできるようにするには、コラボレーター（共同編集者）にしてもらう必要があります。コラボレーターの設定を行い、他のユーザーがコミットするとどうなるかを確認しましょう。

◎ コラボレーターを設定する

パブリックのリポジトリは、誰でもクローンでき、プルすることができます。ただし、プッシュはできません。わかりやすくいえば、読むことはできても書き込むことはできません。コラボレーターになっていない状態で、コミットをプッシュしようとすると「Want to create a fork?（フォークを作成したいですか？）」「Do you want to fork this repository?（このリポジトリをフォークしたいですか？）」と表示されます。フォーク（fork）とは、他人のリモートリポジトリを複製して自分のリモートリポジトリを作ることで、誰かが作ったアプリを改良したアプリを作りたいときなどに利用します。今回は1つのリモートリポジトリを共同編集したいので、フォークでは困ります。

図3-24 フォークを確認するメッセージ

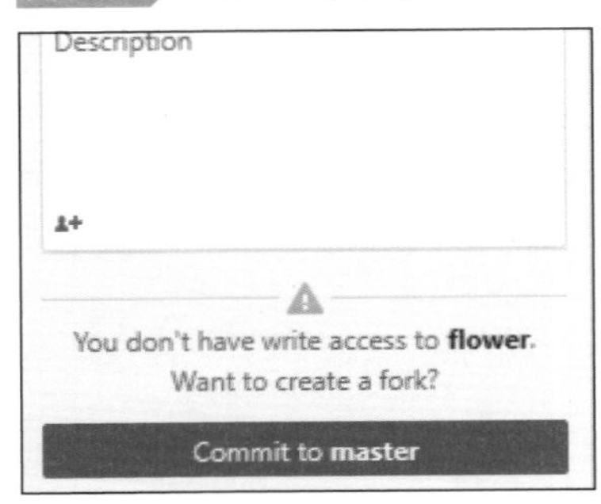

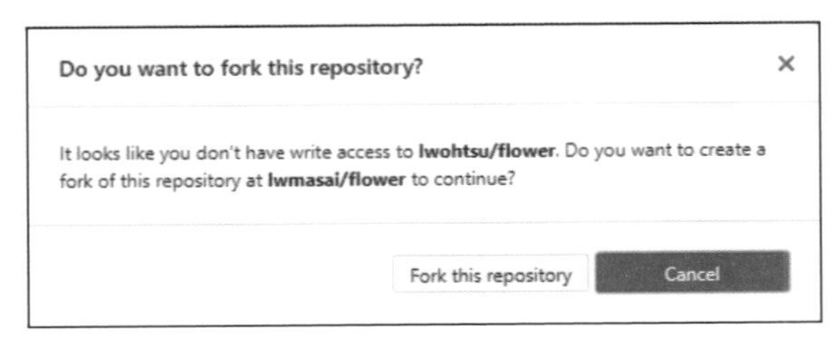

1つのリモートリポジトリを複数人で編集したい場合は、コラボレーター（共同編集者）の設定を行います。これは公開も非公開のリポジトリもまったく同じです。

コラボレーターの設定は＜Settings＞タブから行います。リモートリポジトリを所有しているユーザー（ここでは「lwmasai」）が行ってください。途中でパスワードを求められた場合はGitHubのパスワードを入力します。

図3-25 コラボレーターの招待を開始する

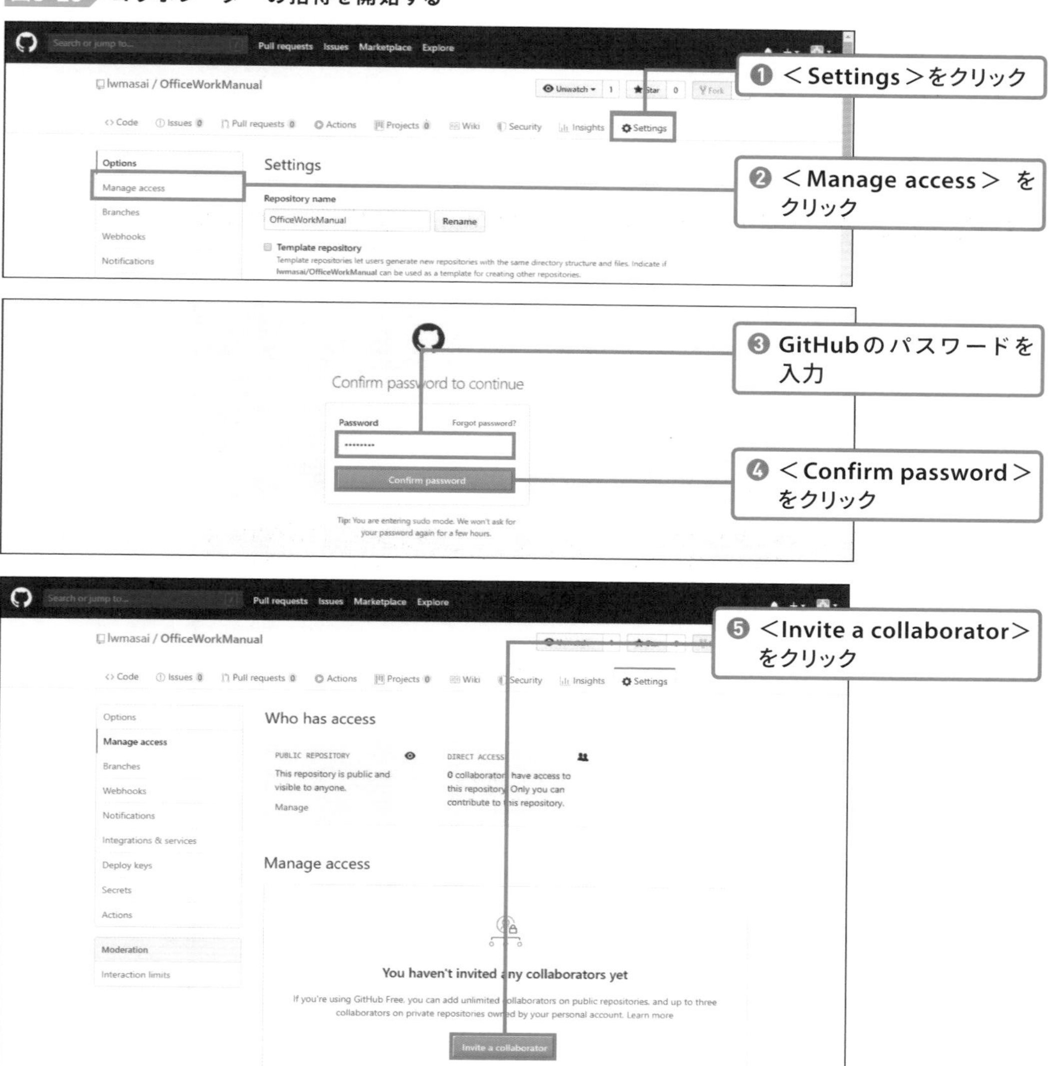

コラボレーターとして参加させたい人のGitHubユーザー名を調べておき、それを入力して招待します。

図3-26 コラボレーターにするユーザーを選ぶ

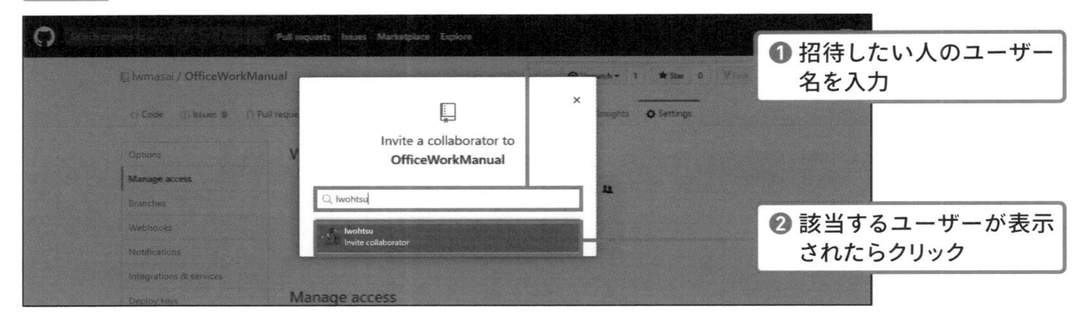

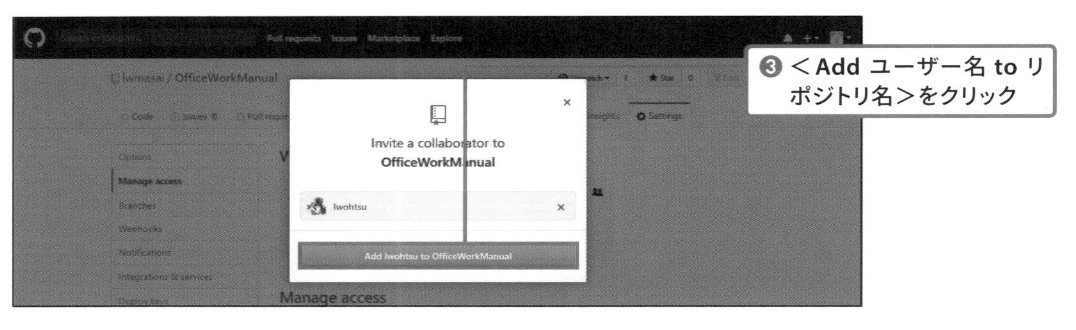

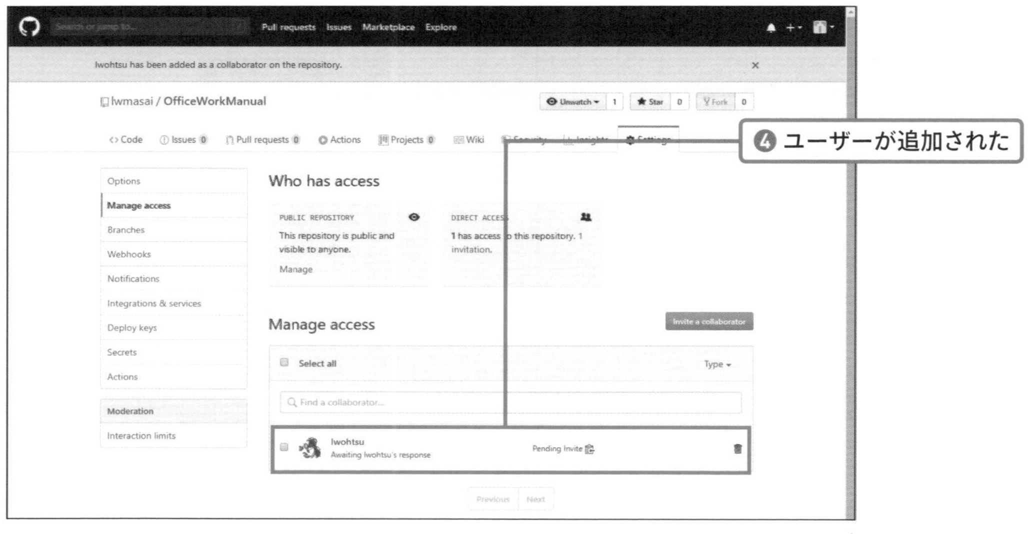

この時点ではユーザー名の隣に「Pending Invite（招待保留）」と表示されており、まだ招待は完了していません。招待したユーザーにメールが届くので、招待を受けてもらうと正式にコラボレーターとなります。以下は招待されたユーザー（ここでは「Iwohtsu」）の操作です。

図3-27 招待を受け入れる

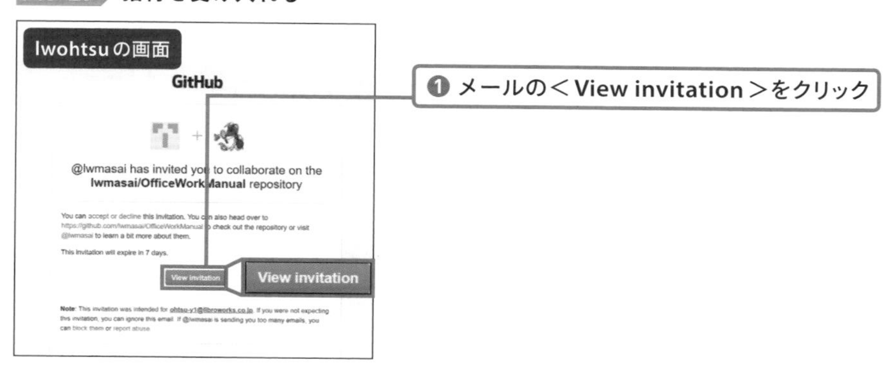

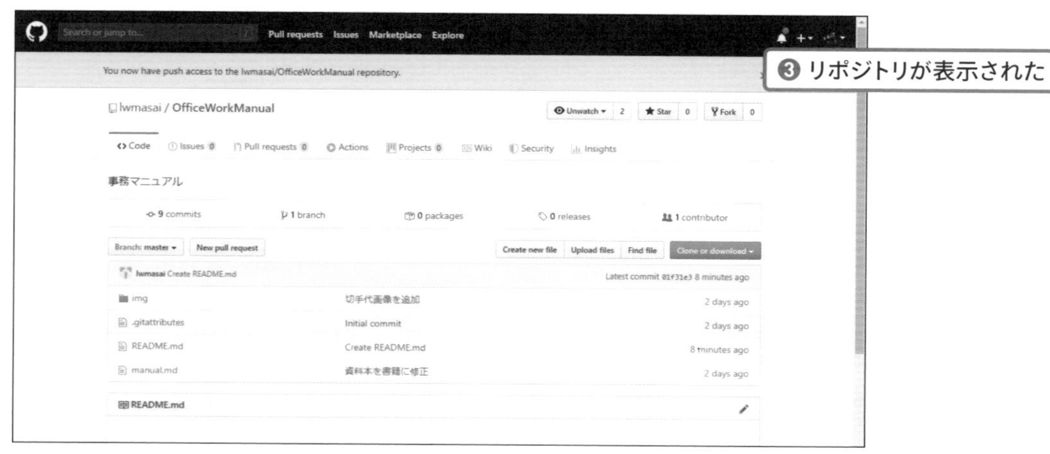

これで招待されたユーザーもプッシュできるようになりました。

◎ コラボレーターが変更をプッシュする

実際にコラボレーター（ここでは「Iwohtsu」）の立場でファイルを編集し、変更をプッシュしてみましょう。

図3-28 テキストを編集してコミット

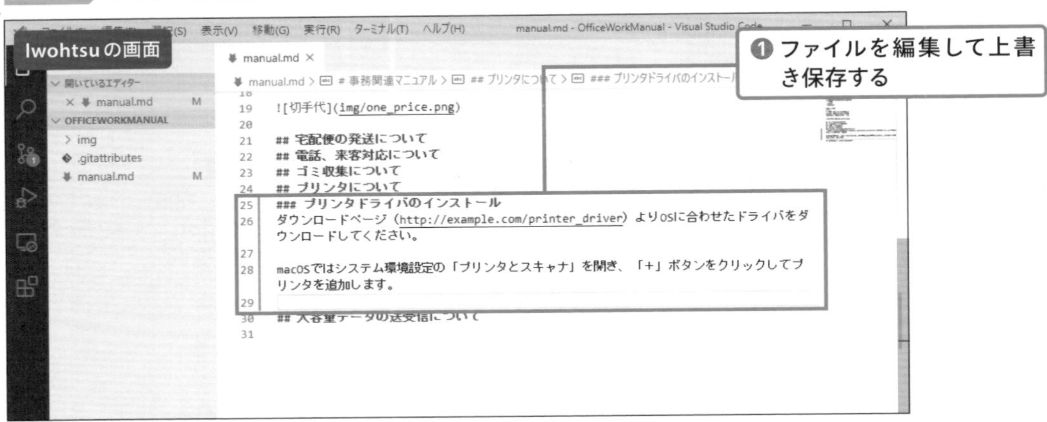

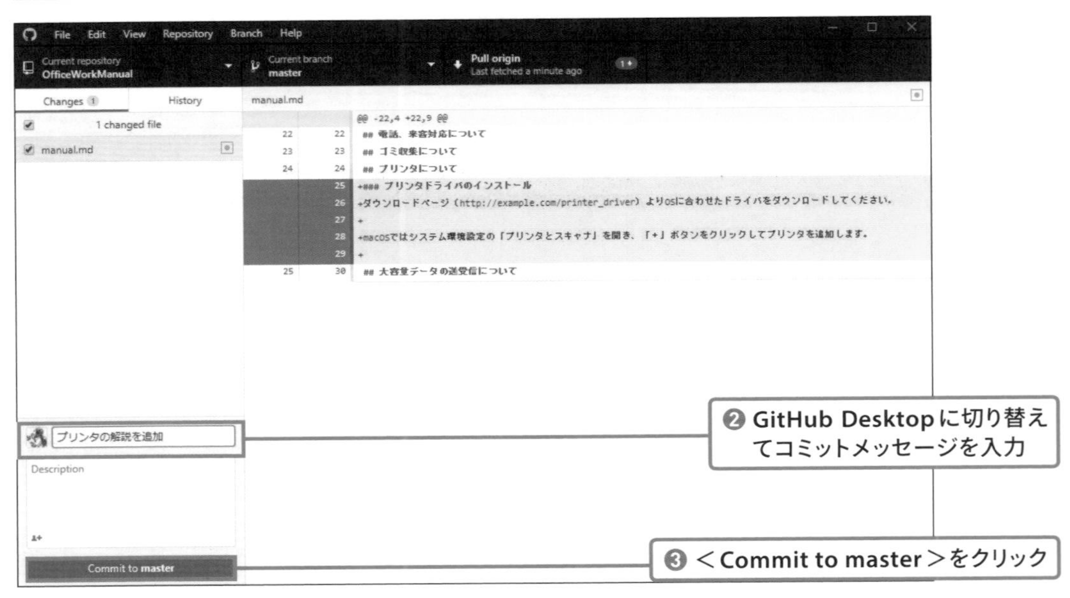

これでコラボレーターのローカルリポジトリにコミットされたので、これをリモートリポジトリにプッシュします。

図3-29 プルしてからプッシュする

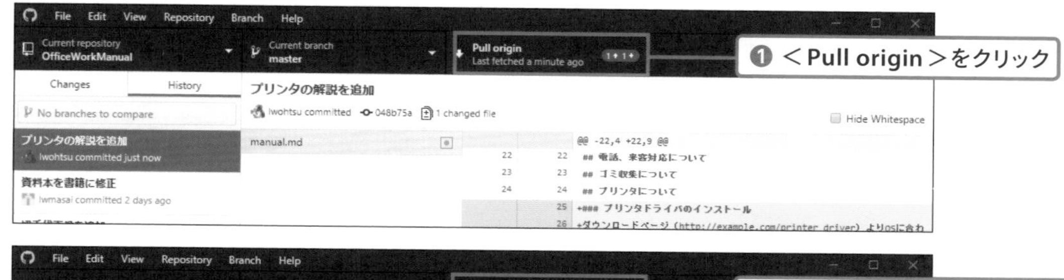

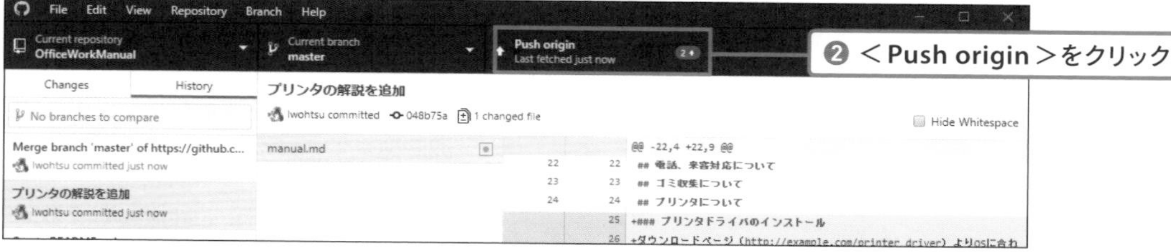

POINT

プッシュする前に必ずプルする必要があります。GitHub Desktopではプルとプッシュのボタンが共通で、プルしないとプッシュできないようになっています。そのため同じボタンを2〜3回（フェッチも含む場合がある）クリックすることになりますが、正常な動作です。

これで無事プッシュできました。＜History＞タブを確認するとマージコミットが作られています。P.78で追加したREADME.mdの作成コミットがマージされたことがわかります。

図3-30 マージコミットを確認

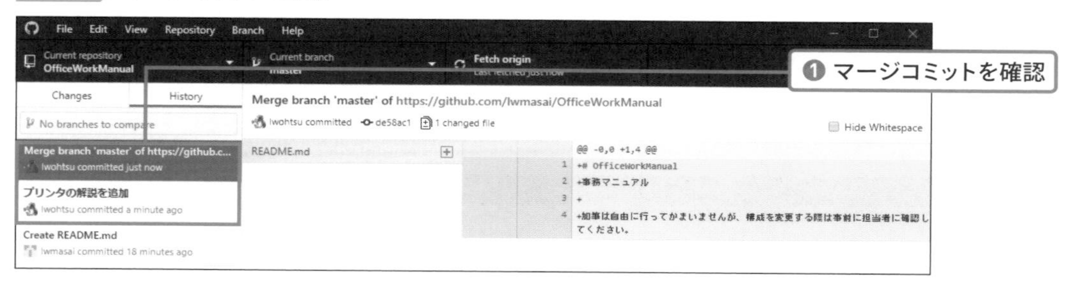

あとは、他のユーザー（ここでは「Iwmasai」）がリモートリポジトリをプルすれば、すべてのリポジトリの状態が同じ状態になります。

SECTION 04

共有したくないファイルを無視させる

アプリの使用中に作られる一時ファイルをリポジトリに含めてしまうと、単に無駄なだけでなく、同期のトラブルが起きることがあります。このような不要なファイルは.gitignoreファイルに登録して無視させましょう。この操作はリポジトリの所有者でもコラボレーターでも行えます。

◎ .gitignoreファイルを作成する

リポジトリに含めるべきではないファイルというものもあります。例えば、ExcelやWordを開いていると、フォルダ内に「~$ファイル名.xlsx」という一時ファイルが作られます（Windowsのエクスプローラーでは表示されないことがあります）。このファイルをコミットしようとするとエラーになりますし、コミットできたとしても文書ファイルを閉じたときに消滅するため、ファイルを削除するコミットができてしまいます。これはOfficeアプリに限った話ではなく、テキストエディタ以外のアプリやIDE（統合開発環境）を使っていると、このようなコミットすべきでないファイルというのはたくさん生成されます。リポジトリにファイルが入らないよういちいち取り除くのは面倒なので、Gitには.gitignoreという名前の無視ファイルが用意されています。ここに設定を書いておくと、特定の名前や拡張子を持つファイルや、特定のフォルダ内のファイルが、コミットされなくなります。

実際にやってみましょう。リポジトリ化したフォルダ内にExcelファイル（yubin.xlsx）を作成し、これを開いたままでコミットを試みます。

図3-31 Excelファイルを開いたままにする

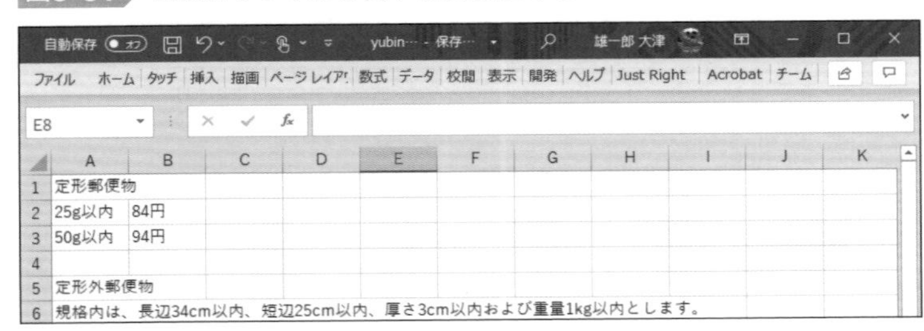

ここでGitHub Desktopに切り替えると、「~$yubin.xlsx」が変更ファイルに含まれています。

図3-32 Excelの一時ファイルが作られている

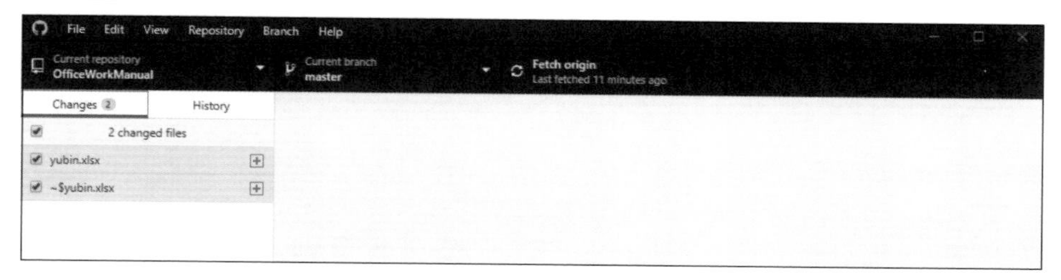

「~$yubin.xlsx」を右クリックして＜Ignore file (add to .gitignore)＞を選択すると、そのファイルが＜Changes＞タブから消え、代わりに.gitignoreファイルが出現します。

図3-33 無視ファイルを作成

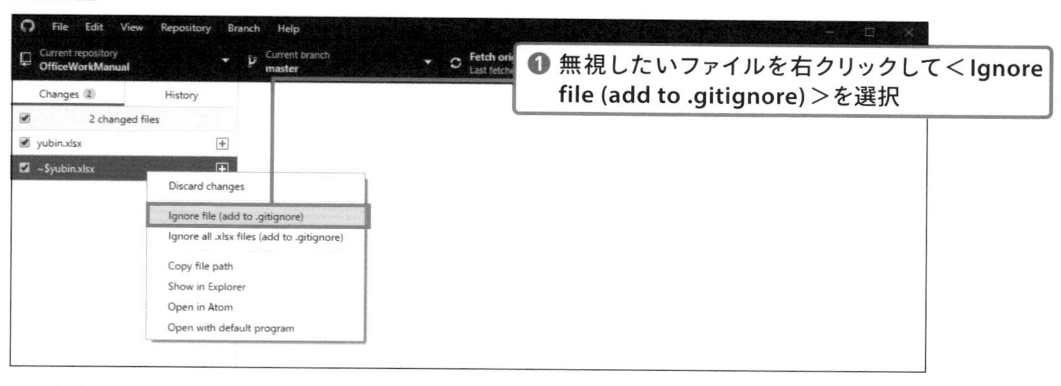

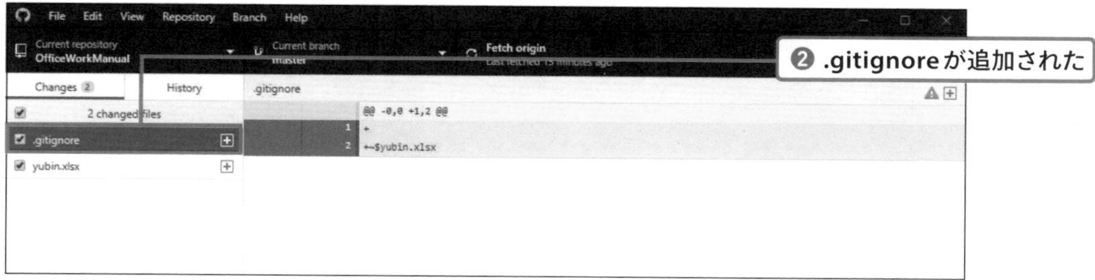

POINT

右クリックメニューで＜Ignore all .xlsx files (add to .gitignore)＞を選択すると、すべてのExcelファイルが無視されます。

◎ .gitignoreファイルを編集する

.gitignoreはテキストファイルなので、VSCodeなどで編集できます。今回は特定のファイルだけを無視する設定になっているので、Excelの一時ファイルすべてを無視するように変更しましょう。

図3-34 無視ファイルを編集

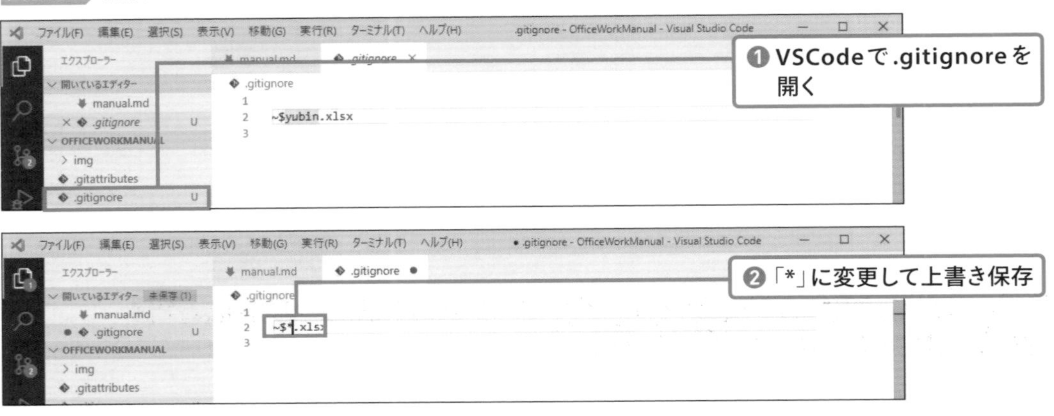

ここでは「~$yubin.xlsx」を「~$*.xlsx」に変更しています。.gitignoreファイル内の*はワイルドカードといい、「すべての文字」を意味します。「~$*.xlsx」であれば、「~$」で始まり、「.xlsx」で終わるすべてのファイルを意味します。

.gitignoreをコミットすると無視ファイルが有効になり、今後Excelの一時ファイルはコミットに含まれなくなります。

図3-35 無視ファイルをコミット

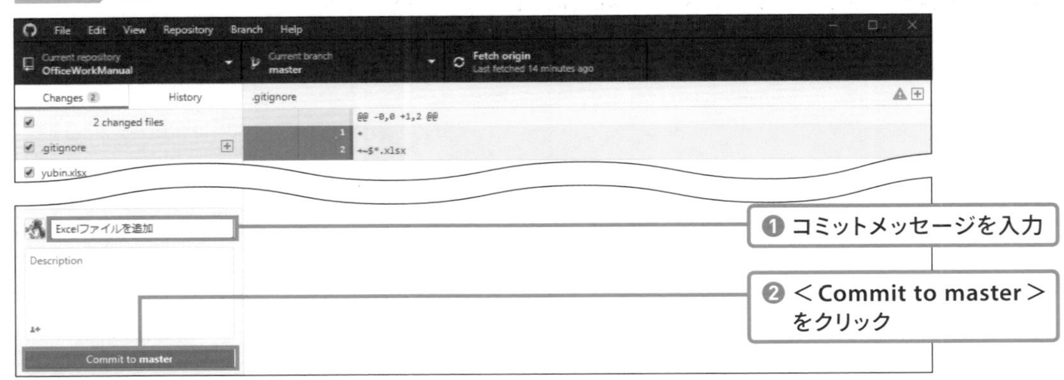

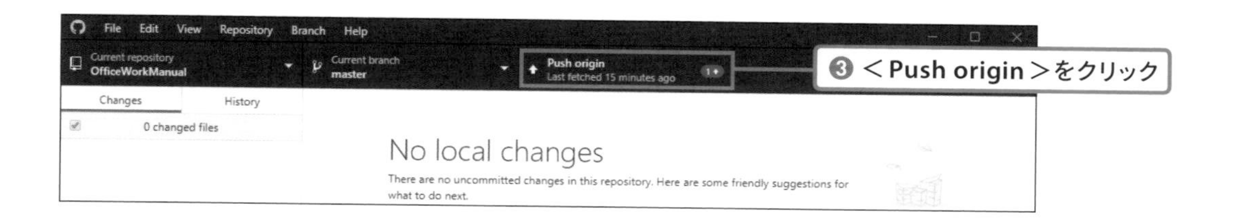

◎ GitHub上のサンプルを参考にする

.gitignoreに設定するファイルは、リポジトリで開発するものによって変わります。GitHubに.gitignoreのサンプルが公開されているので、それを参考にしてみましょう。

- **.gitignoreサンプル**
  https://github.com/github/gitignore

図3-36 無視ファイルのサンプルを表示

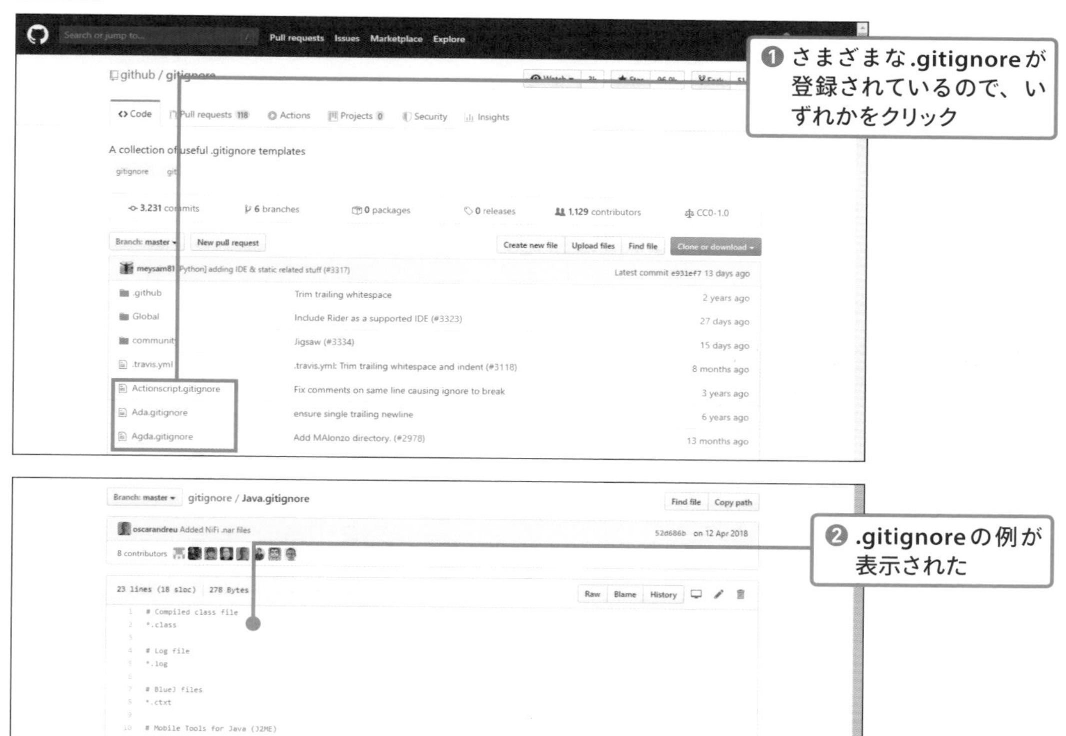

ファイルをダウンロードして参考にしたい場合は、<Raw>ボタンをクリックすると生のファイルが表示されるので、それをダウンロードします。

図3-37 ファイルをダウンロード

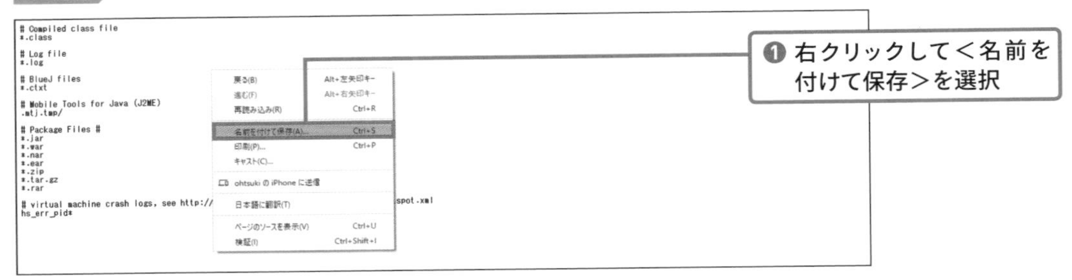

参考にしたいファイルがいろいろある場合は、このリポジトリをクローンしてもいいでしょう。

COLUMN ローカルリポジトリを削除する

GitHub Desktopでは複数のローカルリポジトリを管理できますが、利用が終わったものは削除しておきましょう。ローカルリポジトリを削除しても、リモートリポジトリは削除されません。GitHubに容量制限はないので、バックアップのつもりで残しておいてもいいでしょう。
GitHub Desktopから削除するときに、<Also move this repository to Recycle Bin>にチェックを入れると、リポジトリ化したフォルダ自体も削除されます。チェックを外した場合はGitHub Desktopのリストから消えるだけでローカルリポジトリは残ります。

図3-38 ローカルリポジトリを削除

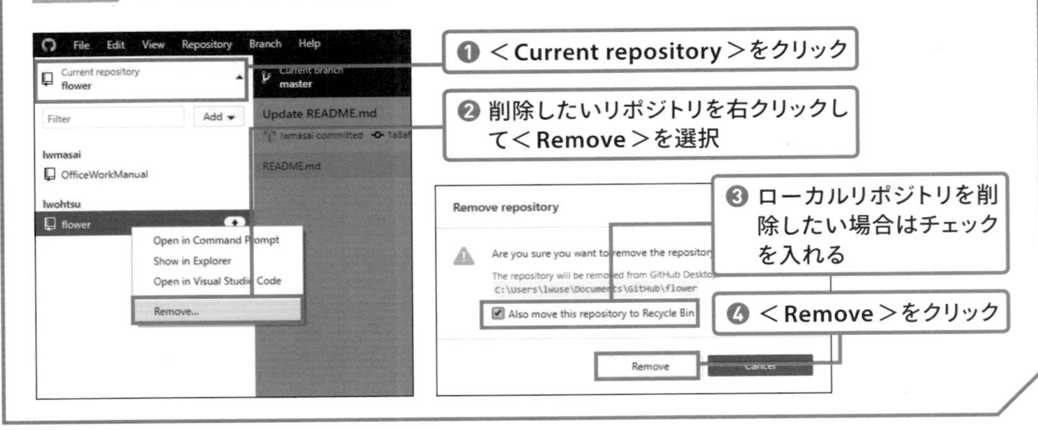

CHAPTER

4

コンフリクトとブランチを理解しよう

SECTION 01

コンフリクトとブランチ

この章では、コンフリクトとブランチについて解説します。コンフリクトは共同作業中に複数人が同じ場所を変更したときに起きるもので、解決しないとマージできません。ブランチはコミット履歴を分けるしくみで、コンフリクトを解決する機能ではありませんが、分担を明確にすることで結果的にコンフリクトが起きにくくなります。

◎ コンフリクトとは

第3章ではコラボレーターが並行してファイルを編集しない、つまりリポジトリを操作するのは一度に1人だけ、という前提で解説しました。これなら問題は起きませんが、並行で作業できなくては共同作業の意味がありません。しかし、並行で作業していると、どうしても変更の競合が発生します。これをコンフリクトといいます。

異なるファイルへの変更や、同じファイルであっても変更箇所が離れていれば、機械的に解決可能なのでGitが自動的に処理してくれます。しかし、同じファイルの同じ行に変更があった場合などは機械的に解決できません。そういうときにGitは「コンフリクトを解決してください」というメッセージを送ってきます。

図4-1 コンフリクトの発生

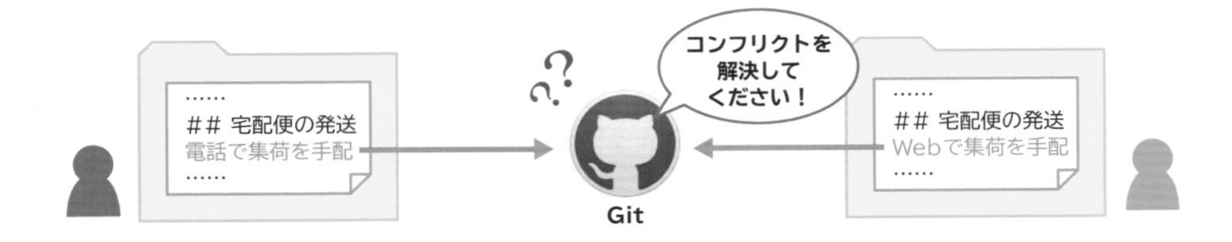

人間の世界でたとえると、2人の上司から矛盾した指示を与えられて「どっちに従えばいいんですか？」と声を上げるようなものです。初めてコンフリクトに遭遇すると、たいていうろたえてしまうの

ですが、理由がわかればそう驚くことではありません。

　コンフリクトが発生した場合は、共同作業者の誰かが、矛盾が消えるようにテキストファイルを編集します。GitHub DesktopやVSCodeにはコンフリクト解決を助ける機能があるので、それを使えば手早く解決できます。

図4-2 コンフリクトの警告と解決するための機能

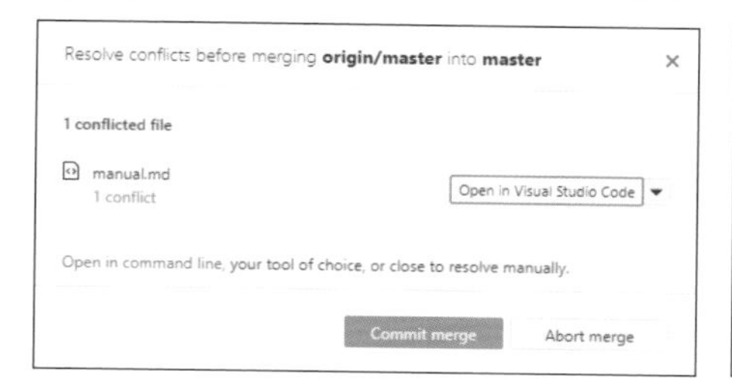

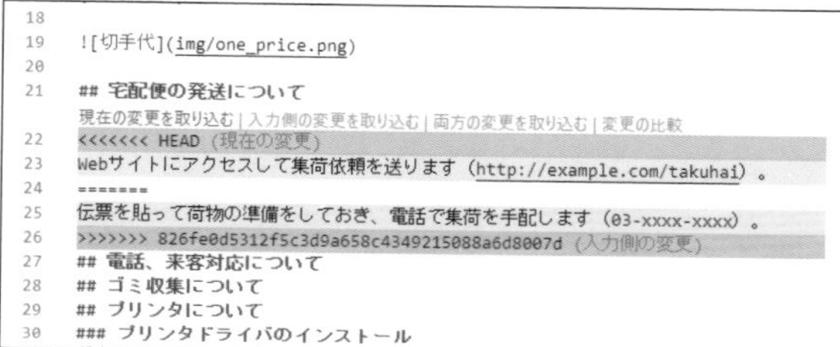

◎ コンフリクトを解消できず、万策尽きたときは

　Gitに慣れないうちは不注意に作業を進めてしまい、コンフリクトが大量に発生してしまうこともあります。どう解決したらいいのかわからなくなり、パニックになってしまったら、いったんローカルリポジトリを削除してクローンからやり直すというのも1つの手です。完全に消してしまうのが不安なら、削除する前に、ファイルをGitが管理していない別のフォルダにコピーしておけばいいでしょう。ローカルリポジトリの削除についてはP.90を参照してください。

図4-3 クローンからやり直す

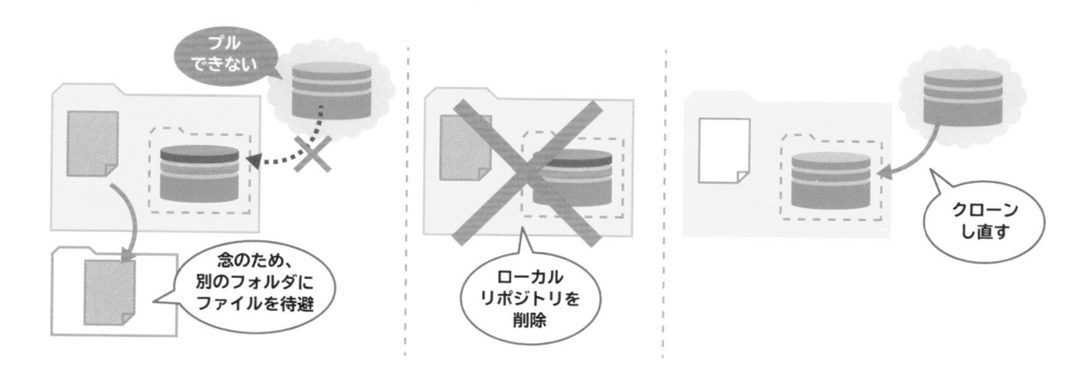

　スマートな方法ではないのでおすすめはしませんが、「どうしてもプルできない！　万策尽きた！」

と感じたら、試してみてください。次からは小まめにプルして状態をズレにくくし、共同作業者と相談して分担を明確にしながら作業するようにしましょう。

◎ ブランチとは

ブランチはコミットの履歴を枝分かれさせて、共同作業を助ける機能です。例えば、アプリを開発しているときに、あるサブ機能を開発するためのブランチを作ります。1つのブランチですべての開発を進めていると、いろいろな機能のコミットが混ざり合って状況を把握しにくくなってしまいます。ブランチを分ければそれぞれでコミットの履歴が分かれるため、状態を把握しやすくなります。

また、他のブランチの状況を気にせずに、自分のペースで作業を進めやすくなるというメリットもあります。

図4-4 ブランチを表した図①

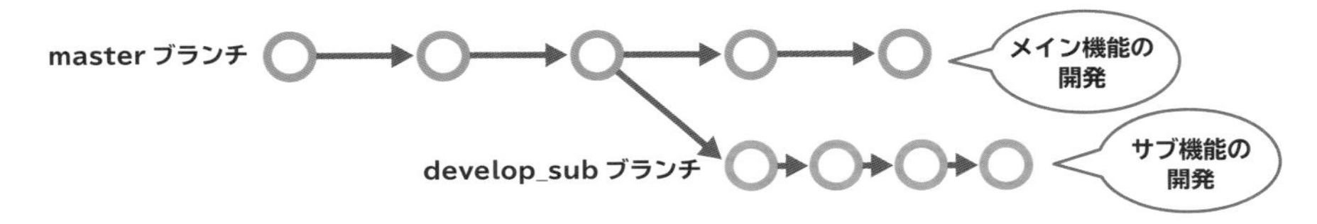

これまで使ってきたローカルリポジトリの図でブランチを表すと、次のようになります。コミットとして積み上げてきたものが途中から分かれるイメージです。作業中のブランチは自由に切り替えることができ、ブランチを切り替えるたびにワーキングディレクトリの状態も変化します。

図4-5 ブランチを表した図②

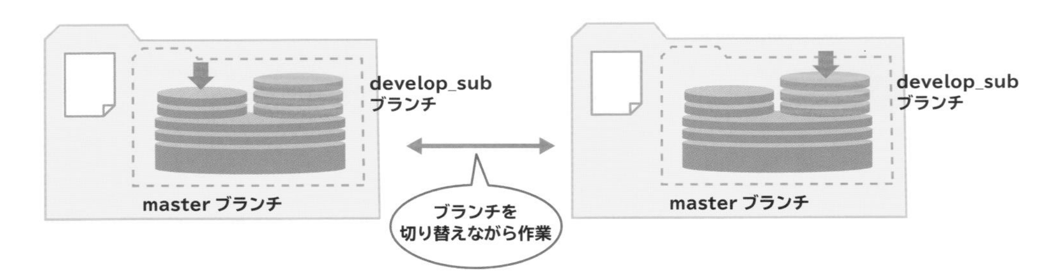

複数のブランチがあるというのは、ファイルの状態が複数あることです。それでは完成した状態とはいえないので、最終的にはメインのブランチ（masterブランチ）にマージする必要があります。

図4-6 ブランチのマージ

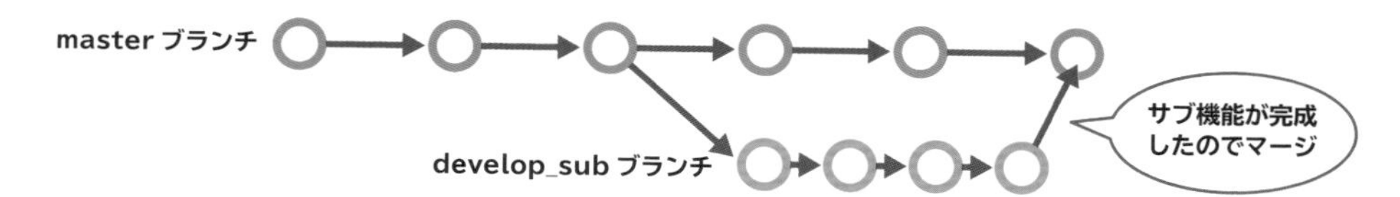

ブランチはコンフリクトを防止する機能ではありません。ブランチを分けて作業していても同じファイルの同じ場所に対して変更を加えれば、マージするときにコンフリクトが起きます。ただし、マージするまではコンフリクトが起きないので、作業途中で何度も整合性で悩まされることはありません。作業中は気にせずに進め、マージするときにまとめて解決できるのもブランチのメリットの1つです。

共同作業者と相談しながら進めよう

共同作業者に相談せずに、勝手にブランチを作ったりマージしたりしないようにしましょう。ブランチを増やしすぎると、混乱が起きてかえってコンフリクトが増えることもあるのです。事前に相談して、どういうルールでブランチを作り、誰がマージするのかを決めておくことをおすすめします。自分が慣れていない場合は、Gitの経験がある人に主導権を委ねるのもよい考えです。

また、GitHubにはブランチのマージ時に相談しやすくするプルリクエストという機能があります（Gitの機能ではなくGitHubの機能です）。これを利用すると、作業を始める前に必ずブランチを作り、作業が終わったらプルリクエスト機能を使ってマージして問題ないか相談する、という進め方ができます。プルリクエストについては第5章で解説します。

図4-7 プルリクエスト

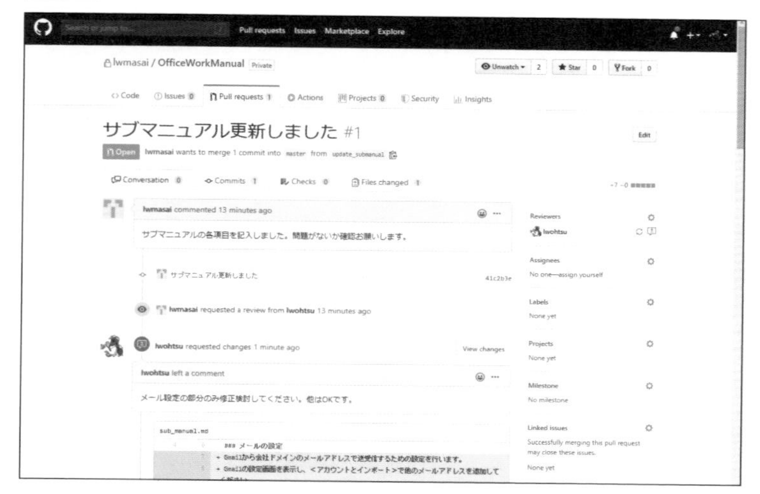

SECTION 02

コンフリクトを解決する

ここではコンフリクトをわざと引き起こし、それを解決してみます。作業者が2人いて同時に変更した場合、あとからプル／プッシュしたほうの画面にコンフリクトの警告が表示されます。警告が表示された側で、矛盾を解消するための編集を行います。

◎ コンフリクトをわざと引き起こす

まずコンフリクトを引き起こしてみましょう。コンフリクトが確実に起きるのは、2人以上が同じファイルの同じ行を変更したときです。

今回は「宅配便」の説明を1人目（lwohtsu）は「電話で集荷を手配する」と書いたことにします。

図4-8 テキストを編集する

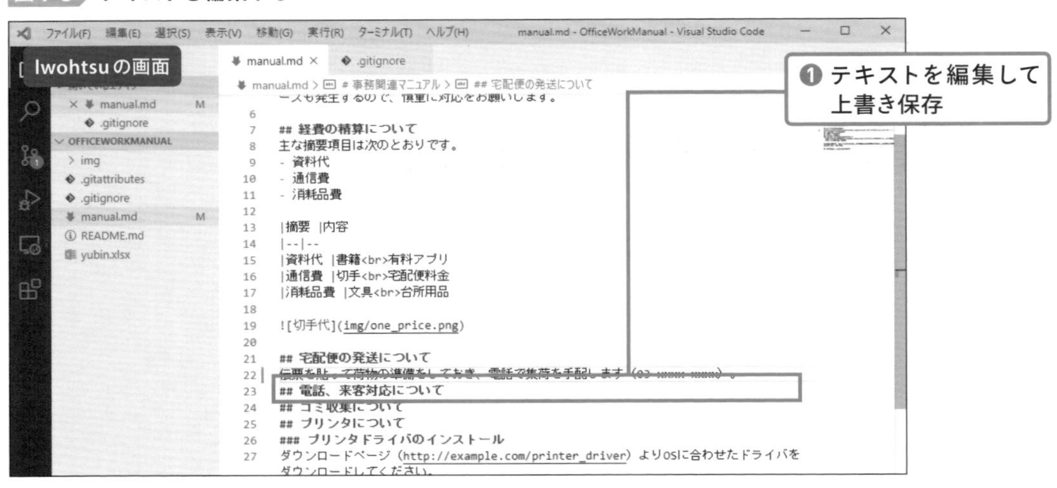

編集が終わったので、ファイルを上書き保存し、コミットしてプッシュします。まだ相手がプッシュする前なので、問題なくプッシュは成功します。

図4-9 コミットしてプッシュ

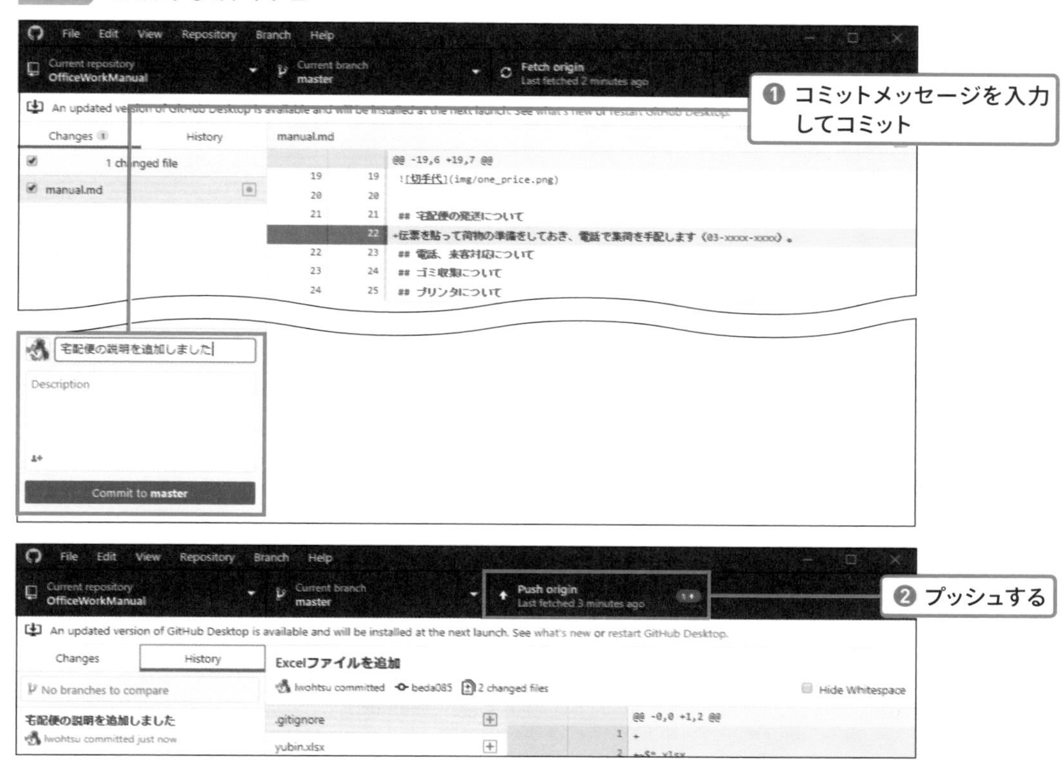

次はもう1人（Iwmasai）がテキストを編集します。こちらは「Webサイトで集荷を手配する」と書きました。編集前にはプルしていません。

図4-10 テキストを編集する

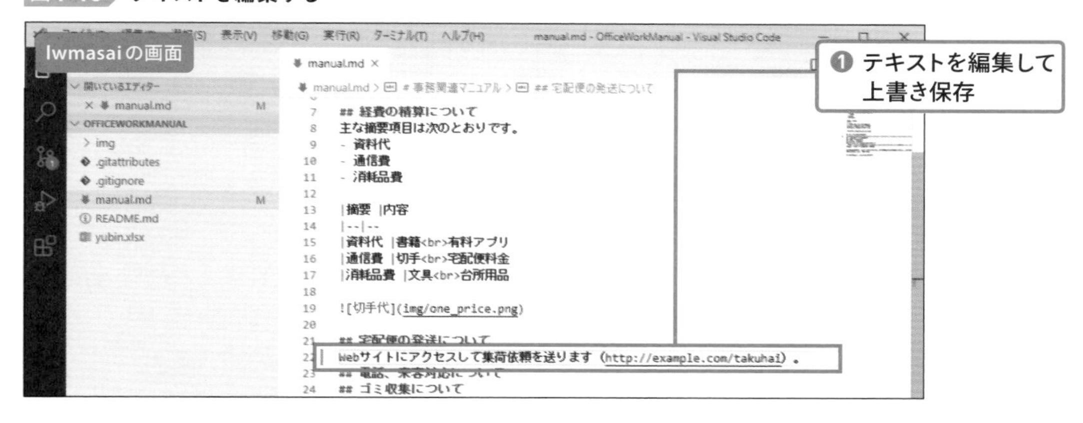

コミットしてプッシュを試みます。ところが「Newer commits on remote（リモート上により新しいコミット）」と表示されてコミットが失敗します。

図4-11 コミットしてプッシュ

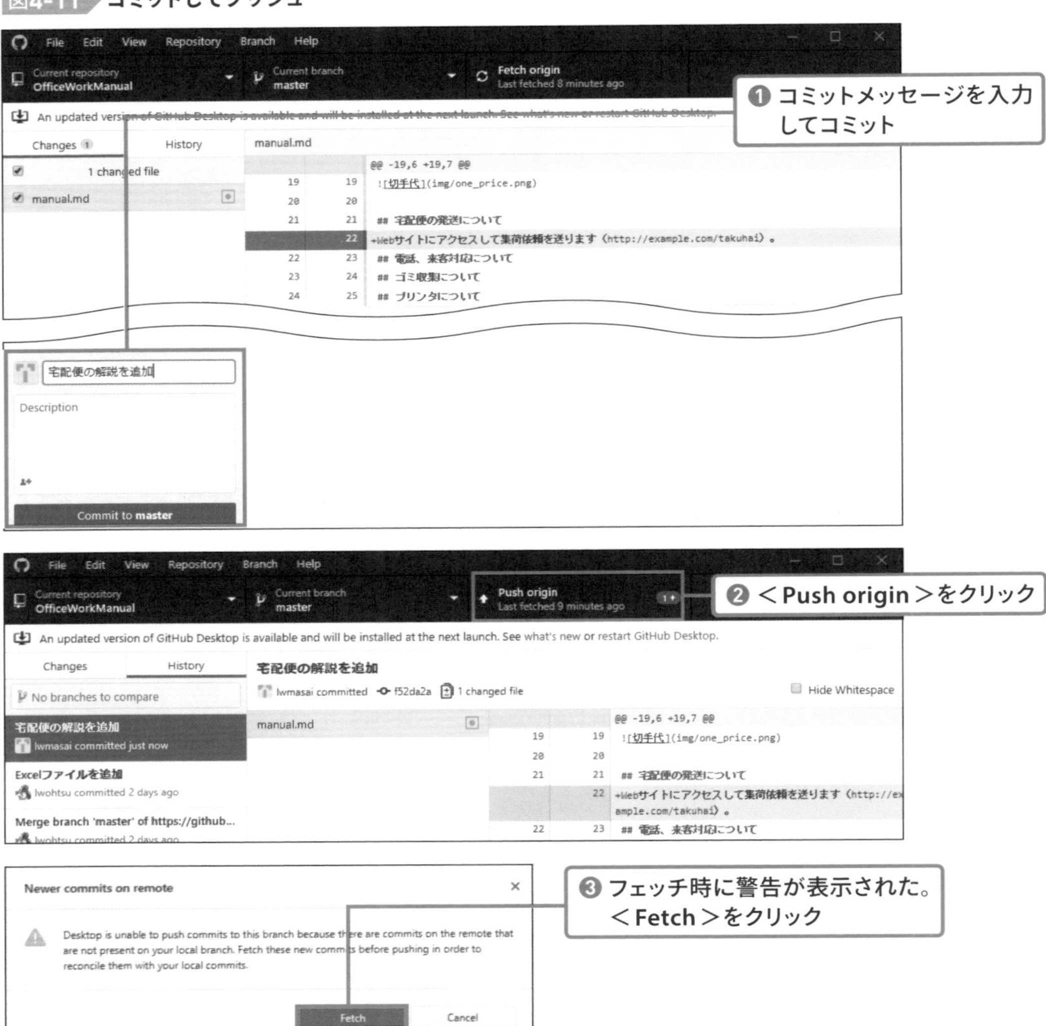

続いてプルを実行すると、「Resolve confricts before merging（マージの前にコンフリクトを解決せよ）」と表示されます。この画面にはコンフリクトの数や解決に使うエディタが表示されており、＜Open in Visual Studio Code＞をクリックすると、VSCodeで対象のファイルを開くことができます。

＜Commit merge＞ボタンは色が薄くなっており、クリックすることができません。

図4-12 VSCodeでコンフリクトを確認

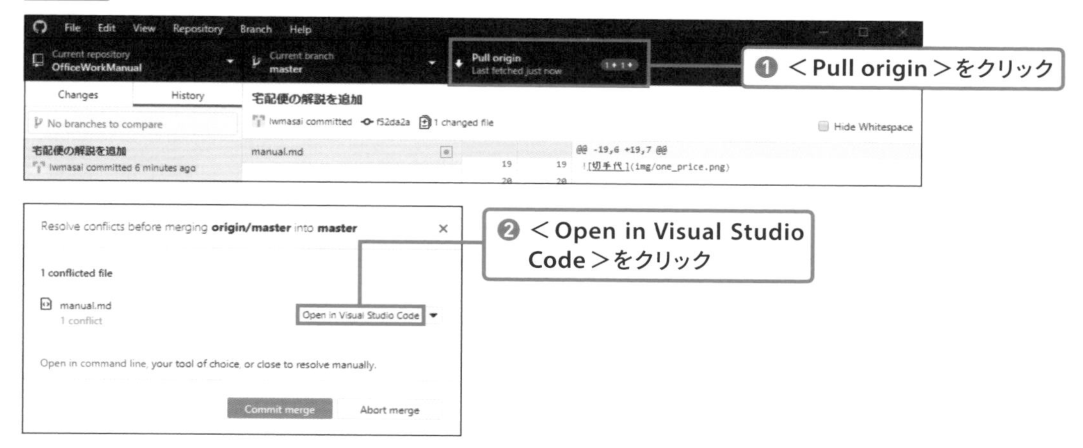

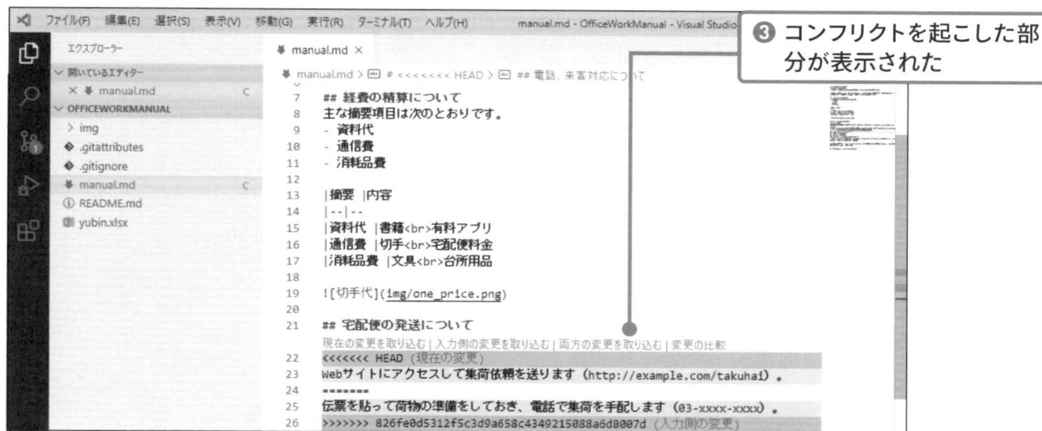

◎ コンフリクトを解決する

コンフリクトを起こしている部分は次のように変化しています。

リスト4-1 コンフリクトの例

```
<<<<< HEAD（現在の変更）
自分側が変更したテキスト
=======
相手側が変更したテキスト
>>>>> コミット番号（入力側の変更）
```

イコールより上に表示されているのがこちら側の変更、イコールより下が相手側の変更（リモートリポジトリの最新コミット）です。ここまでがGitの機能で、目立つように表示されているのはVSCodeの機能です。その上に表示されているリンクで対処法を選ぶことができます。なお、リンクは、英語で表示されることもあります。

図4-13 VSCodeでコンフリクトを確認

```
21  ## 宅配便の発送について
    現在の変更を取り込む | 入力側の変更を取り込む | 両方の変更を取り込む | 変更の比較
22  <<<<<<< HEAD (現在の変更)
23  Webサイトにアクセスして集荷依頼を送ります（http://example.com/takuhai）。
24  =======
25  伝票を貼って荷物の準備をしておき、電話で集荷を手配します（03-xxxx-xxxx）。
26  >>>>>>> 826fe0d5312f5c3d9a658c4349215088a6d8007d (入力側の変更)
27  ## 電話、来客対応について
```

ここから対処法を選ぶ

- **現在の変更を取り込む（Accept Current Change）**
- **入力側の変更を取り込む（Accept Incoming Change）**
- **両方の変更を取り込む（Accept Both Changes）**
- **変更の比較（Compare Changes）**

コンフリクトを解決するのは人間の仕事です。どう解決すればいいか考えてみましょう。「Webサイトで集荷依頼」するのも「電話で集荷を手配」するのも、どちらも並列で説明するべき内容ですね。また、一方の解説にある「伝票を貼って荷物の準備をする」は、共通して書いておくべきことです。そこで、両者の説明を取り込むことにします。

図4-14 VSCodeでコンフリクトを確認

```
21  ## 宅配便の発送について
    現在の変更を取り込む | 入力側の変更を取り込む | 両方の変更を取り込む | 変更の比較
22  <<<<<<< HEAD (現在の変更)
23  Webサイトにアクセスして集荷依頼を送ります（http://example.com/takuhai）。
24  =======
25  伝票を貼って荷物の準備をしておき、電話で集荷を手配します（03-xxxx-xxxx）。
26  >>>>>>> 826fe0d5312f5c3d9a658c4349215088a6d8007d (入力側の変更)
27  ## 電話、来客対応について
```

❶＜両方の変更を取り込む＞をクリック

```
21  ## 宅配便の発送について
22  Webサイトにアクセスして集荷依頼を送ります（http://example.com/takuhai）。
23  伝票を貼って荷物の準備をしておき、電話で集荷を手配します（03-xxxx-xxxx）。
24  ## 電話、来客対応について
```

❷両方のテキストが残った

```
21  ## 宅配便の発送について
22  伝票を貼って荷物の準備をしておき、Webサイトにアクセスして集荷依頼を送ります
    （http://example.com/takuhai）。または電話で集荷を手配します（03-xxxx-xxxx）
    。
23  ## 電話、来客対応について
```

❸2つを混ぜた文に修正して上書き保存

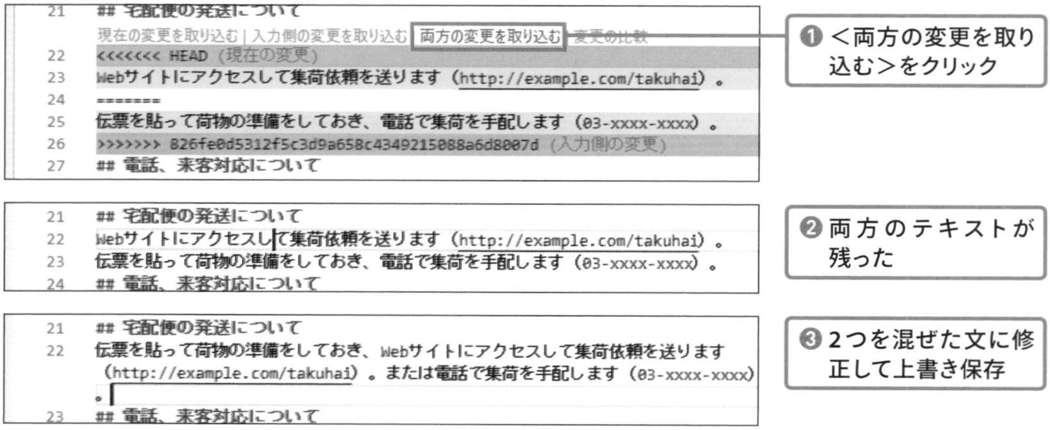

ここでGitHub Desktopに切り替えると「No conflicts remaining（コンフリクトは残っていない）」と表示され、<Commit merge>がクリック可能になっています。クリックするとマージコミットが作成されるので、リモートリポジトリにプッシュします。

図4-15 マージコミットを作成

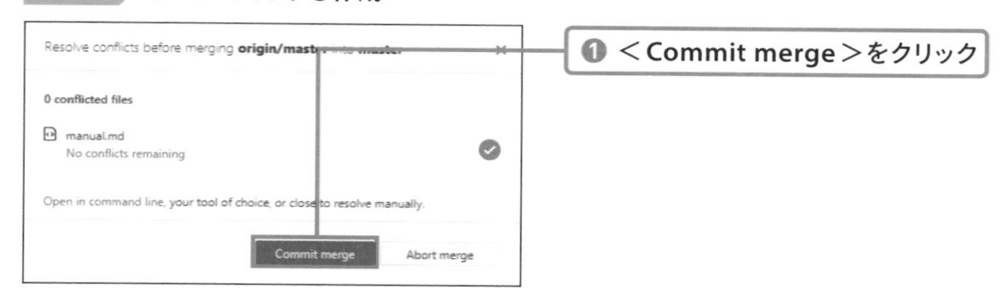

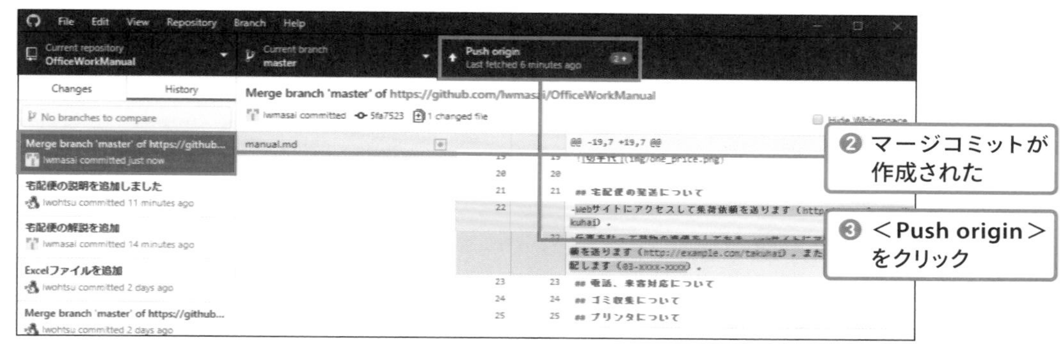

これでコンフリクトは解決されました。もう1人のユーザーがプルすれば、完全に同じ状態になります。

図4-16 プルして状態を同じにする

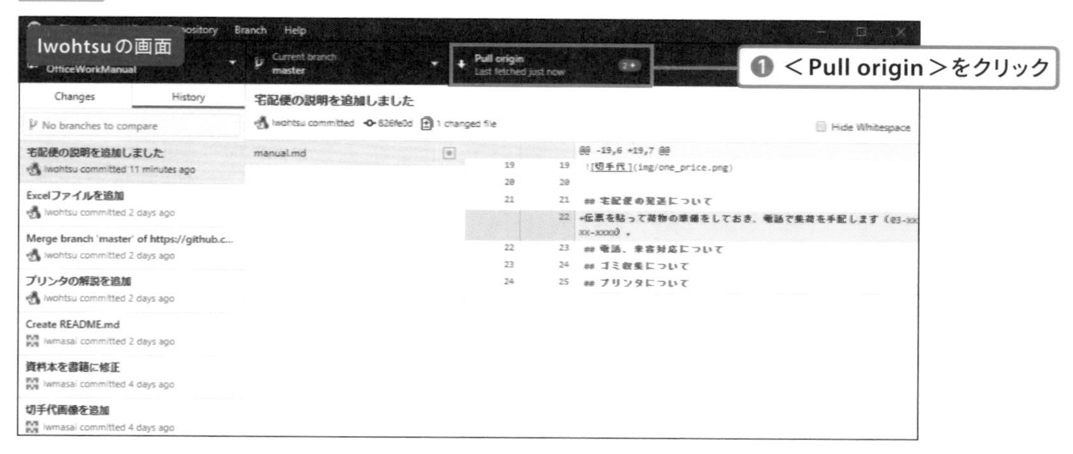

SECTION 03

ブランチを作って作業分担する

先にコンフリクトの解決方法を解説しましたが、コンフリクトを解決している途中で別の変更が行われてしまうこともありえます。コンフリクトの解決ばかりになってしまうと作業が進みません。ブランチを作れば、ブランチごとにファイルが管理されるため、他のブランチを意識せずに作業を進められます。

◎ ブランチを作る

ブランチはコミットの履歴を分岐する機能です。ブランチごとにファイルが管理されるため、他のブランチの変更は影響しなくなります。これならコンフリクトの解決にとらわれることなく作業を進められます。とはいえ、ブランチで作業を進めても最終的にはマージしなければいけません。ですから、作業者それぞれが勝手にブランチを作るのではなく、マージしやすいようブランチ分けの方針を決める必要があります。

今回の例では、新人向けのサブマニュアル（sub_manual.md）を作るためにedit_submanualブランチを作成します。GitHub Desktopの中央にある＜Current branch＞と書かれている部分をクリックすると、ブランチの一覧が表示されます。現在は初期状態からあるmasterブランチしかないことがわかります。

図4-17 ブランチの一覧を表示

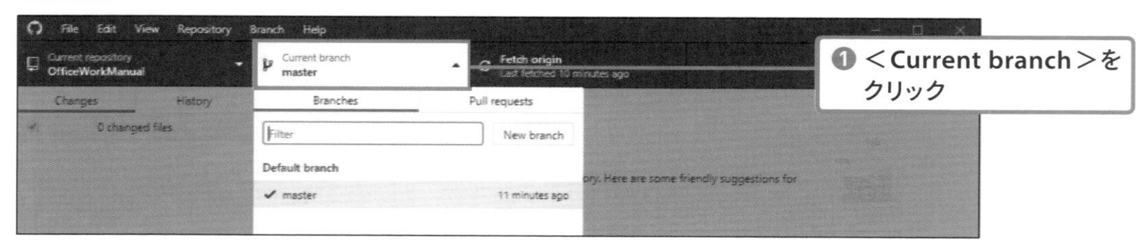

＜New branch＞をクリックすると、新しいブランチを作成できます。

図4-18 ブランチの一覧を表示

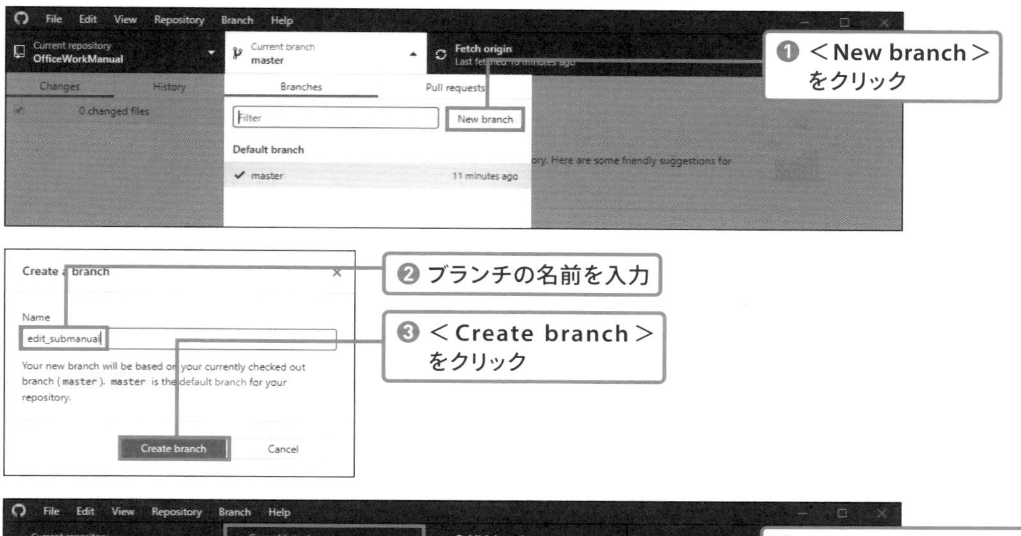

VSCodeでsub_manual.mdというファイルを作成し、内容を入力して上書き保存します。

図4-19 サブマニュアルのファイルを作成してコミット

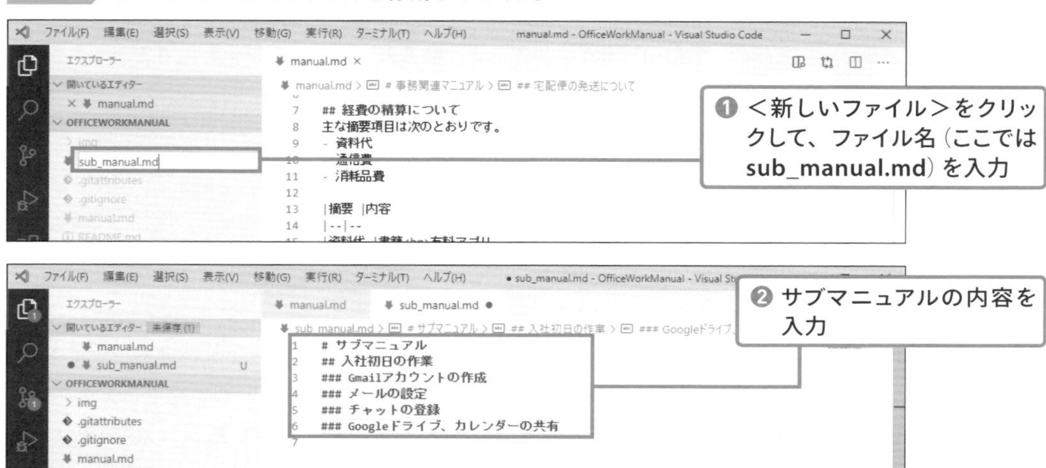

ファイルが作成できたらいつものようにコミットします。さらにリモートリポジトリへのプッシュもしておきましょう。

図4-20 コミットしてプッシュ

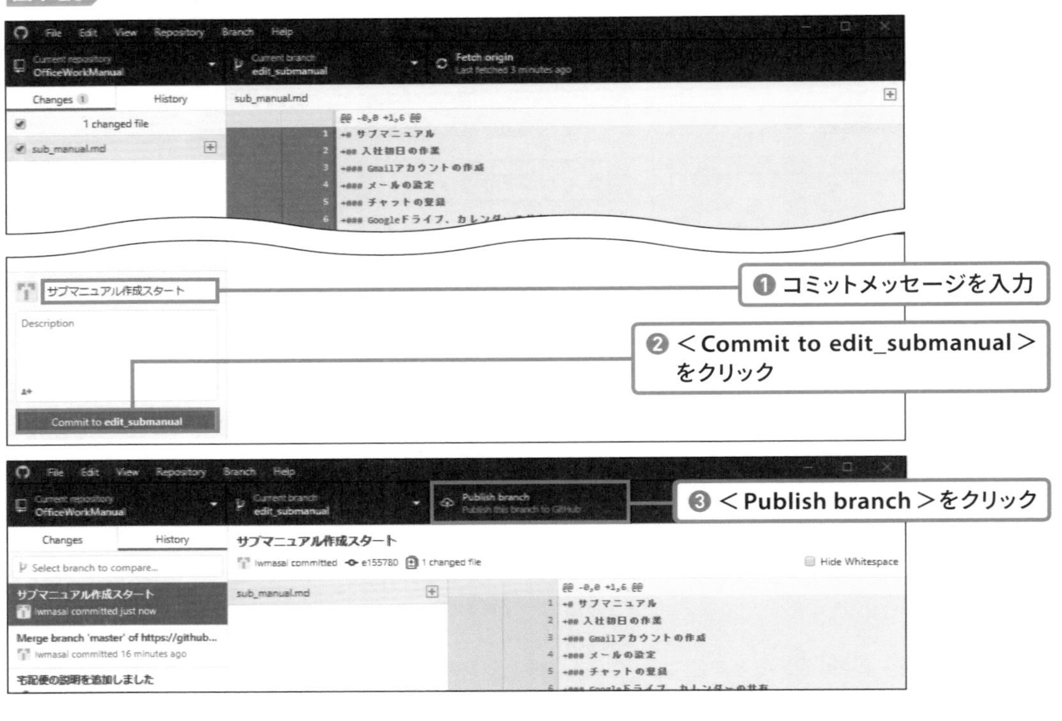

POINT

ブランチをプッシュしたあと、他の作業者がプルすると、他の人たちもブランチを利用できるようになります。

◎ ブランチを切り替える

ここでブランチへの理解を深めるために、ブランチを切り替えてみましょう。この操作をチェックアウト（Checkout）といいます。やり方はGitHub Desktopのブランチ一覧でブランチを選ぶだけですが、ワーキングディレクトリにも影響が出ます。最初は理解しにくいところなので実際に見てみましょう。

現在はedit_submanualブランチにいるとして、masterブランチに切り替えます。この状態でフォルダウィンドウで見てみるとsub_manual.mdは消えています。また、VSCodeではsub_manual.mdを開いたままだったのですが、「（削除済み）」と表示されています。masterブランチにないファイルはワーキングディレクトリから消えてしまったのです。仮にedit_submanualブランチでmanual.mdに変更を加えていた場合、それもmasterブランチの状態に変化します。

図4-21 ブランチをmasterに切り替えてファイルを確認

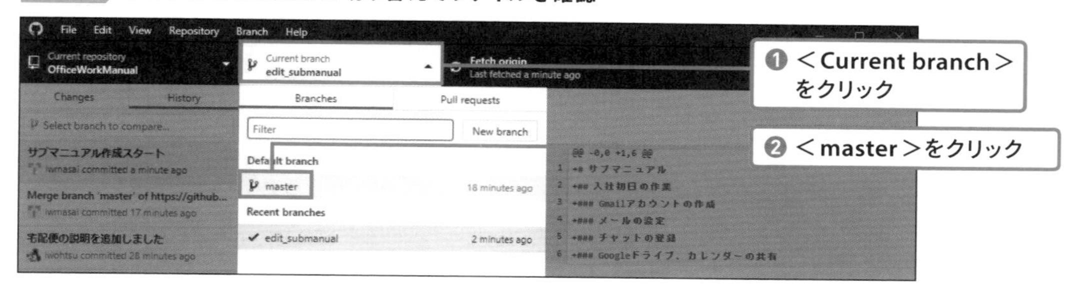

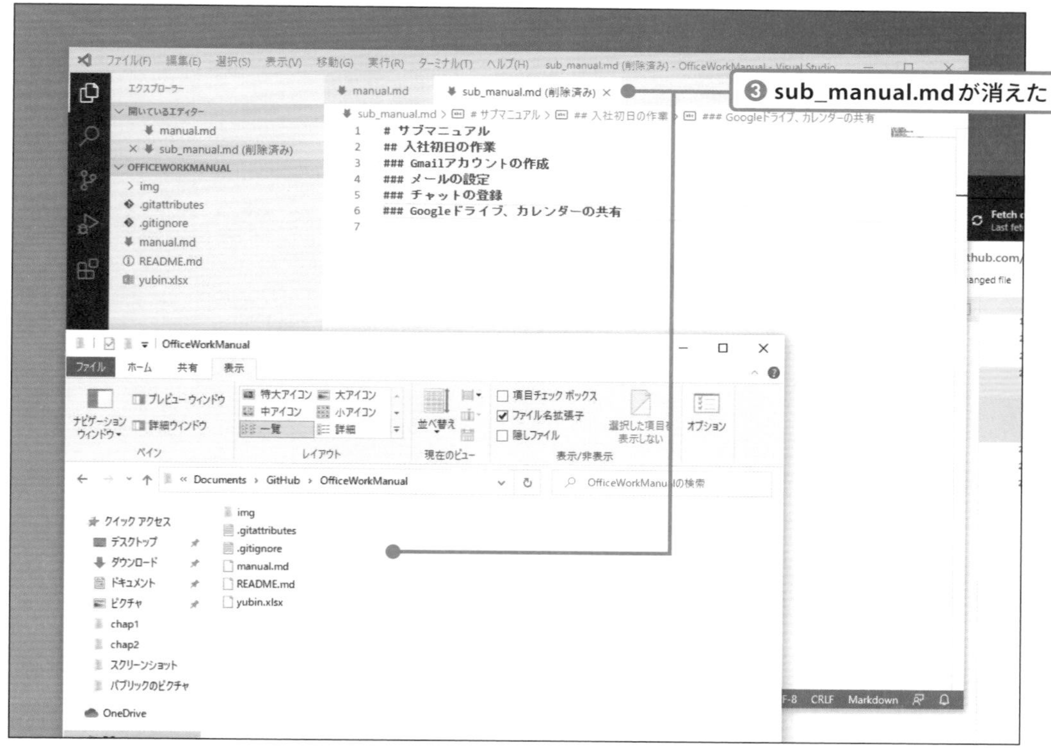

edit_submanualブランチに切り替えてみましょう。sub_manual.mdがまた出現します。ブランチの切り替えとは、コミットの履歴が変わるだけでなく、ワーキングディレクトリの状態も切り替えることなのです。

図4-22 ブランチをedit_submanualに切り替えてファイルを確認

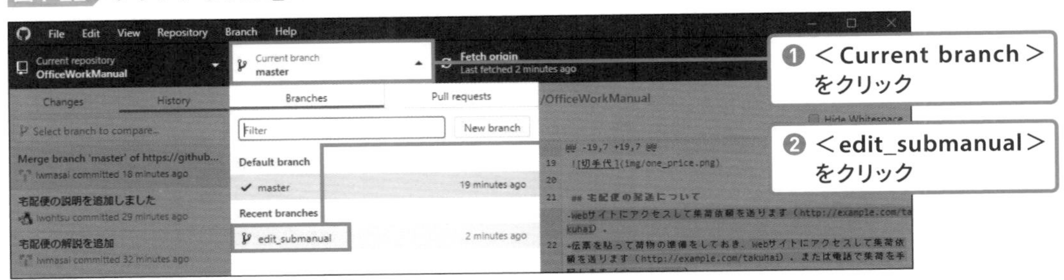

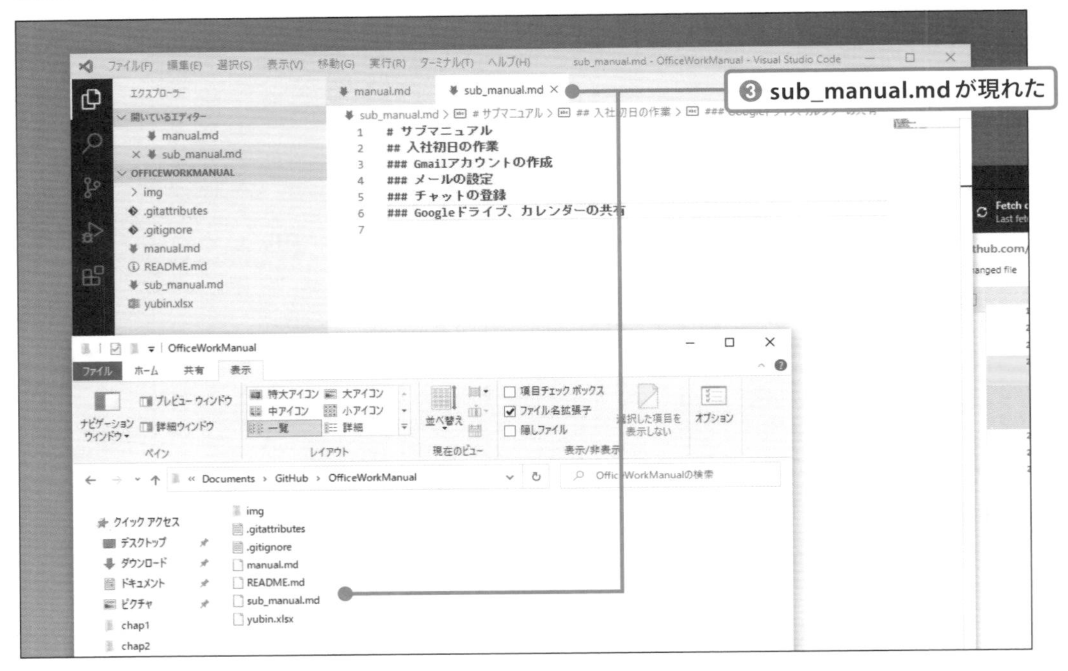

図4-23 ブランチの切り替えの様子

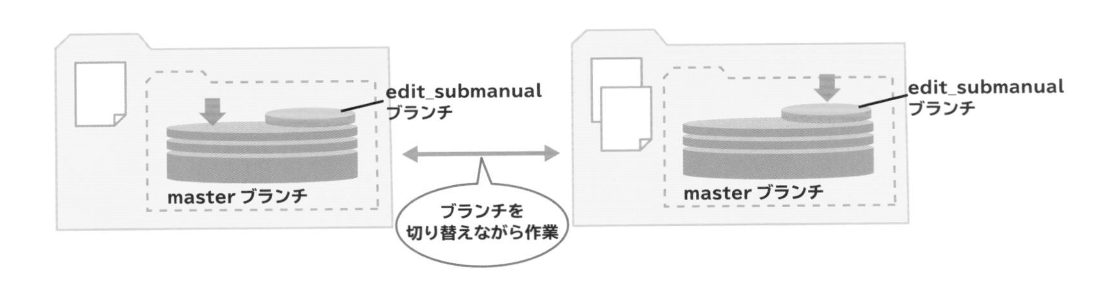

COLUMN コミットせずにブランチを切り替えた場合

コミットしていない変更はリポジトリに含まれません。そのままブランチを切り替えると変更が失われる恐れがありますが、GitHub Desktopにはそれを防ぐ機能があります。コミットしていない変更がある状態でブランチを切り替えようとすると＜Switch branch＞という画面が表示されます。ここで変更を現在のブランチに残すか、切り替え先に持ち込むかを選択できます。

図4-24 コミットしていない変更の扱いを選ぶ

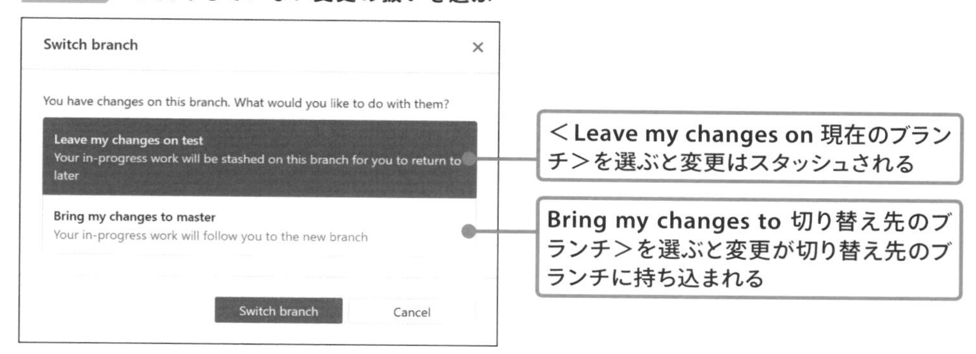

＜Leave my changes on 現在のブランチ＞を選んだ場合、変更はスタッシュ（こっそり隠す）状態になります。これはあとでそのブランチに戻ったときに復元できます。

図4-25 スタッシュした変更を復元

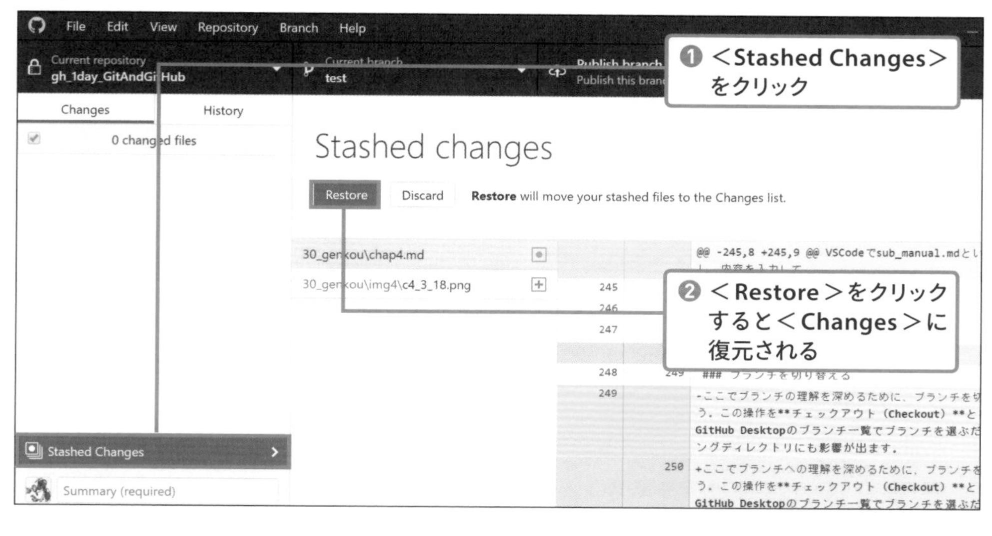

SECTION 04

ブランチをマージする

ブランチのマージとは、他のブランチの変更を取り込むことです。作業が完全に終わったあとに行うマージ以外に、作業中の状態を合わせるために行うマージもあります。ここでは両方のマージを行ってみましょう。

◎ さまざまなマージの使い方

ブランチのマージと聞くと、分家のブランチを本家のブランチ（masterブランチ）に統合するというイメージがあります。しかし、本家のブランチから分家のブランチにマージすることもあります。ブランチを分けたまま作業を続けていると差が大きくなってしまうため、時々本家のコミットを取り込んで状態を合わせるのです。

図4-26 2方向のマージ

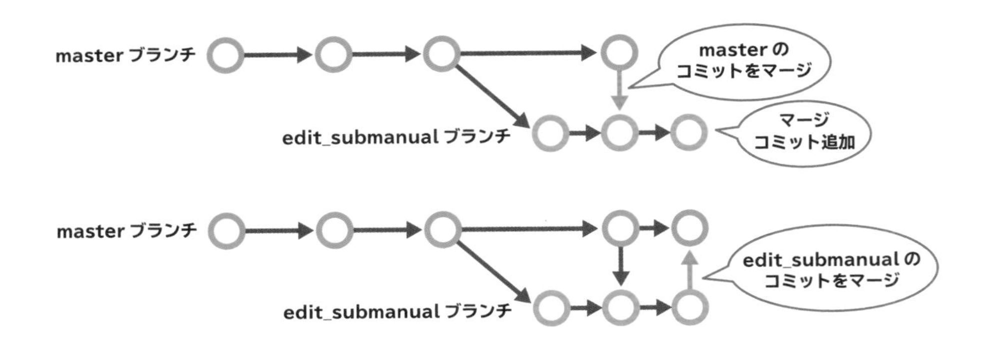

今回はmasterブランチでmanual.mdが変更されたので、それをedit_submanualブランチに取り込むことにします。この例だとあまり意味はありませんが、sub_manual.mdを編集するときにmanual.mdを参考にするといったシナリオが考えられます。

◎ masterブランチのコミットを取り込む

GitHub Desktopでmasterブランチに切り替えて、masterブランチでmanual.mdを変更します。作業前にブランチを間違えていないか確認してください。

図4-27 masterブランチでファイルを編集

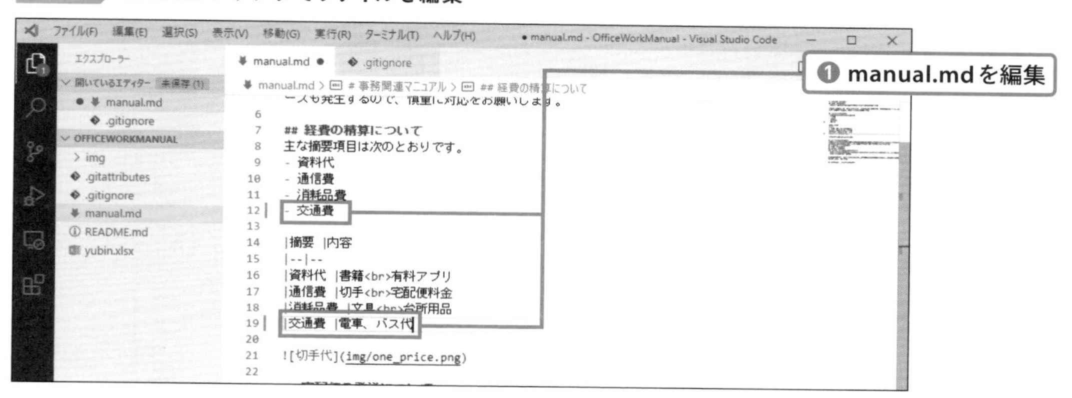

編集が終了したら、ファイルを上書き保存して、これまでと同じようにコミットメッセージを付けてコミットします。

図4-28 masterブランチにコミット

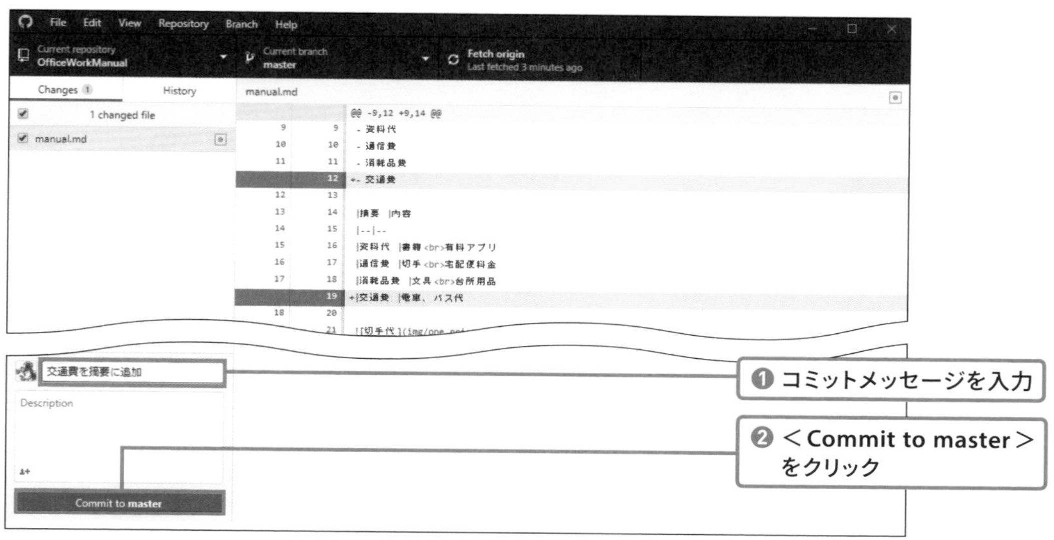

edit_submanualブランチに切り替えます。manual.mdを開くと、先ほどmasterブランチで行った変更は反映されていません。

図4-29 edit_submanualブランチに切り替える

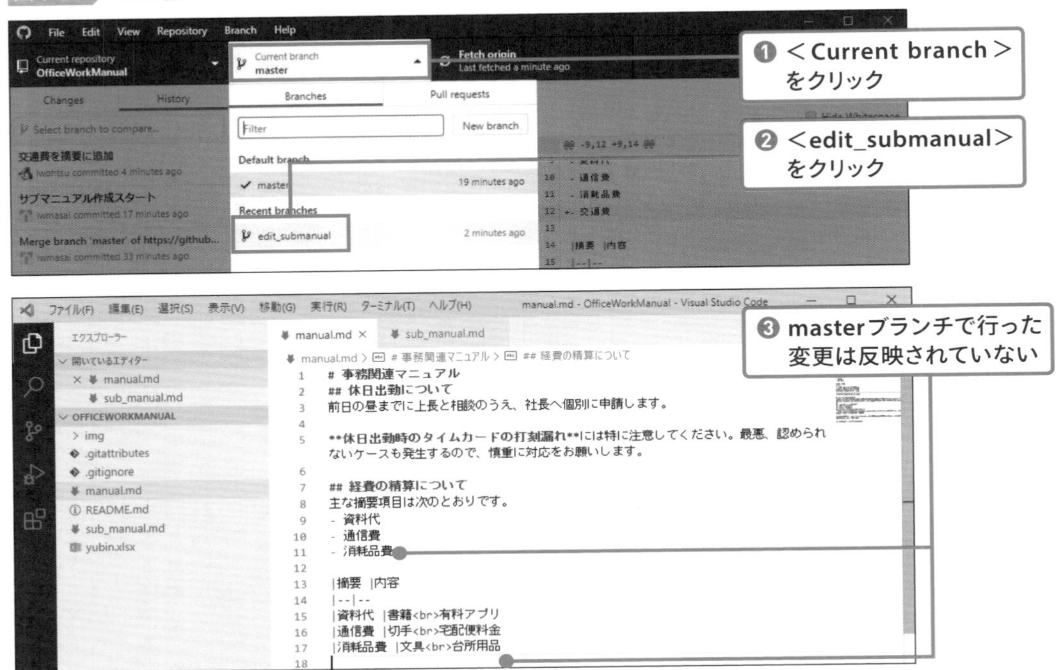

ここでGitHub Desktopの＜Branch＞メニューの＜Update from master＞を選択します。

図4-30 masterブランチから更新

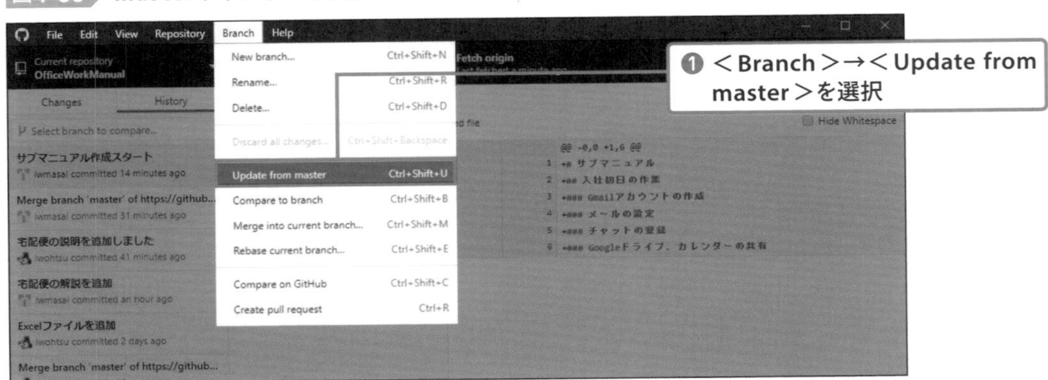

するとmasterブランチのコミットが取り込まれます。GitHub Desktopでコミットの履歴を見ると、masterブランチのコミットとマージコミットが追加されています。また、manual.mdにも変更が反映されています。

図4-31 masterブランチのコミットが反映された

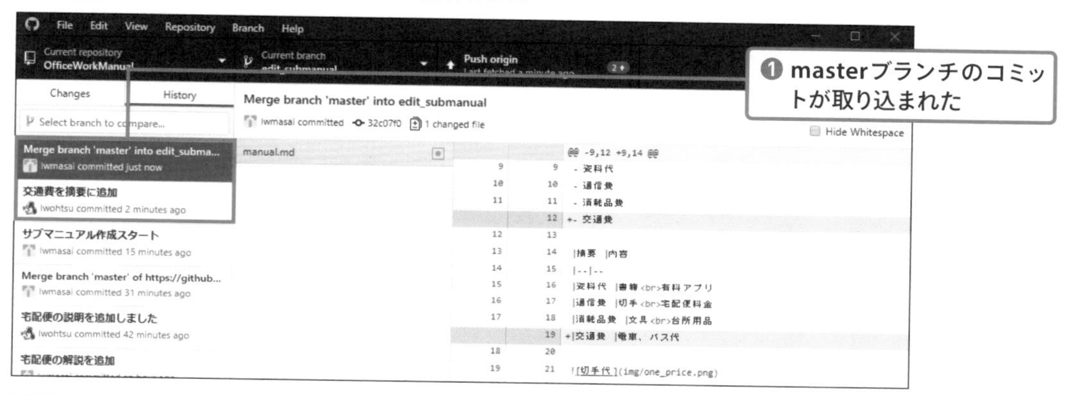

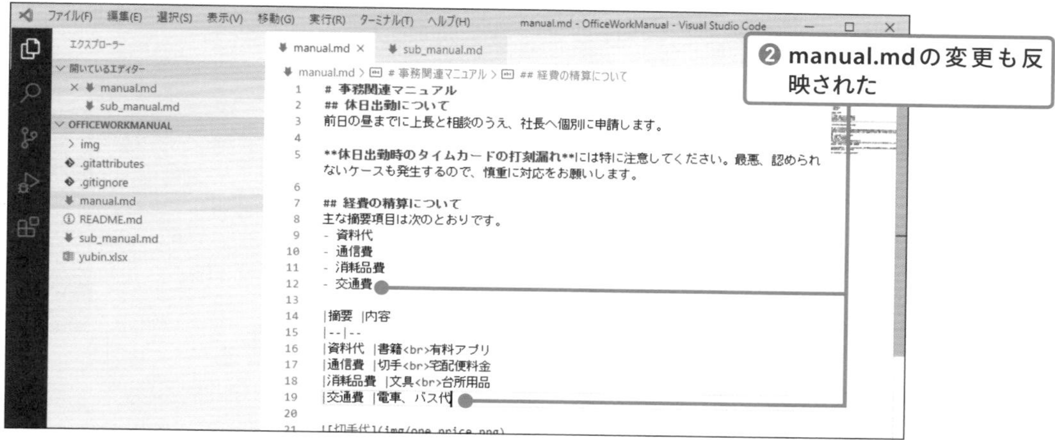

POINT

＜Update from master＞はmasterブランチから他のブランチへの取り込みにしか使えません。

◎ 他のブランチをmasterブランチに取り込む

次はedit_submanualブランチでの作業が終わったという想定で、masterブランチにマージしましょう。まず、GitHub Desktopでmasterブランチに切り替えます。

図4-32 masterブランチに切り替える

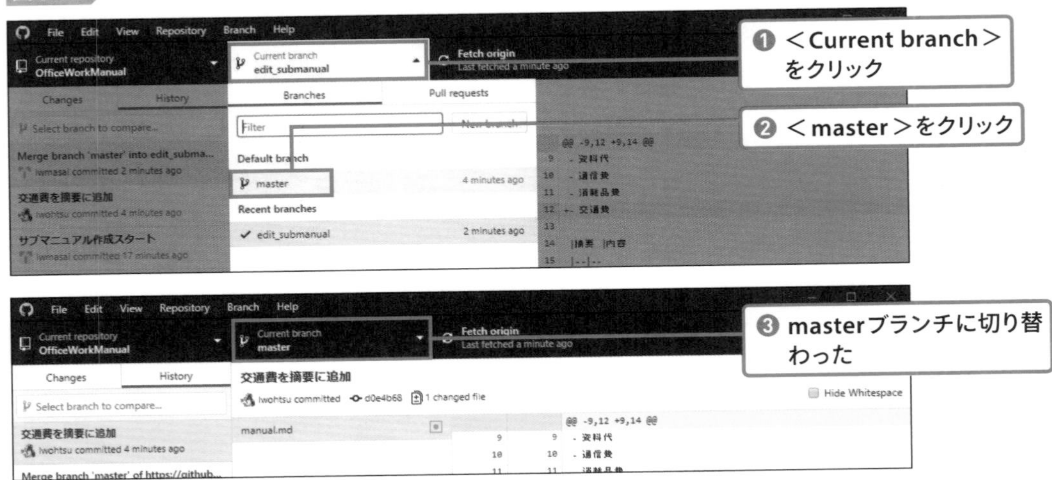

edit_submanualブランチにしかないsub_manual.mdはありません。

図4-33 ファイルの状態を確認

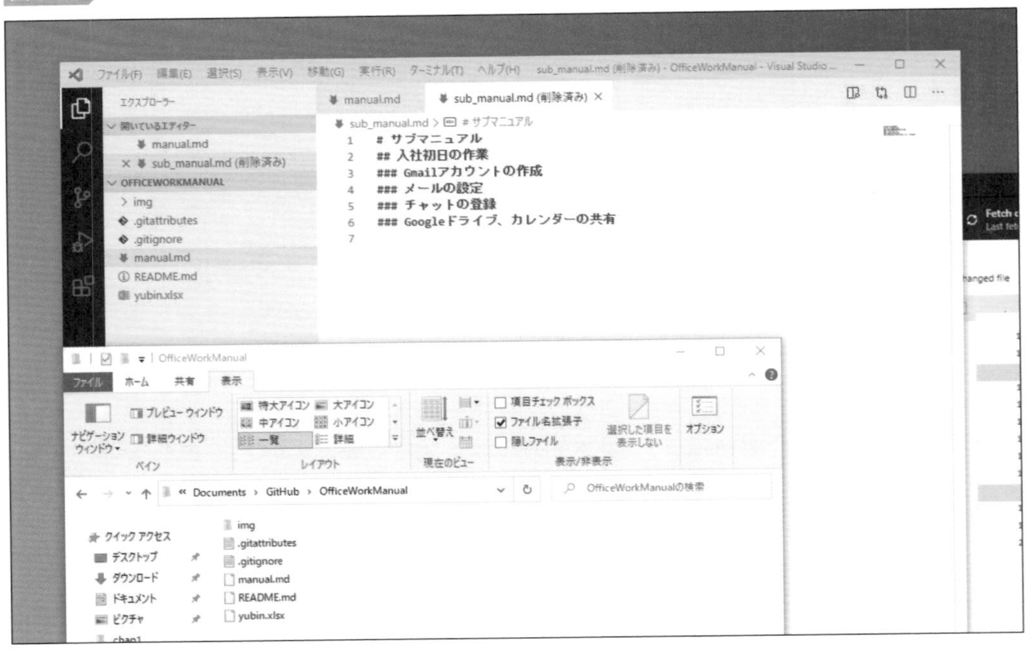

現在のブランチに取り込むブランチを選択します。

図4-34 masterブランチにマージする

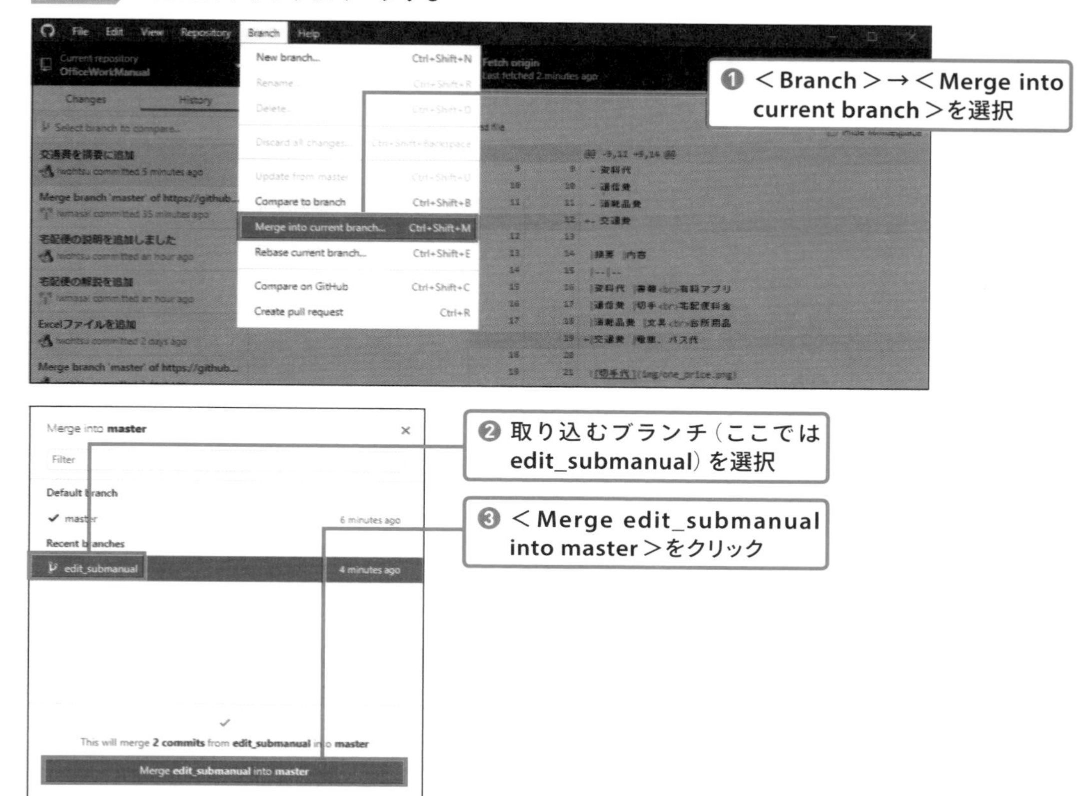

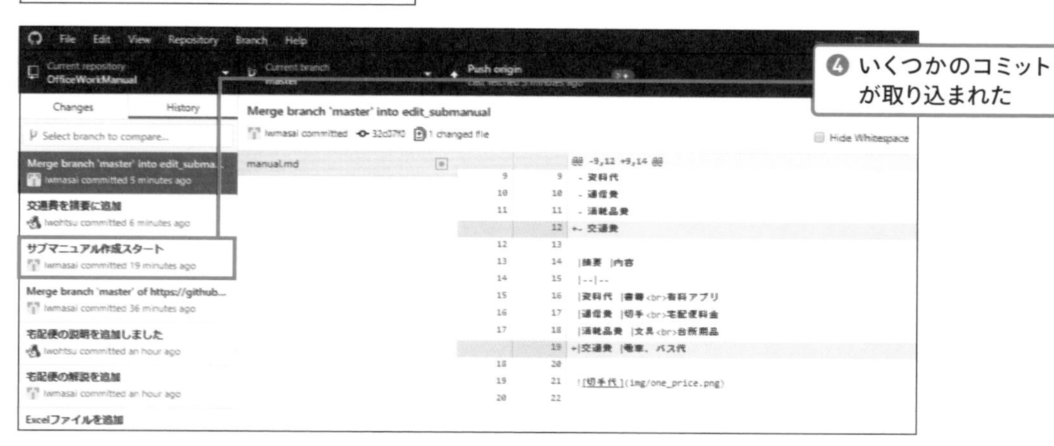

マージ後にファイルの状態を確認すると、masterブランチにもsub_manual.mdが出現しています。edit_submanualブランチで変更したことはすべてここに取り込まれました。

図4-35 ファイルの状態を確認

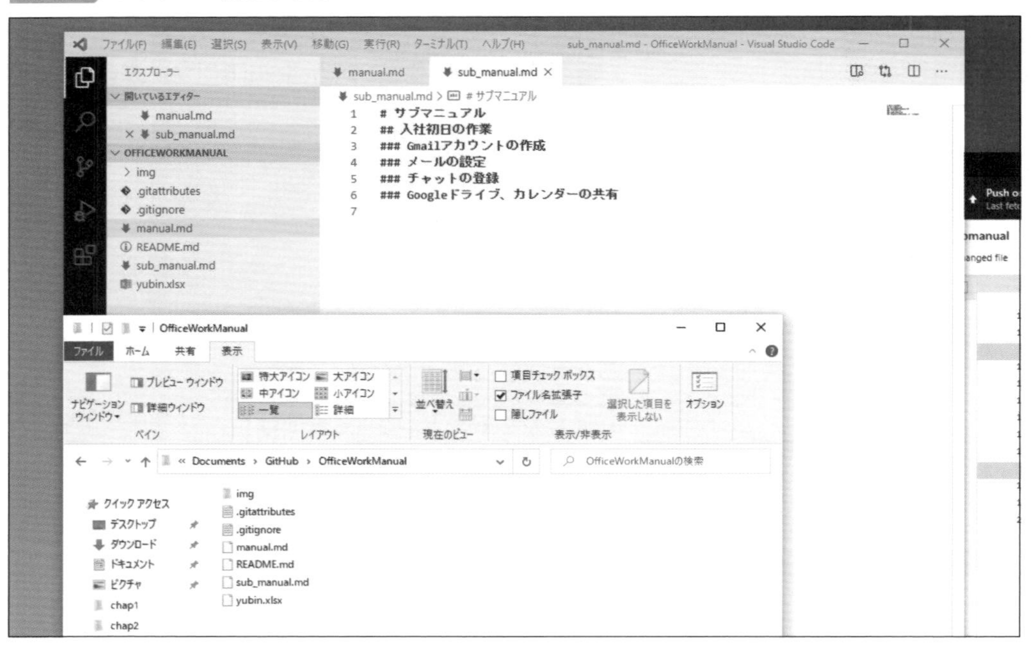

COLUMN マージとリベース

<Branch>メニューには<Rebase current branch>という項目があります。こちらもマージする機能の1つで、コミット履歴の作られ方が異なります。リベースについてはGit公式ページで解説しています。

図4-36 リベースの解説

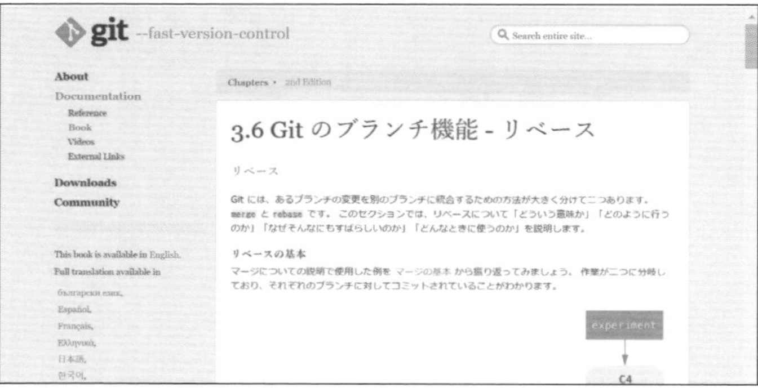

https://git-scm.com/book/ja/v2/Git- のブランチ機能 - リベース

ブランチを削除する

使い終わったブランチは削除することができます。ローカルリポジトリから削除したブランチは復元できませんが、リモートリポジトリに残しておけばあとから復元することも可能です。GitHub上のリモートリポジトリから削除した場合も短時間は残っています。

◎ ブランチを削除する

GitHub Desktopでブランチを削除するには、まず削除したいブランチに切り替えてから削除を行います。リモートリポジトリからも同時に削除できますが、今回はローカルからのみ削除します。

図4-37 削除したいブランチに切り替える

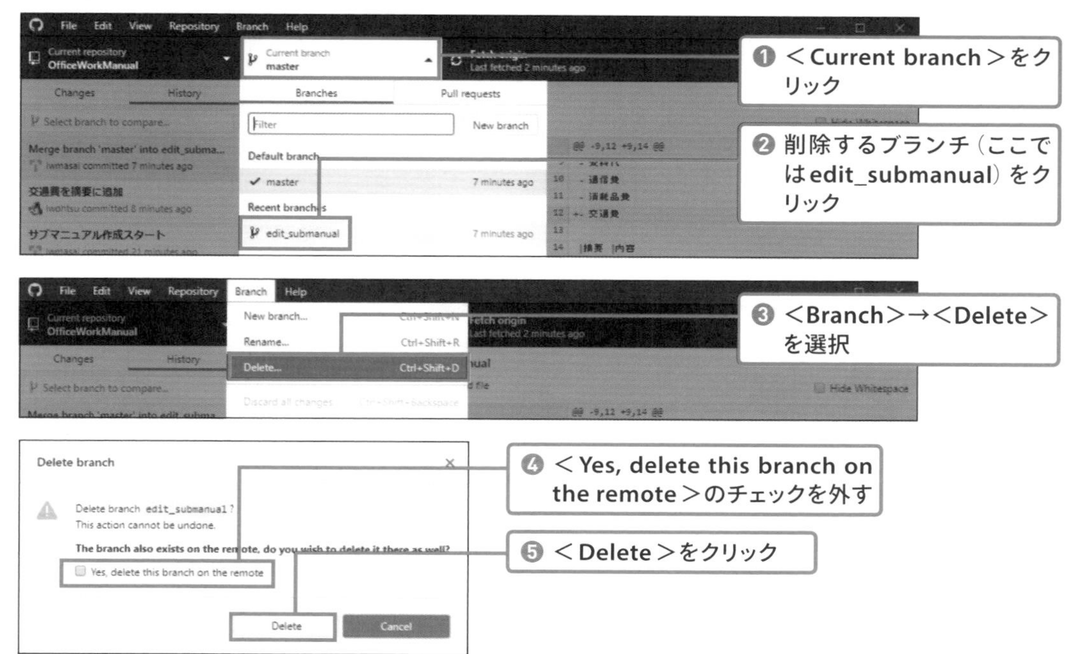

◎ リモートリポジトリからブランチを削除する

Webブラウザーでリモートリポジトリを表示します。リモートリポジトリにブランチが残っているので、GitHub上で削除しましょう。リモートリポジトリを表示して操作します。

図4-38 GitHub上でブランチを削除

CHAPTER

5

GitHubの便利な機能を利用しよう

SECTION 01

Gitの機能とGitHubの機能

ここまでGitとGitHubの両方を使って作業を進めてきましたが、おおむねGitHub以外のサービスでも利用できるという点で、Gitメインの解説といえます。この章ではGitではなくGitHub側の機能を紹介していきます。どの機能も共同作業をスムーズに行う助けになります。

◎ どこまでがGitの機能？

共同作業ではGitとGitHubを併用するので、どこまでがGitが提供した機能で、どこからがGitHubが提供する機能か見分けにくいですね。しかし、「メールとGmail」が別ものであるのと同じように、GitとGitHubも別のものです。

「コミット」「ブランチ」「マージ」といったローカルリポジトリに対する操作はGitの機能と予想が付きますが、「クローン」「プッシュ／プル」などのネットワーク上の共同作業のための機能もGitにもとから備わっています。ですから、自力でサーバーを立て、そこにGitをインストールしてリモートリポジトリを作ることも可能です。しかし、それが面倒なので一般的にはGitHubなどの**Gitホスティングサービス**を利用します。

図5-1 Gitの機能

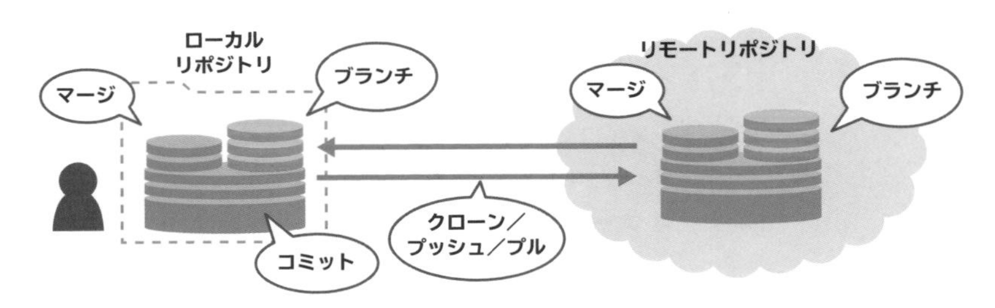

Gitホスティングサービスの機能はサービスによってまちまちですが、右ページで紹介している機能は、たいてい用意されています。

◎ GitHubが提供してくれる機能

GitHubが提供する機能は、主にネットワーク上の共同作業を助けるものです。代表的なものには、この章で取り扱う「パブリック／プライベート」「プルリクエスト」「イシュー」などがあります。

パブリック／プライベートは、リモートリポジトリを誰でも見られるように公開するか、所有者（オーナー）と共同作業者（コラボレーター）しか見られないように非公開にするかの設定です。

図5-2 パブリックとプライベート

プルリクエストは、ブランチのマージをする前にインターネット上で相談／確認を行う対話環境を提供する機能です。ブランチ上で作業を行ってマージする場合、共同作業者の確認を取らないとあとでトラブルになることがあります。それを避けるためにはメールやチャットといった何かの方法で相談しなければいけませんが、その相談機能を搭載したものがプルリクエストです。見た目は掲示板に似ており、ファイルの変更部分をわかりやすく示す機能などが用意されています。

図5-3 プルリクエスト

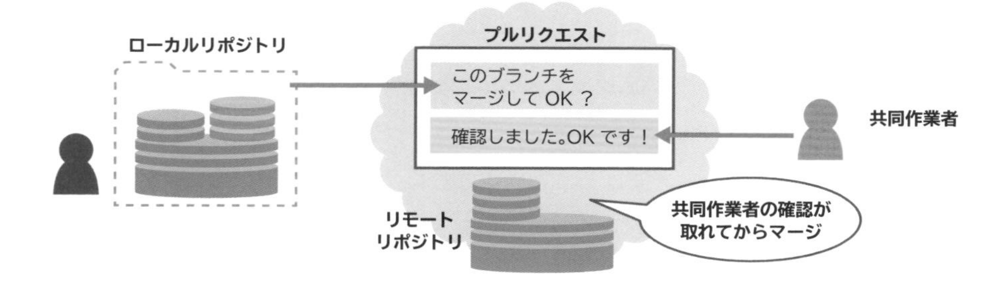

3つ目のイシューは比較的わかりやすいもので、簡単にいえば相談用の掲示板です。リポジトリで扱っているものがオープンソースのアプリであれば、そのバグ報告に使われます。また、共同作業者が作業上の相談を行うこともあります。

SECTION 02

プライベートリポジトリにする

プライベートリポジトリといっても、その作り方はパブリックリポジトリとまったく同じで、プライベートにするためのチェックを入れるだけです。そこでここでは、すでにパブリックとして作成したリポジトリをプライベートに変更する方法を解説します。

◎ プライベートリポジトリを作るには

プライベートリポジトリをゼロから作るには、ローカルリポジトリをパブリッシュするときに＜Keep this code private＞にチェックを入れるか（P.71参照）、GitHub上でリポジトリを作成するときに＜Private＞を選びます（P.75参照）。

図5-4 プライベートリポジトリの作成

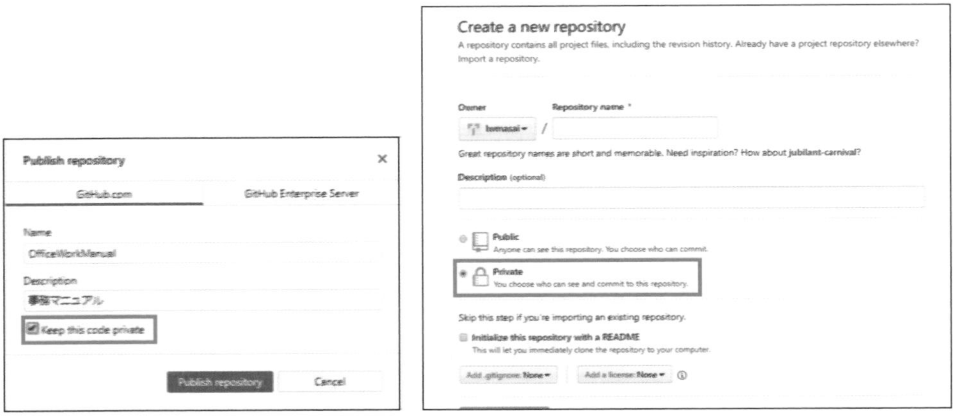

プライベートリポジトリは所有者（オーナー）以外からは見えないため、共同作業者が必要な場合はコラボレーターを招待します（P.80参照）。このようにプライベートリポジトリといっても、作り方はパブリックリポジトリと変わりありません。

◎ 作成済みのパブリックリポジトリをプライベートにする

パブリックリポジトリをプライベートにするには、リポジトリ所有者の＜Settings＞ページから設定を行います。トップの＜Options＞をずっと下までスクロールすると、＜Danger Zone＞と書かれた項目があり、その中にプライベート化するボタンがあります。

図5-5 プライベートリポジトリ化する

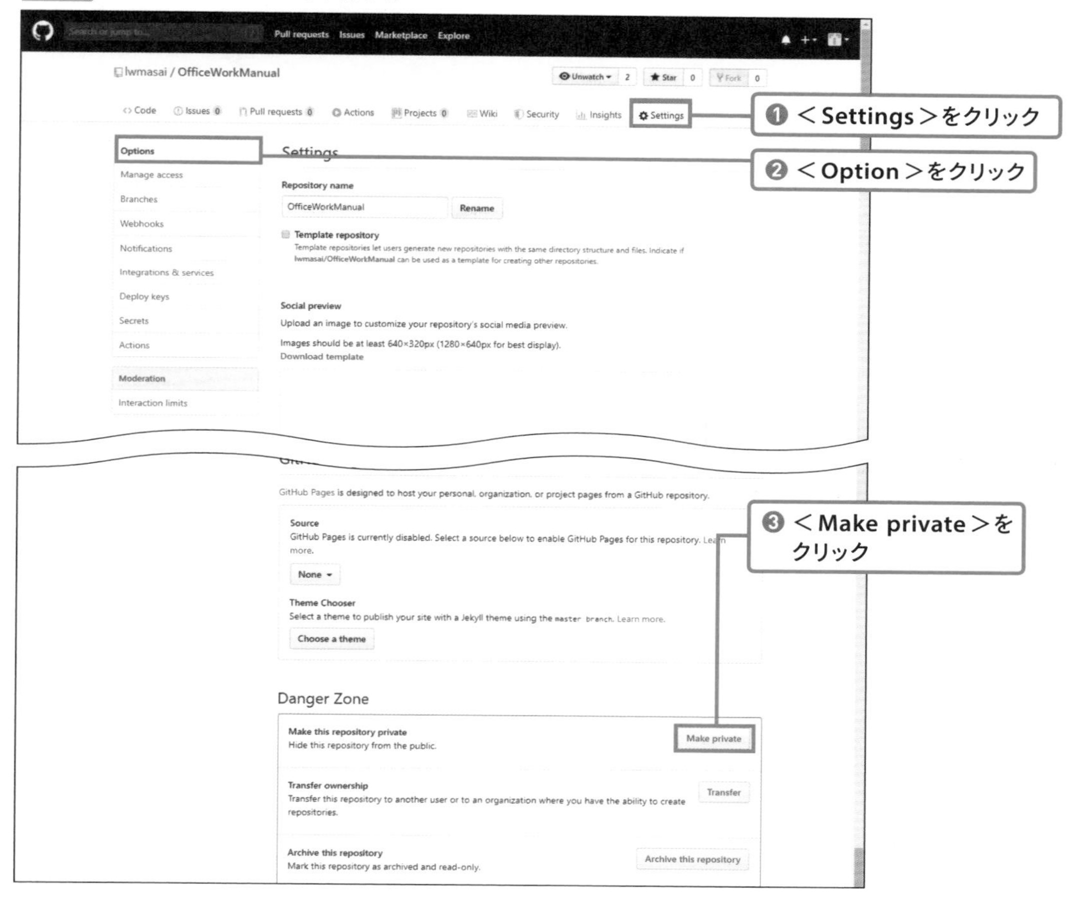

＜Make private＞をクリックすると、簡単に変更できないようにいくつかの確認画面が表示されます。「Please type ○○○/○○○ to confirm」と表示されたところには、ユーザー名とリポジトリ名を入力します。

図5-6 プライベート化を確認する

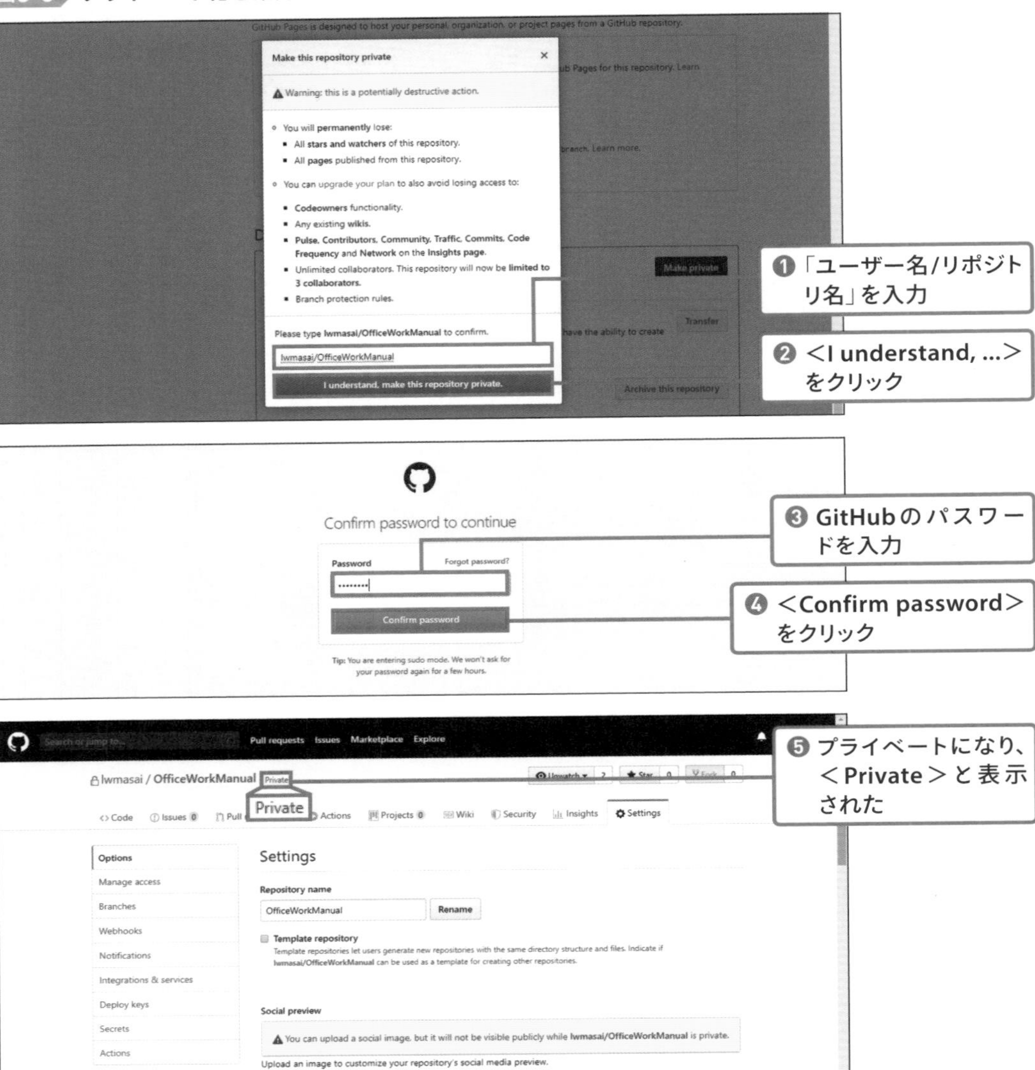

プライベート化の確認画面には、「All stars and watchers（すべての星とウォッチャー）」「All pages（ページ）」の情報が失われると説明されています。starsとwatchersは注目するリポジトリに付ける印で、非公開にするとそれが失われるのは当然ですね。また、pagesはリポジトリにプッシュしたHTMLやCSSを使ってWebサイトを公開する機能です。ほかにはWikiも使えなくなります。

<Danger Zone>で行える設定は、プライベート化のほかに、「Transfer ownership（リポジトリの所有権を他のユーザーに委譲）」「Archive this repository（リポジトリを読み取り専用にする）」「Delete this repository（リポジトリの削除）」があります。

図5-7 <Danger Zone>

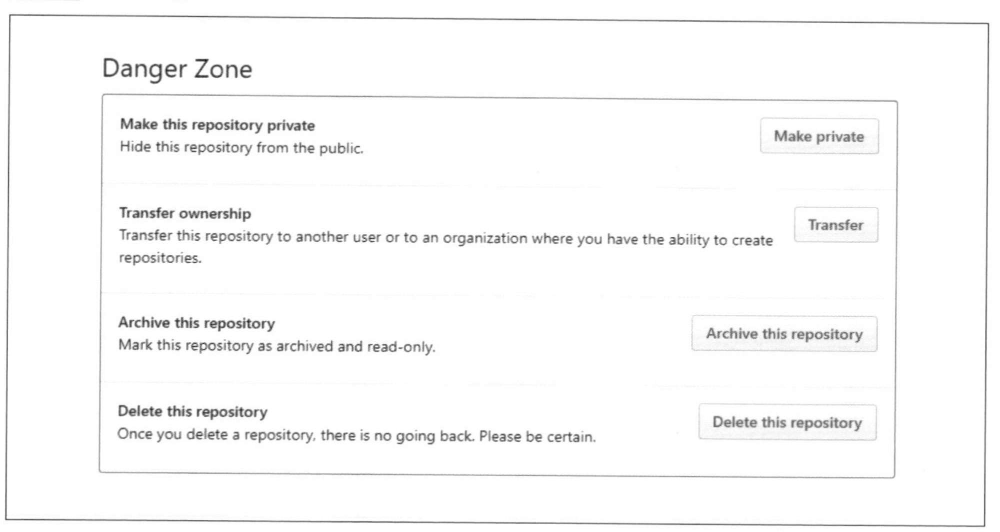

COLUMN GitHubのプラン変更

GitHubのプランを変更するには、リポジトリの設定画面ではなくユーザーの設定画面を利用します。ユーザーの設定画面は、上部の黒いバーの右端にあるユーザーアイコンから表示できます。

図5-8 プラン変更画面の表示

SECTION 03

プルリクエストを使ってマージする

プルリクエストは、ブランチ上で行った編集結果を、共同作業者に確認してもらってからマージする機能です。掲示板に似た対話型のインターフェースを持ち、変更点を見やすく表示する機能や、確認結果をわかりやすく伝える機能などで構成されています。

◎ プルリクエストとは

第4章ではブランチを使った共同作業を解説しましたが、実際にやってみると「いつブランチを作ればいいのか」「マージした結果に問題があったらどうするのか」などさまざまな問題に突き当たります。マージに伴う問題の解決策として作られたのが、GitHubの**プルリクエスト**です。便利な機能なので、GitHub以外のGitホスティングサービスでも同様の機能がたいてい用意されています。

プルリクエストの使い方として、**GitHubフロー**というものが提唱されています。大まかには、次の2つのルールで作業を進めるというものです。

- **何かの作業をスタートする場合は、必ずmasterブランチからブランチを分岐して進める**
- **ブランチをマージしたいときはプルリクエストを利用し、共同作業者に評価（レビュー）してもらってからマージする**

これなら「いつブランチを作るか」という疑問が解決し、「ほかの人の確認なしにマージして問題が起きる」こともなくなります。

プルリクエストのページにはいろいろな情報が盛り込まれているので、最初は少しとまどうかもしれません。基本的には時系列順のタイムラインになっており、**「ブランチに対するコミット」**と**「共同作業者の指摘（レビュー）」**が並んでいます。SNSのように互いにコメントを投稿して相談を進め、修正が必要ならローカルリポジトリ上で作業してプッシュすると考えるとわかりやすいかもしれません。

最終的にマージして問題ないということになれば、このページ上からマージを行い、プルリクエストをクローズします。

図5-9 プルリクエストの全体イメージ

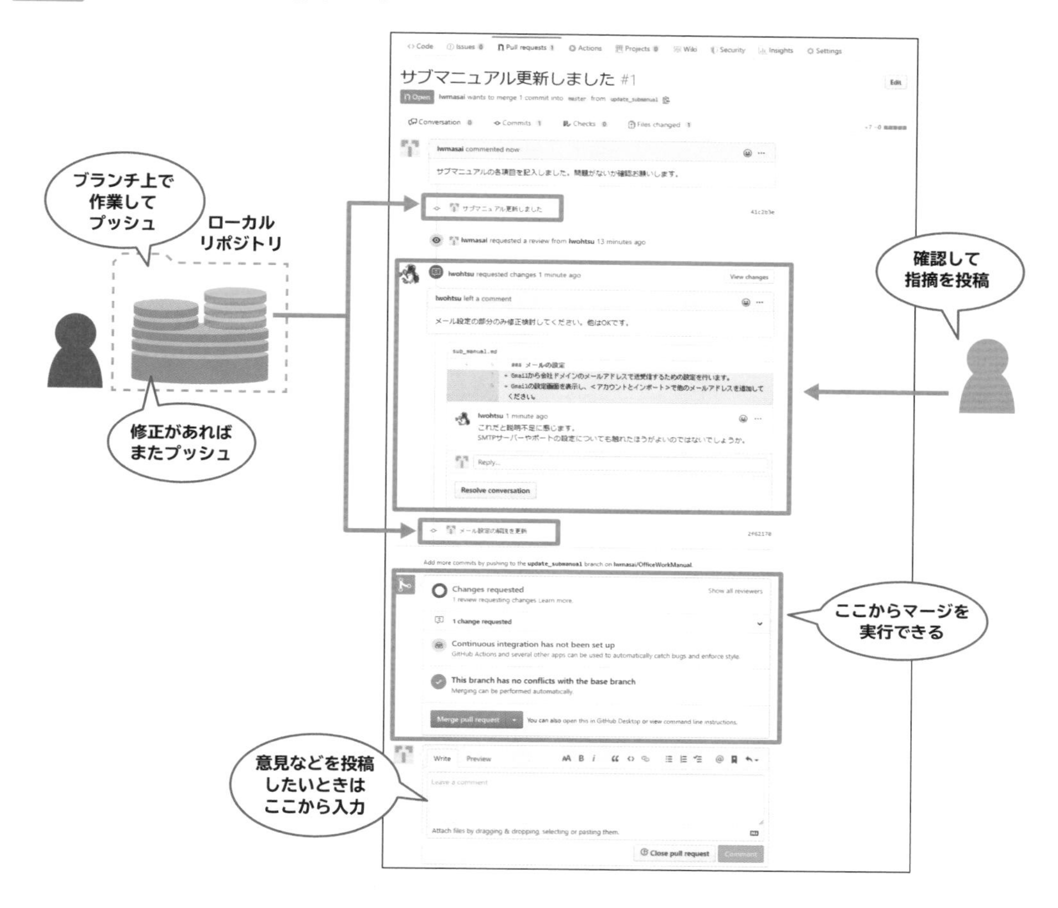

確認を依頼された共同作業者（レビュワー）は、変更箇所が強調された画面を見ながら、問題のあるところにコメントを差し込むことができます。

図5-10 ファイルの変更部分を確認する画面

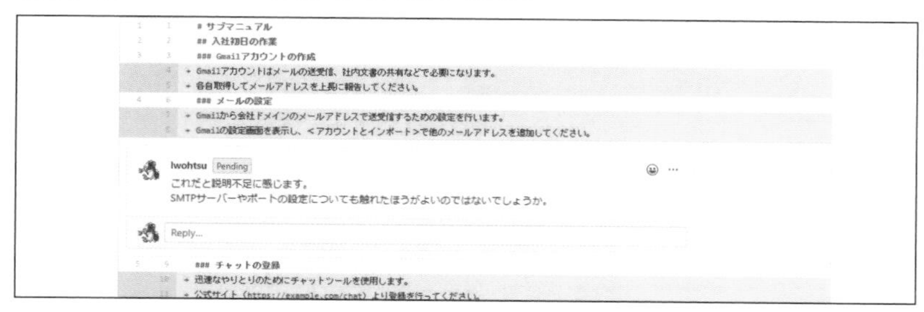

◎ プルリクエスト用のブランチを作成する

それでは実際にプルリクエストを行ってみましょう。まず、プルリクエストで使うブランチを作成します。ブランチはGitHub Desktopで作ってもいいのですが、ここではGitHub上で作成します。

図5-11 ブランチの作成

リモートリポジトリで作成したブランチは、フェッチによって取り込むことができます。GitHub Desktopの画面で確認してみます。

図5-12 ブランチの切り替え

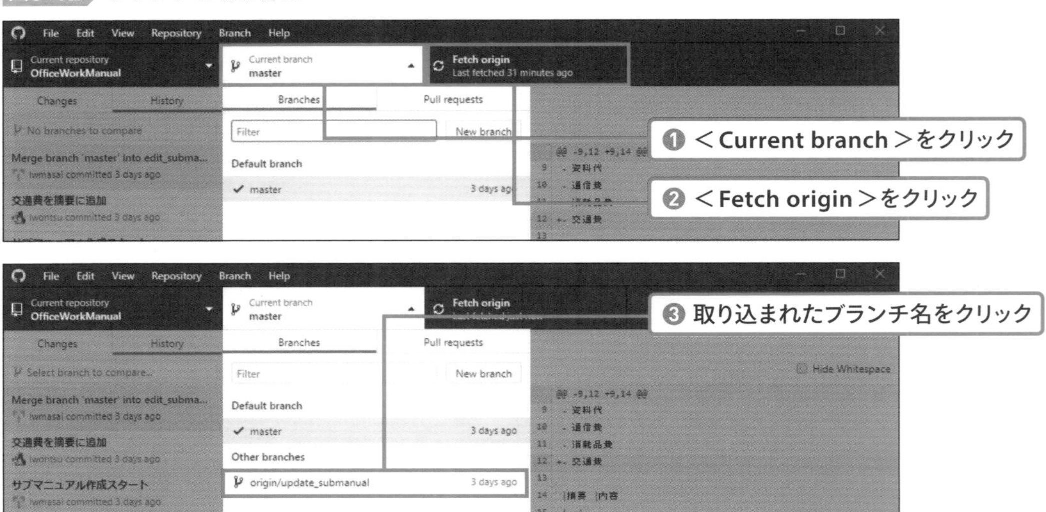

ブランチ上で作業していきます。これは今まで行ってきたコミットやプッシュと変わりません。誤ってmasterブランチで作業しないよう気を付けてください。

図5-13 編集してコミット

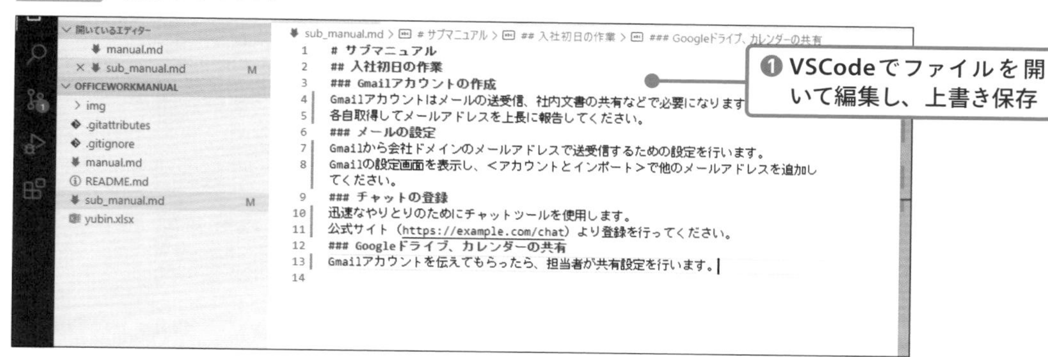

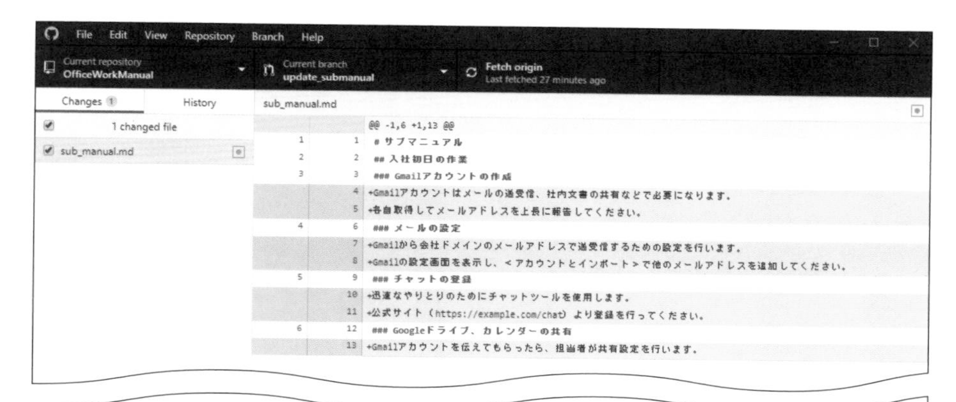

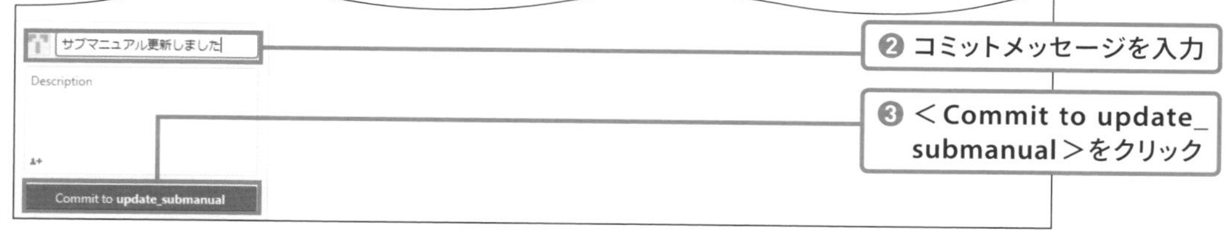

◎ プルリクエストを作成する

プルリクエストはGitHubの機能なので、一般的にはリモートリポジトリにプッシュしてからGitHub上でプルリクエストを作成します。しかし、GitHub製のGitHub Desktopはメニューからプルリクエストを送ることができます。

図5-14 プルリクエストを作成

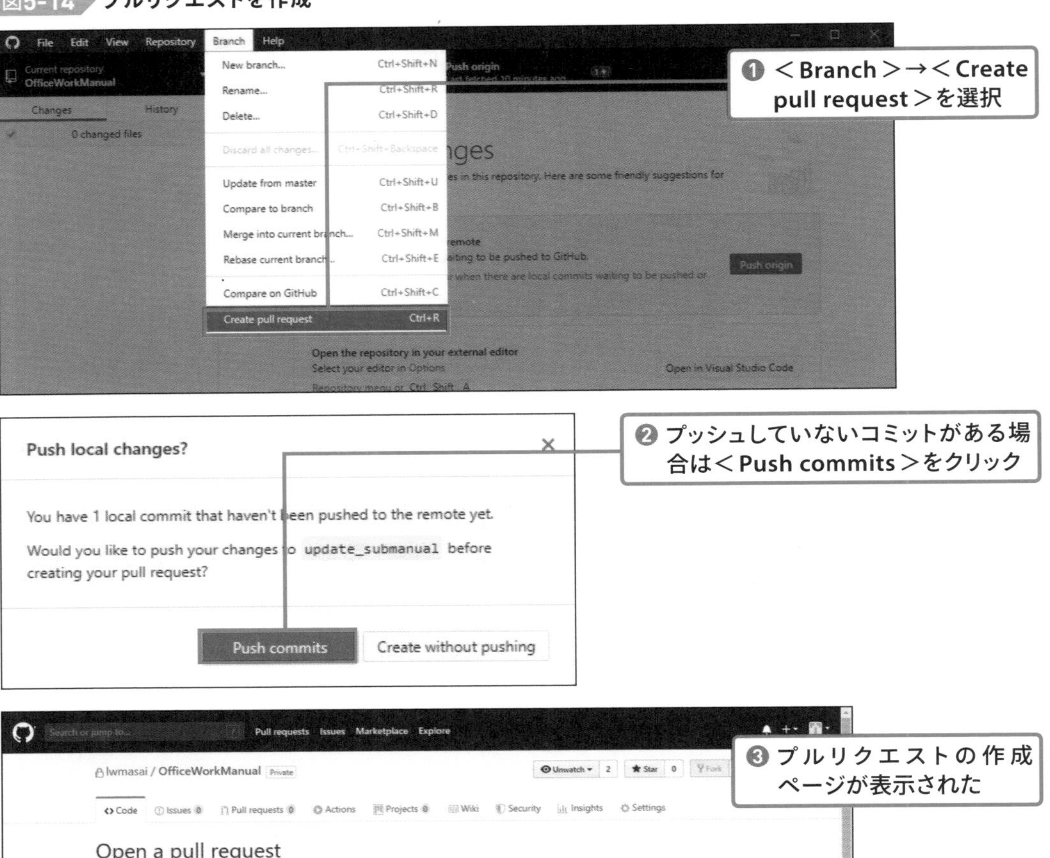

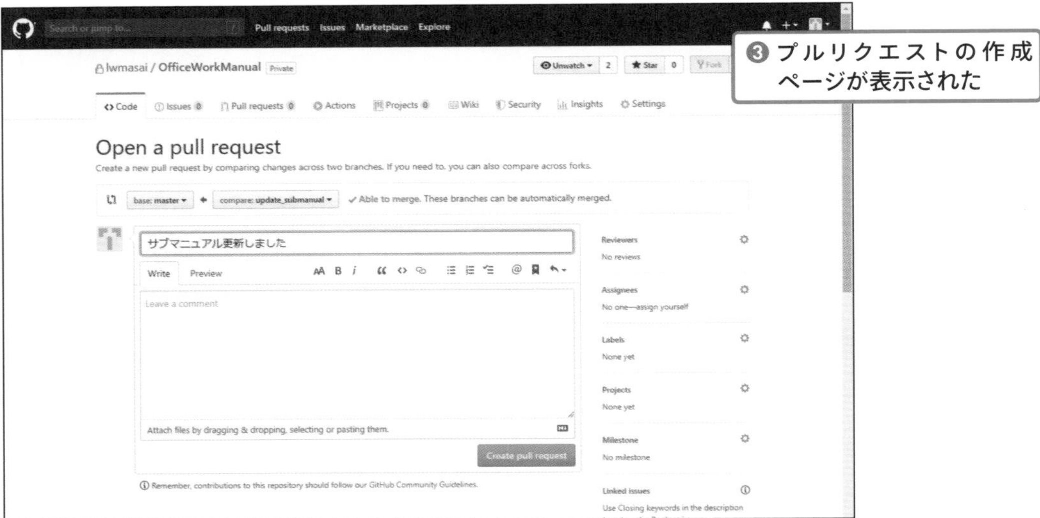

GitHub上のプルリクエストページが表示されるので、今回のプルリクエストの簡単な説明文や、レビューをお願いしたい共同編集者などを指定します。

図5-15 プルリクエストの情報を入力

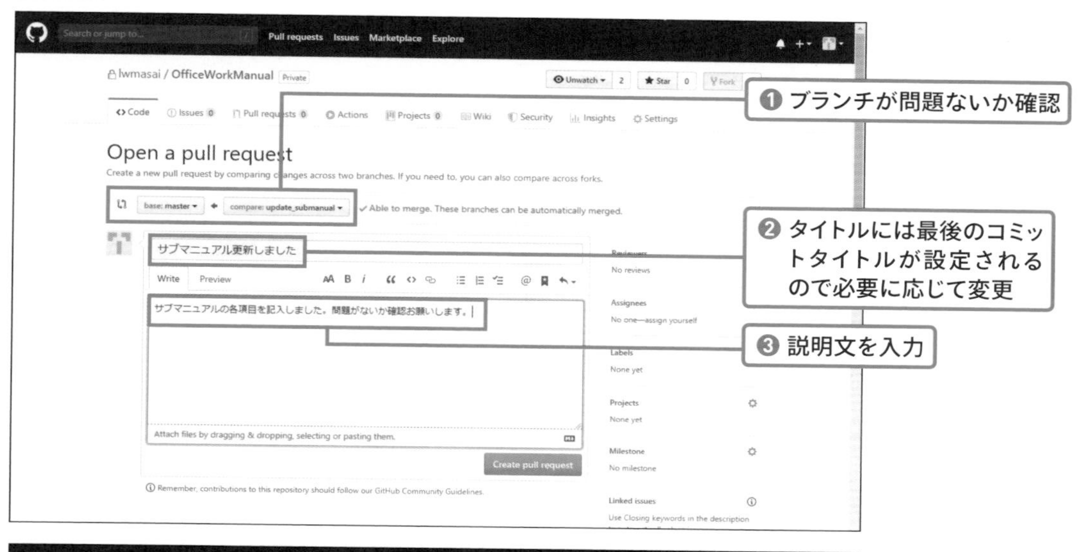

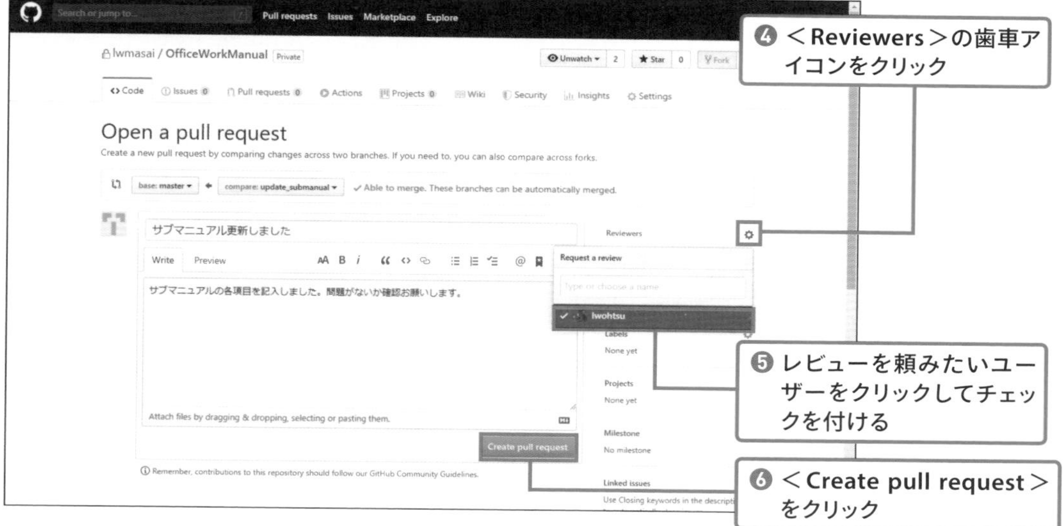

これでプルリクエストが作成され、プルリクエストのページが表示されます。ここにはいくつもの情報が表示されています。上半分は投稿されたコメントやコミットが時系列順に表示されています。ここは作業が進むと伸びていきます。下半分には、プルリクエストの現在の状態と、コメント投稿用の入力ボックスが表示されています。

図5-16 プルリクエストが作成された

プルリクエストの現在の状態の見方について補足します。上の部分にはプルリクエストが今どういう状態にあるかが表示されています。「Review requested（レビューがリクエストされた）」「Changes requested（変更をリクエストされた）」「Changes approved（変更が承認された）」などに変化します。下にはmasterブランチとの間にコンフリクトがあるかどうかが表示されています。コンフリクトがある場合は解決しないとマージできません。

図5-17 現在の状態

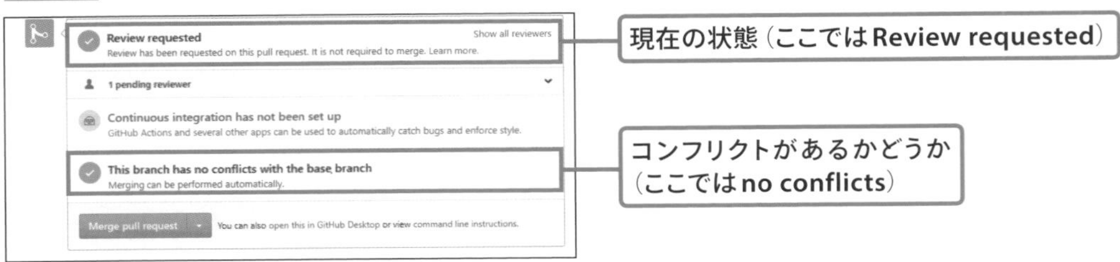

◎ ファイルの変更をレビューする

次はレビューを依頼されたユーザー（ここではlwohtsu）が、コミットされた内容を確認します。Webブラウザーでリポジトリを表示し、＜Pull requests＞タブをクリックすると、プルリクエストの一覧が表示されます。2つのGitHubアカウントが用意できない場合でも、おおむね紙面通りに操作することは可能です。修正リクエスト（Changes requested）が送れないといった細かな違いがあります。

図5-18 他のユーザーがプルリクエストを確認

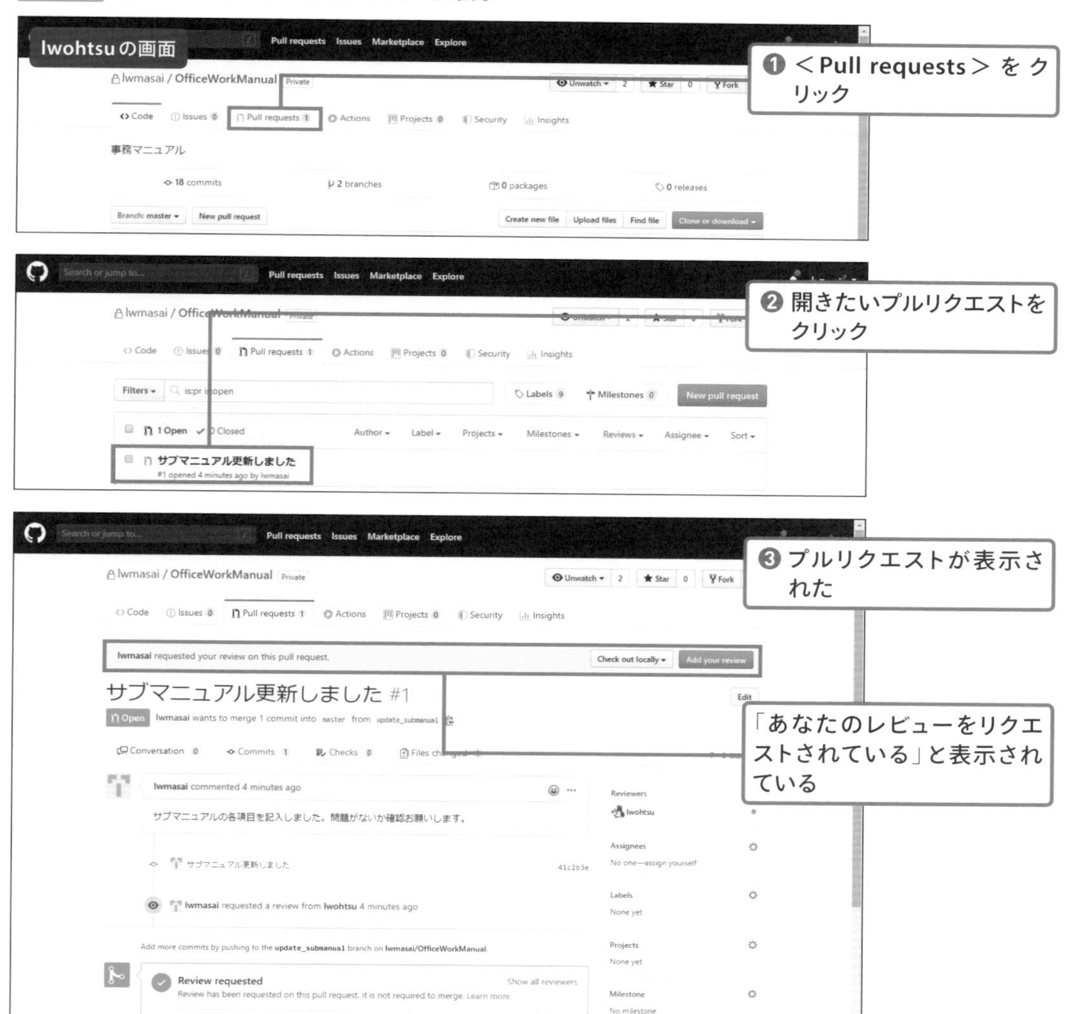

どのユーザーから見ても、プルリクエストの画面はほぼ同じです。以降はレビューワーでもプルリクエストの作成者でも同じように操作できます。まずは変更点を確認してみましょう。

図5-19 ＜Commits＞タブで確認

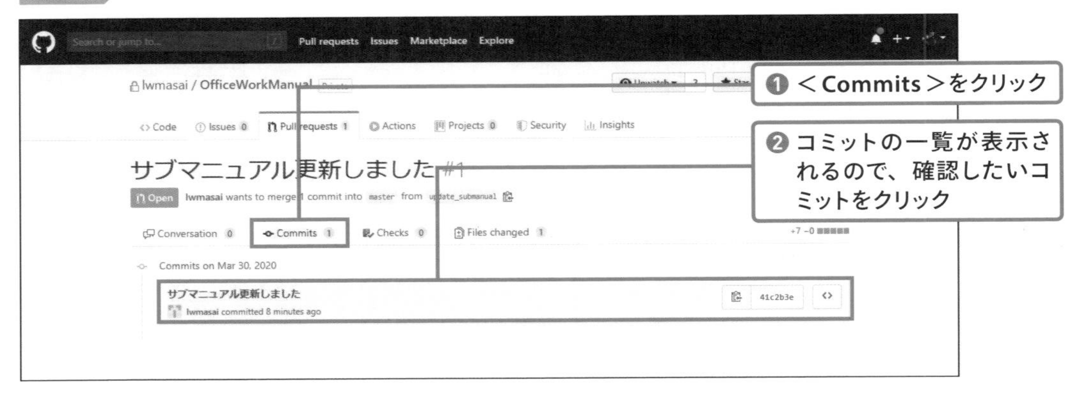

＜Files changed＞タブに切り替わり、ファイルの差分が表示されます。ここで変更点を確認しながらコメントを加えることができます。

図5-20 ＜Files changed＞タブで確認

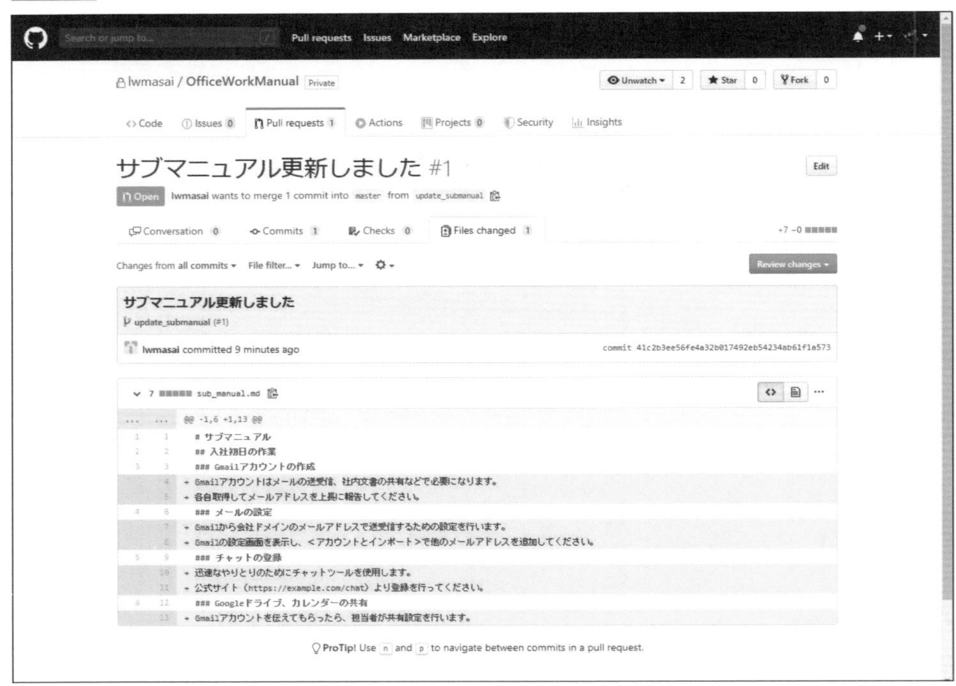

図5-21 コメントを加える

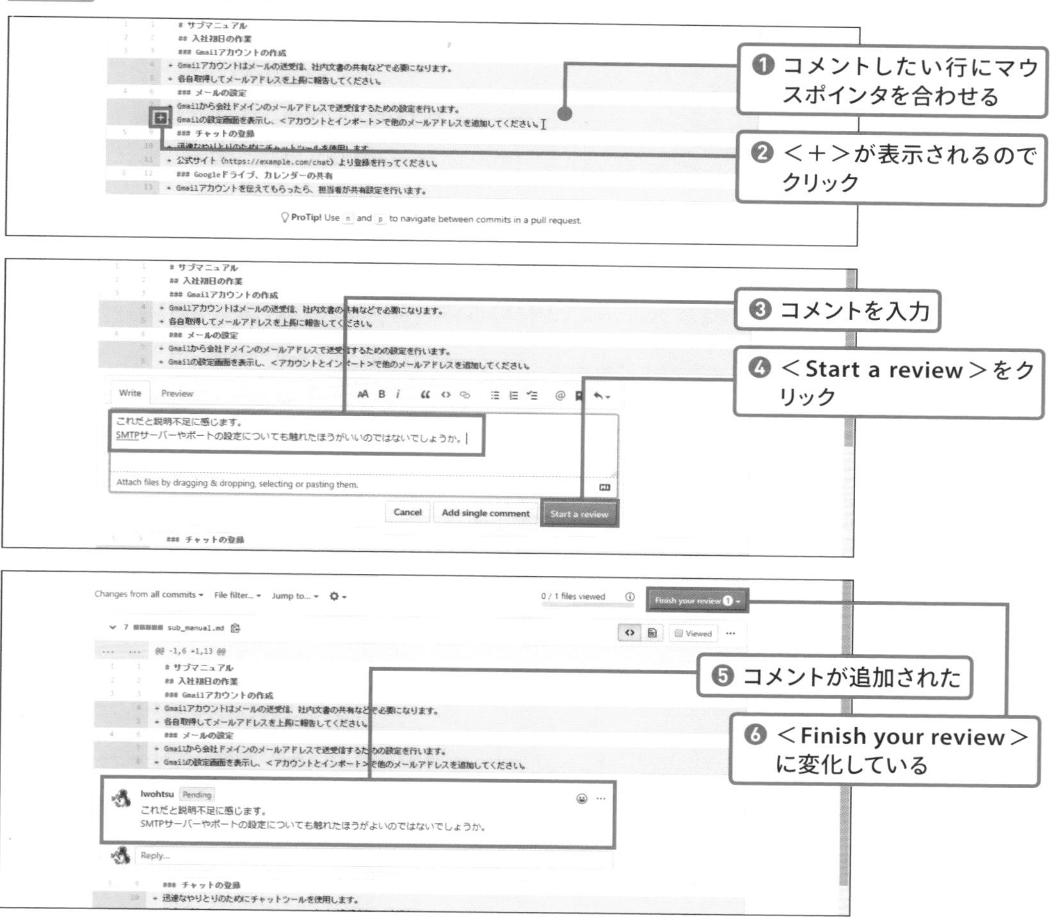

コメントを投稿する際に<Add single comment>をクリックすると単独のコメントになります。<Start a review>をクリックすると、それ以降のコメントは1つのレビューにまとめられます。どちらの投稿方法でも相手に指摘を伝えられますが、レビューにまとめたほうが「変更したい」という意思が伝わりやすくなります。必要に応じて、他の行や他のファイルにコメントを追加していきましょう。

POINT

最初のコメントを<Start a review>をクリックして投稿すると、2つ目以降は投稿のボタンが<Add review comment>に変わります。どちらのボタンも緑なので、シンプルに「緑のボタンで投稿」と覚えておけば大丈夫です。

＜Start a review＞でレビューを開始したら、＜Finsh your review＞でレビューを完了しなければいけません。ここではレビューの総括コメントを入力し、レビューの種類を選択します。レビューの種類は「Comment（コメント。修正要求ではなく単なる意見）」「Approve（承認。問題ないという意思表示）」「Request changes（変更を要求する）」の3つから選びます。

図5-22 レビューを完了

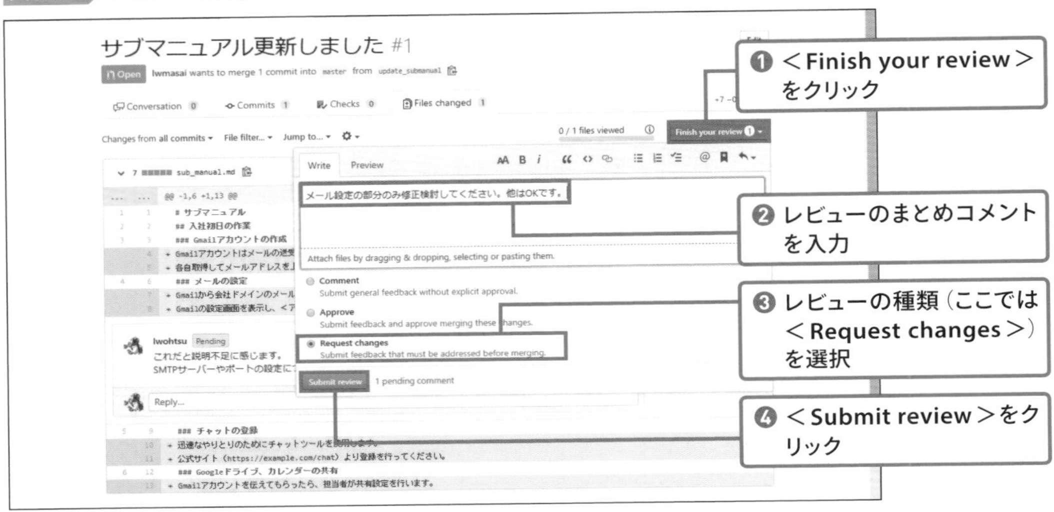

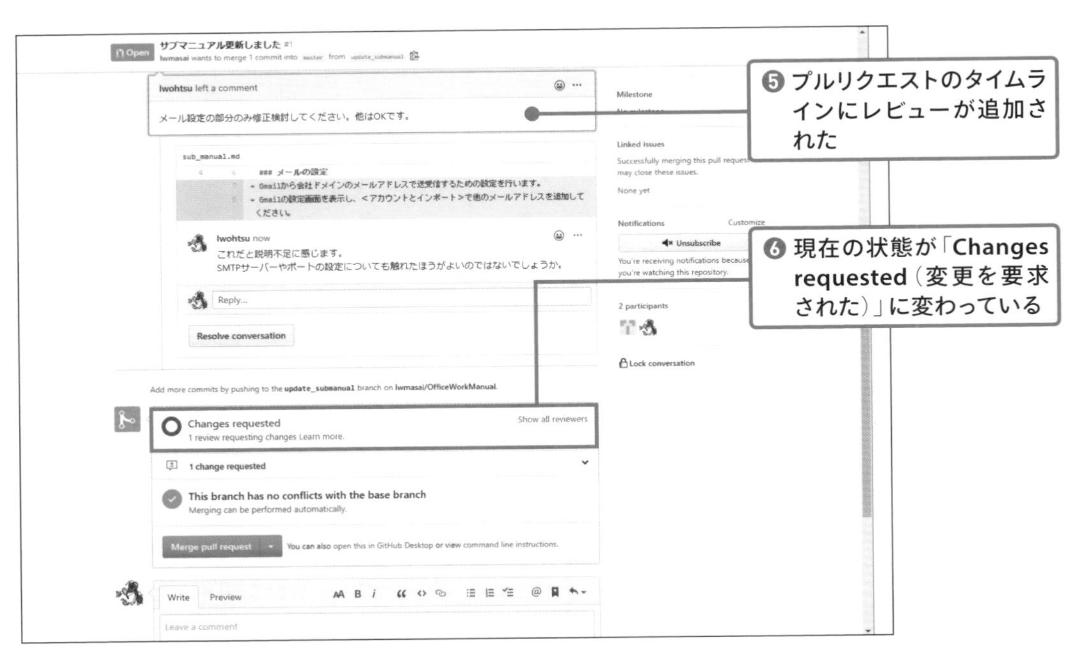

◎ レビューに対応する

レビューされると、レビューをお願いした側（プルリクエストの作成者、ここではlwmasai）の画面にもレビューが表示されます。ひとまずレビューに気付いたことを伝えておきましょう。

図5-23 レビューに返信

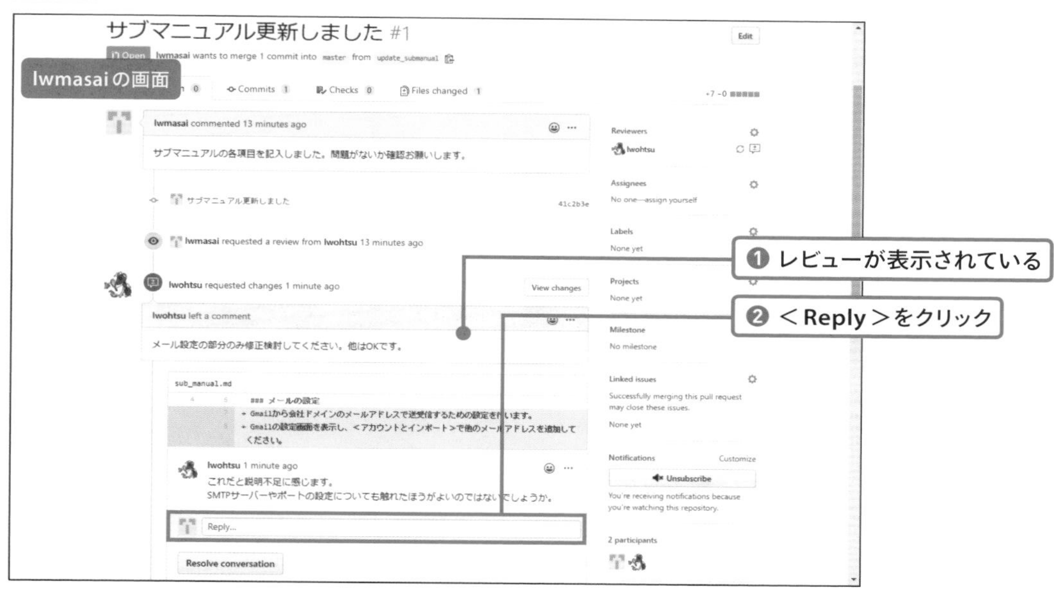

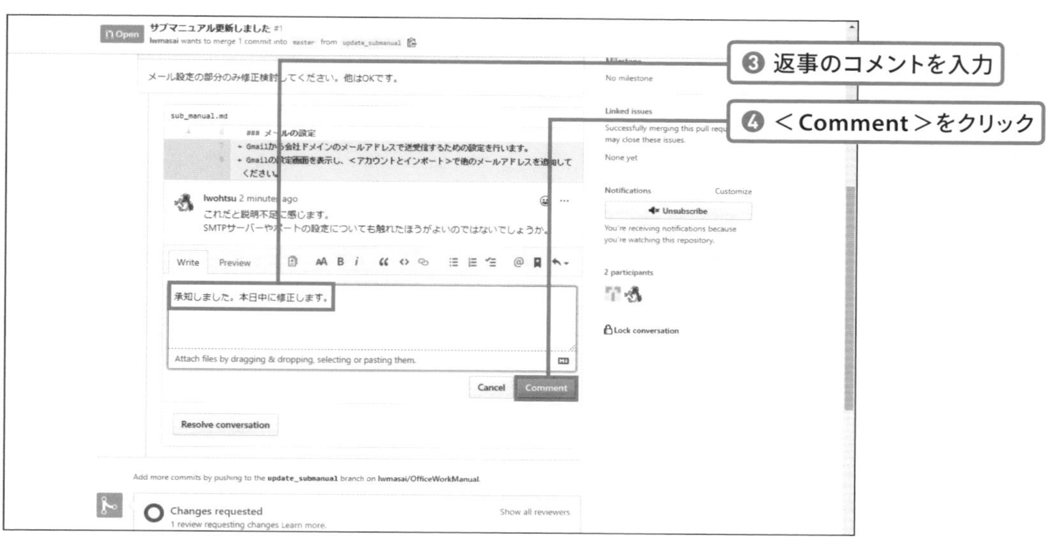

レビューの指摘を確認したので、さっそく修正します。GitHub Desktopでプルリクエストのブランチになっていることを確認して作業してください。

図5-24 ファイルを編集

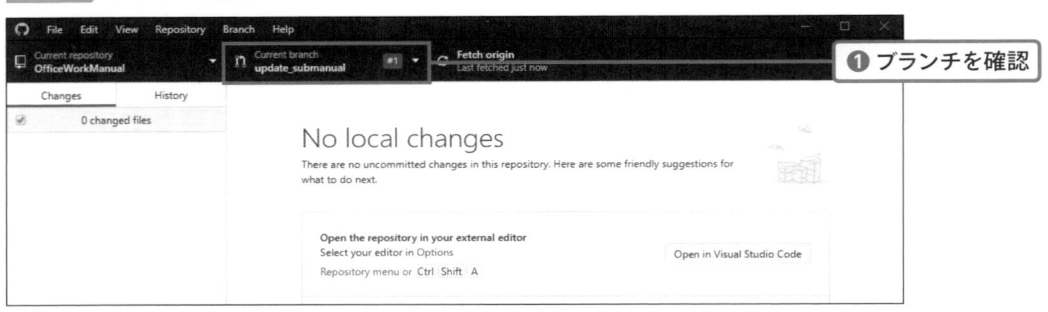

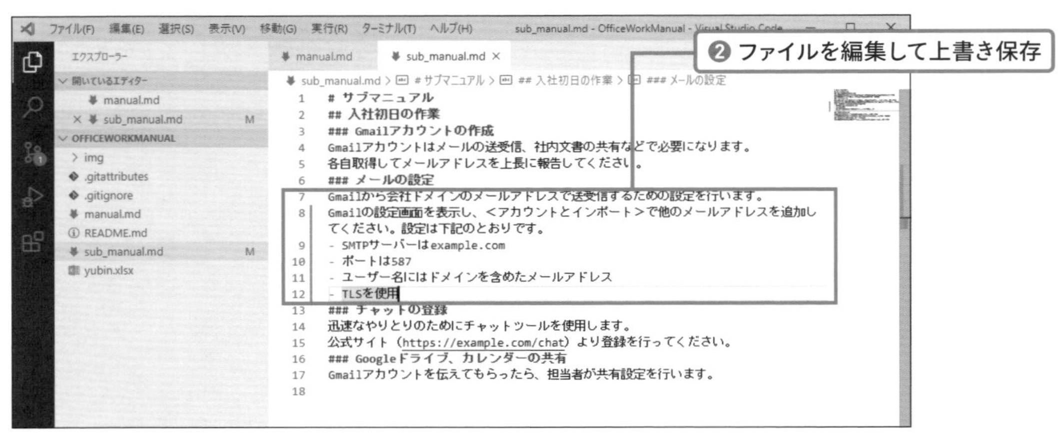

GitHub Desktopで変更をコミットし、プッシュします。

図5-25 変更をコミット

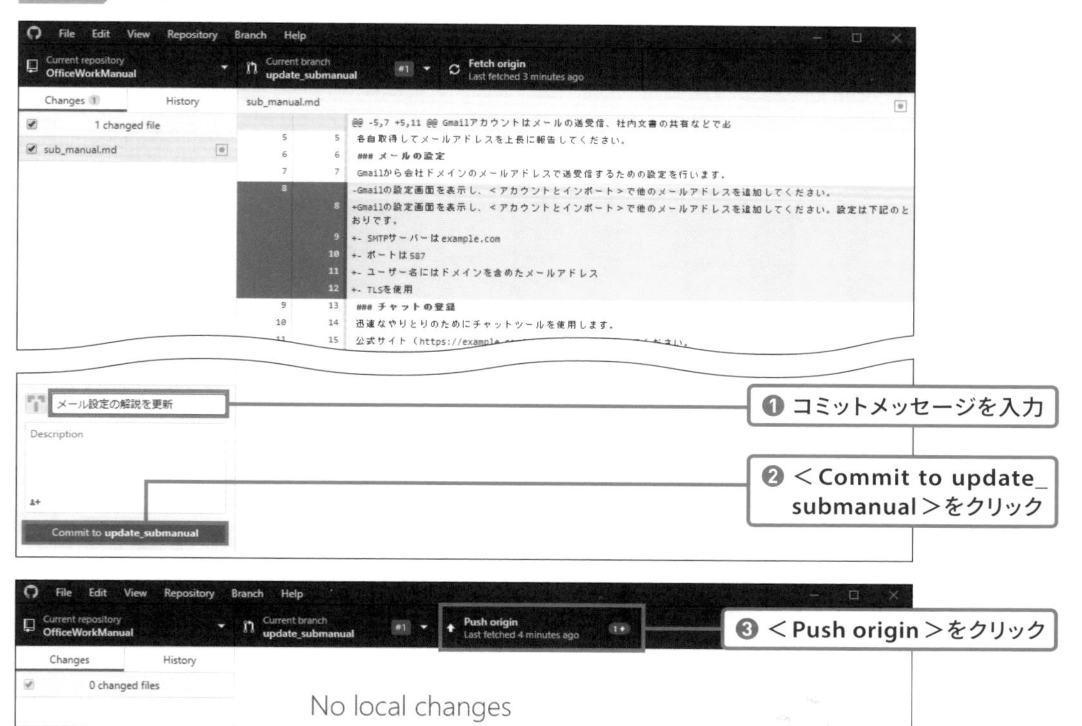

プルリクエストの画面を見ると、コミットが追加されています。

図5-26 変更をコミット

レビュー相手に気付いてもらえるよう、コメントを送ってみましょう。プルリクエストの画面の一番下にある入力ボックスからコメントを入力します。

図5-27 コメントを送る

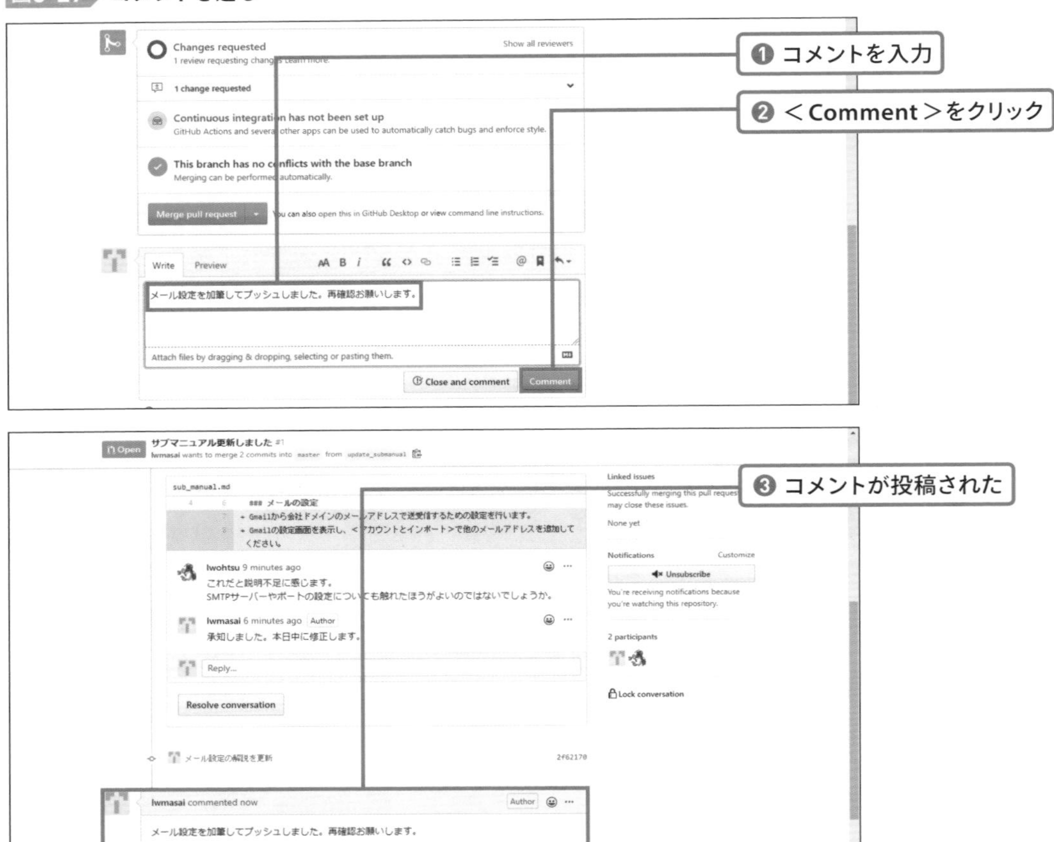

◎ レビューして変更を承認する

レビューワーは変更を確認して返事をしなくてはいけません。プルリクエストの画面で確認しましょう。「New changes since you last viewed（あなたが最後に見てからの新しい変更」と表示されていたら＜View changes＞をクリックします。表示されていなかった場合は、＜Commits＞タブからコミットを選択して表示してください。

図5-28 変更を確認

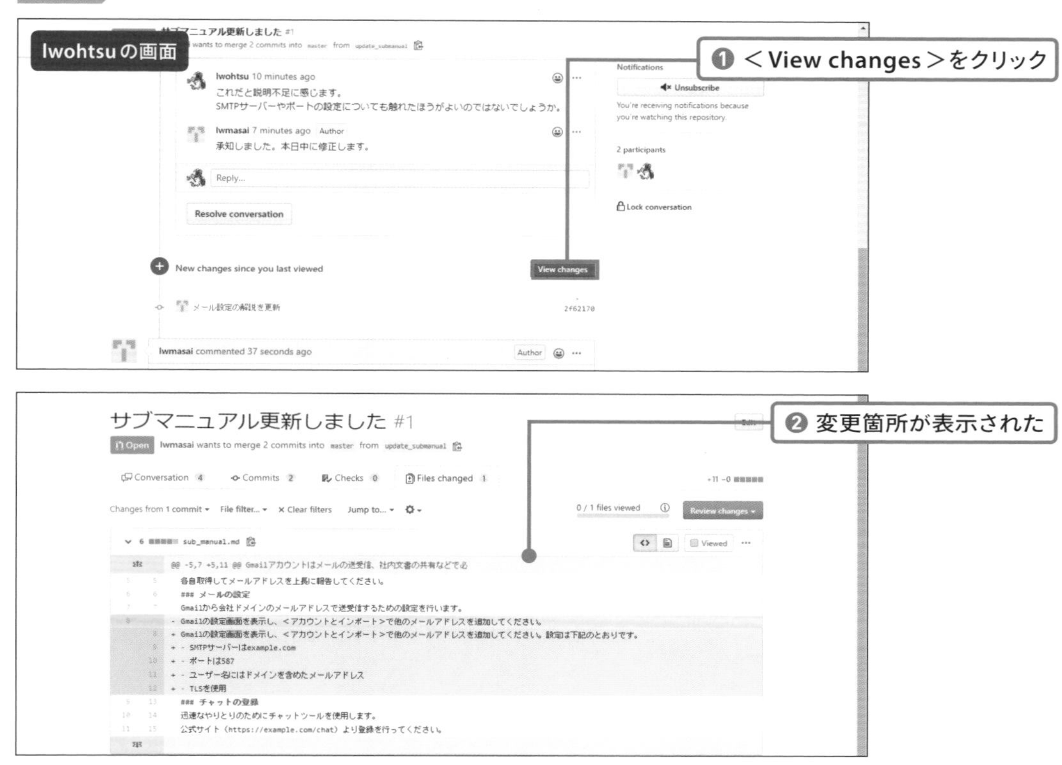

変更が満足いくものであれば、承認（Approve）のレビューを送ります。

図5-29 承認レビューを送る

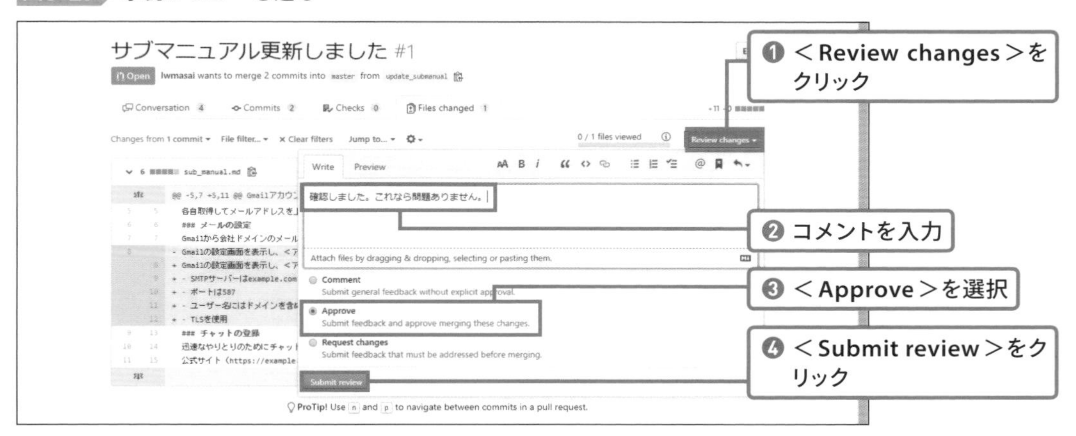

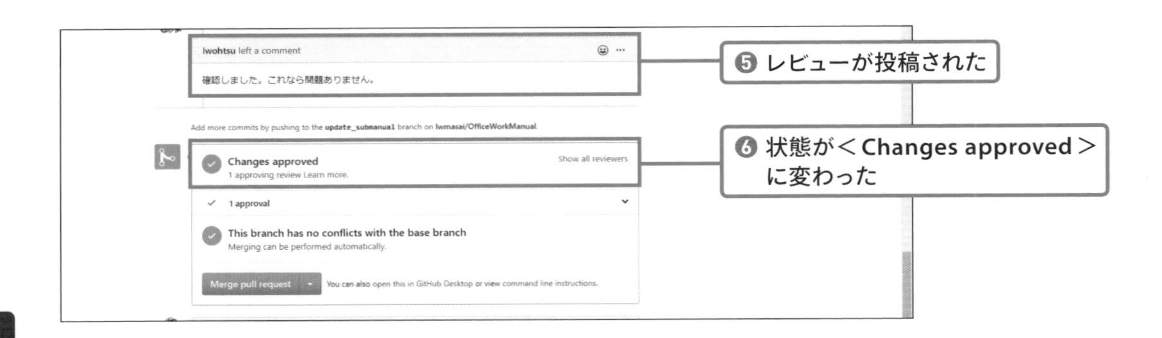

プルリクエストの状態が「Changes approved（変更が承認された）」に変わりました。

◎ プルリクエストをマージする

承認も取れたのでプルリクエストをマージしましょう。この作業はどのユーザーが行ってもかまいません。

図5-30 プルリクエストをマージ

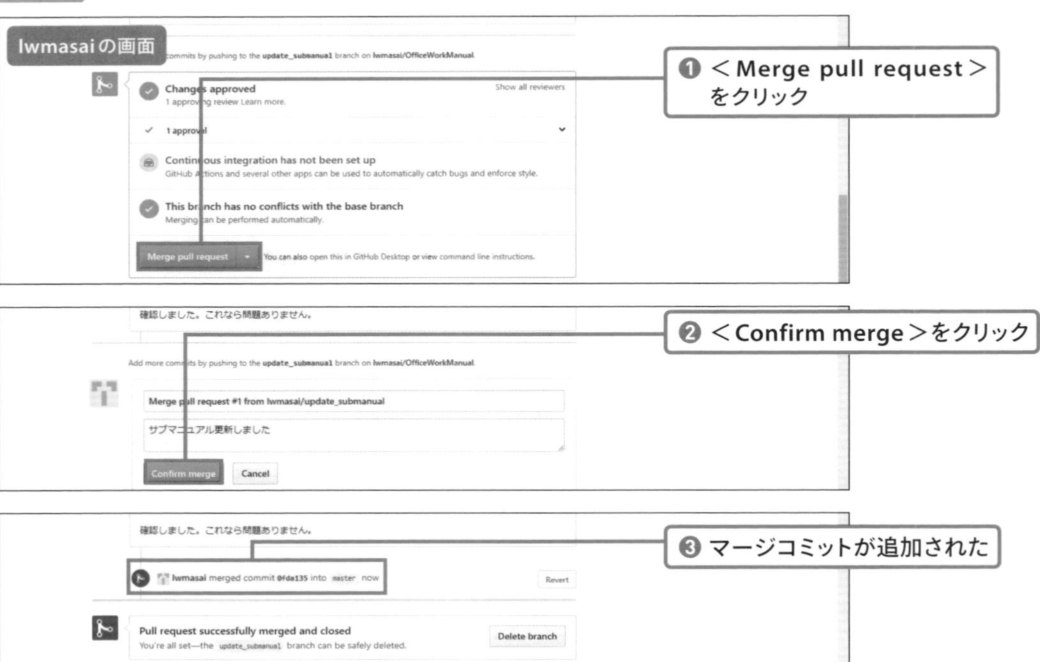

マージしたらブランチは不要なので削除します。

図5-31 ブランチを削除

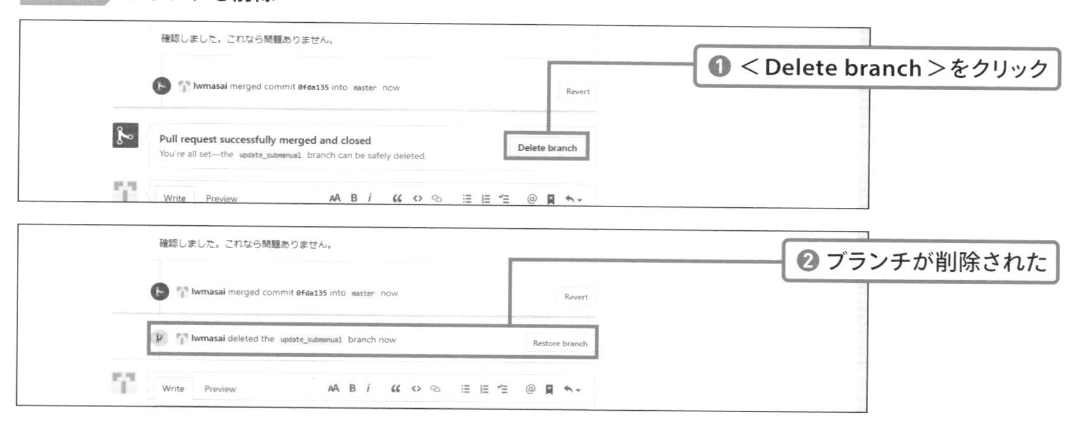

リモートリポジトリでブランチを削除しても、ローカルリポジトリのブランチは残っています。先にプルしてマージコミットを取り込んでからブランチを削除しましょう。

図5-32 ローカルのブランチを削除

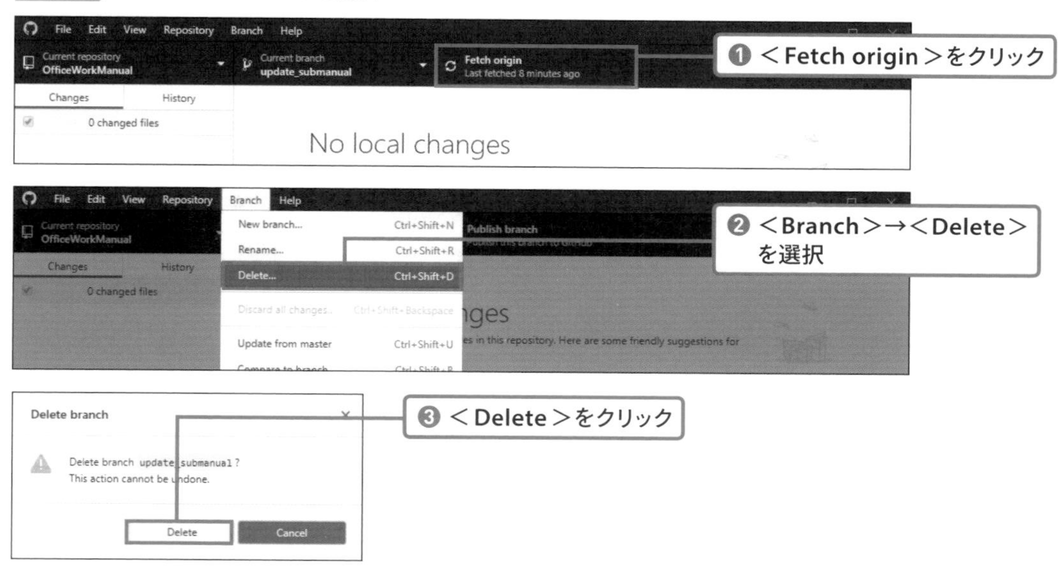

これでプルリクエストを利用した作業の後始末が完了しました。ちなみに、マージ後のプルリクエストは、GitHubの＜Pull requests＞タブの＜Closed＞に入っています。

SECTION 04

イシューを使って問題を解決する

イシュー（Issue）はアプリのバグなどを報告するために使われる、掲示板に似た機能です。原則的に1つの問題につき1つのイシューを作り、解決したらクローズするという流れで使っていきます。掲示板に似ているとはいえ、本来は課題解決ツールの一種なので、雑談に近い話し合いをしたいときは別にチャットツールなどを併用します。

◎ イシューは問題解決ツール

イシュー（Issue）とは「問題」「課題」などを意味する英語で、GitHubでは、リポジトリで開発しているアプリのバグ報告や、作業場の懸念点を相談するための機能を指します。公開リポジトリでは、コラボレーター以外の誰でもイシューを作成できるので、オープンソースのアプリではバグ報告や追加機能の要請などに使われています。

図5-33 VSCodeのバグ報告イシュー

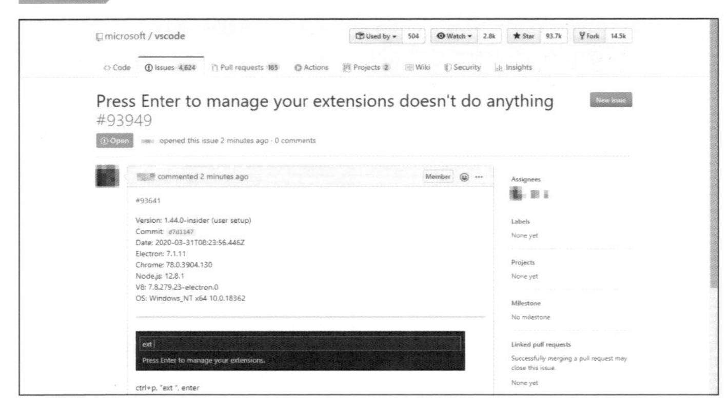

イシューは問題を見つけた人が作成し、そこに他の人がコメントをしていきます。問題によってはソースコードを修正して解決する必要も出てくるので、その場合はプルリクエストを作成して修正を行いま

す。イシューはMarkdown形式で書き込み、プルリクエストに手軽にリンクを張ることもできます。イシューとプルリクエストを連携させて作業を進め、問題が解決できたらイシューをクローズします。

図5-34 イシューの流れ

◉ 1つの問題につき1つのイシュー

イシューの画面は掲示板やSNSのタイムラインに似ているため、目的を知らないと雑談を書き込むような使い方をしてしまいがちです。しかし本来はイシュートラッキングシステム(バグ管理システム)なので、「解決すべき問題があること」と「問題が解決したこと」が明確に伝わる使い方をしなければいけません。そのため、一般的な使い方として、「1つの問題につき1つのイシュー」を作るようにし、問題が解決したら速やかにクローズします。掲示板というよりTodoリストに近い存在です。

図5-35 オープンとクローズ

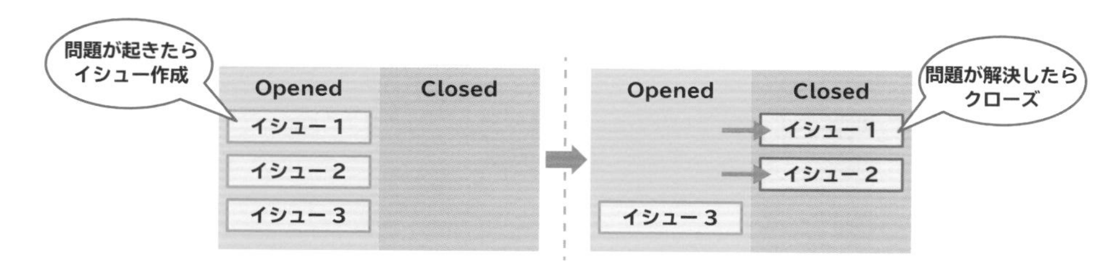

イシューを作業進行上の問題を相談するために使うこともありますが、作業上のルールや注意点をまとめて伝える場合はREADMEなどのMarkdownファイルに書き、雑談に近い相談ごとはSlackなどのチャットツールを併用するといいでしょう。

◎ イシューを使って相談する

イシューを使って話し合い、問題を解決するまでの一連の流れを追ってみましょう。まず、問題に気付いた人がリポジトリの＜Issues＞タブからイシューを作成します。

図5-36 イシューを作成する

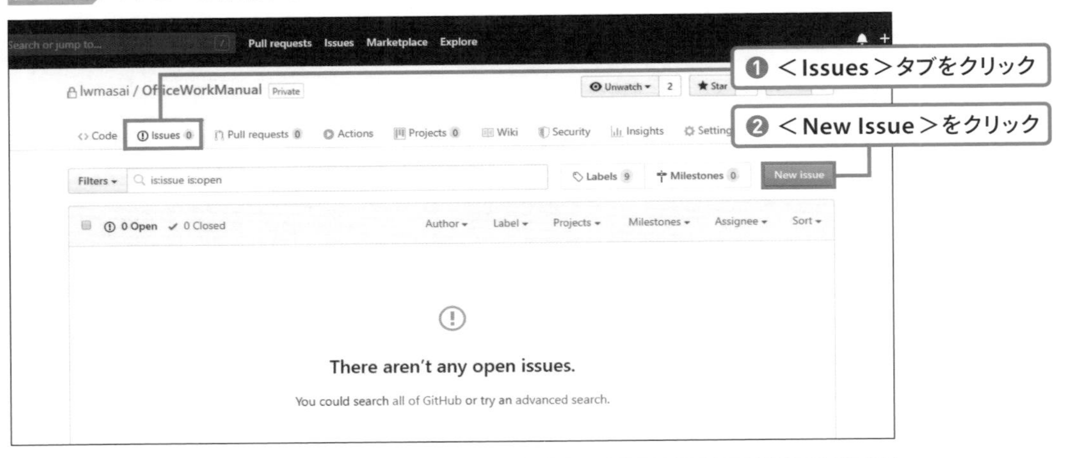

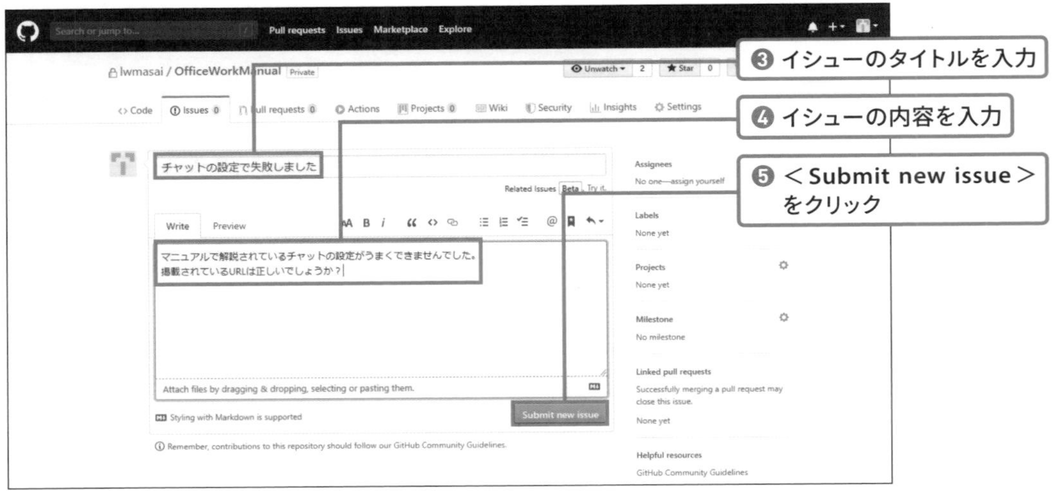

イシューが作成されました。作成したイシューはパブリックリポジトリなら全世界に、プライベートリポジトリならオーナーとコラボレーターに公開されます。下の入力ボックスから返事のコメントを入力することができます。

図5-37 イシューが作成された

オープン状態のイシューの数は、<Issues>タブに表示されます。<Issues>タブをクリックするとイシューの一覧が表示されます。確認したいイシューをクリックして表示します。

図5-38 イシューが作成された

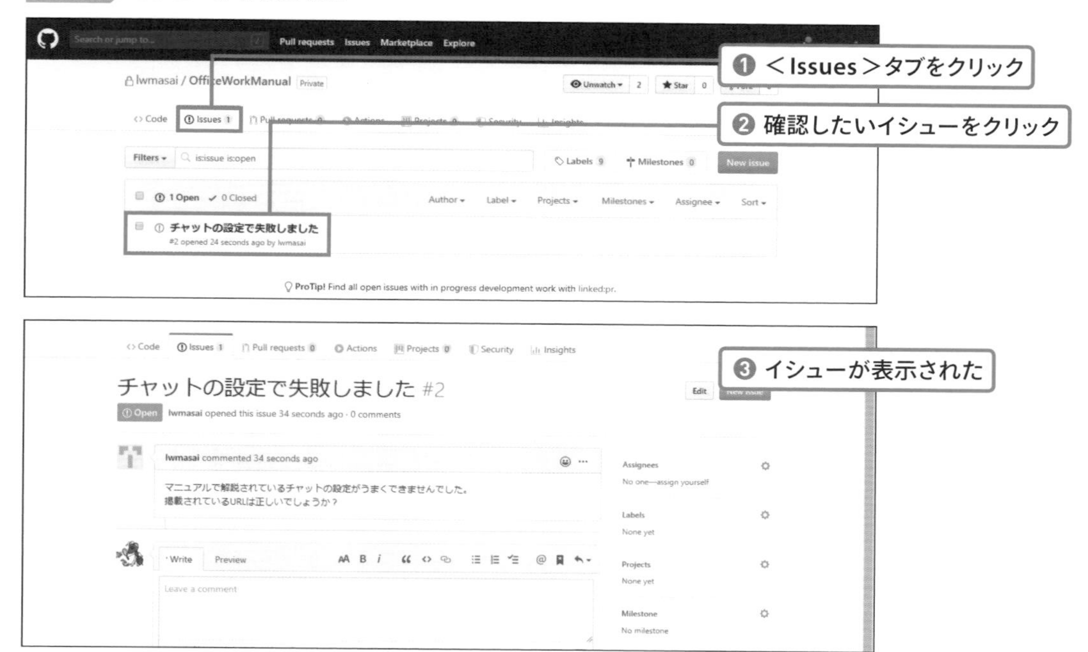

ここでイシューに気付いた人が、問題解決の助けになるコメントを入力します。

図5-39 イシューにコメントする

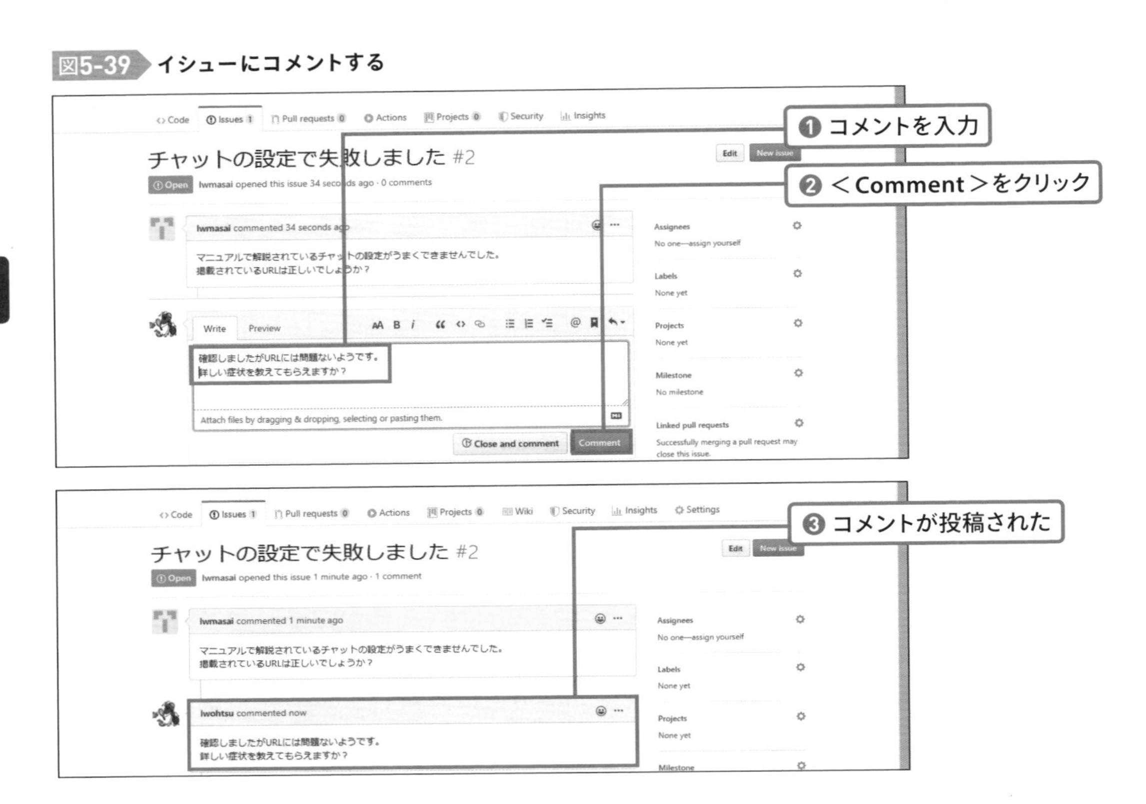

問題が解決したときは、そのむねのコメントを入力してクローズします。

図5-40 イシューにコメントしてクローズする

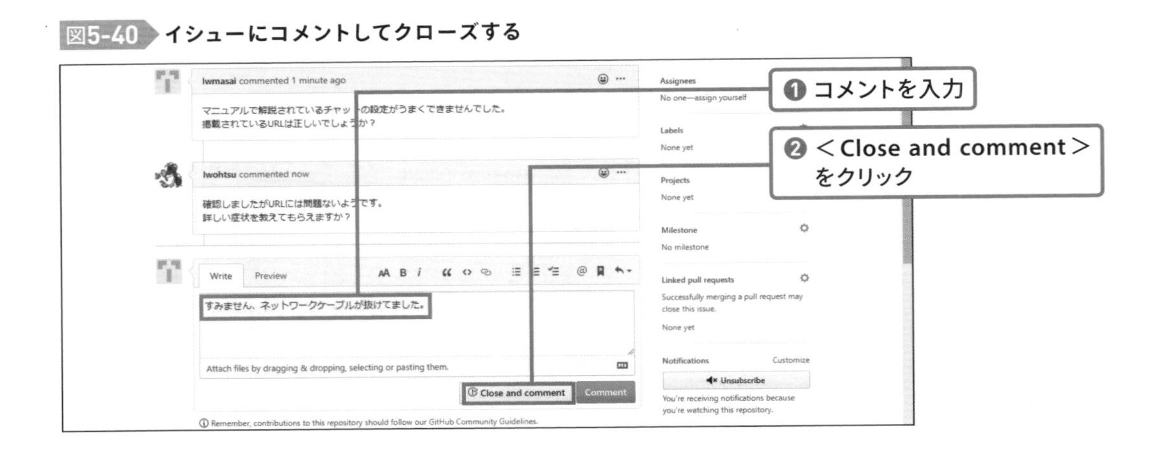

5 GitHubの便利な機能を利用しよう

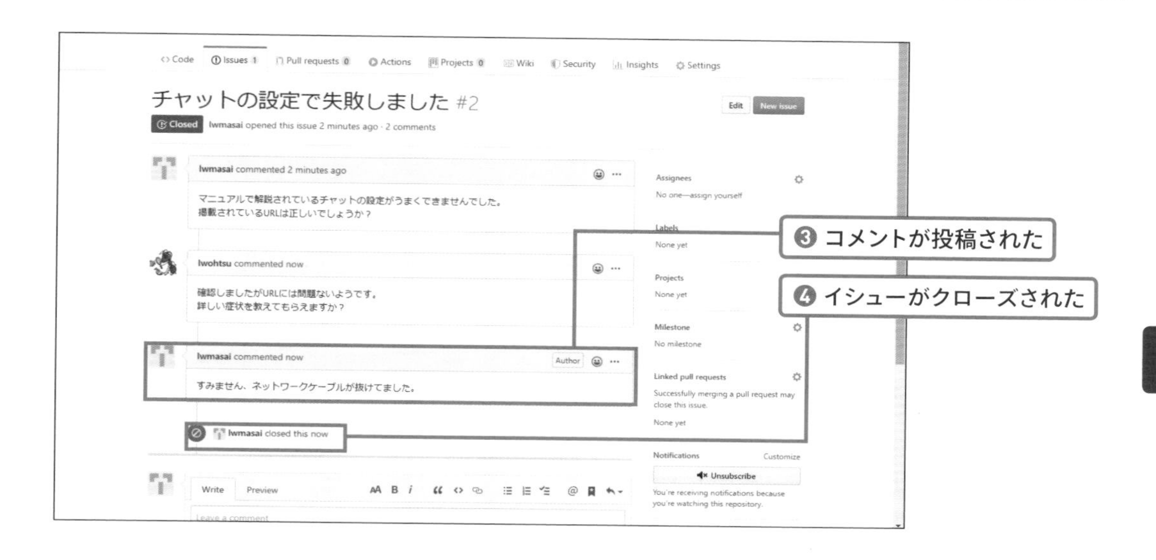

クローズされたイシューは＜Issues＞タブから消えます。＜○○ Closed＞をクリックすると確認できます。

図5-41 クローズされたイシューを確認

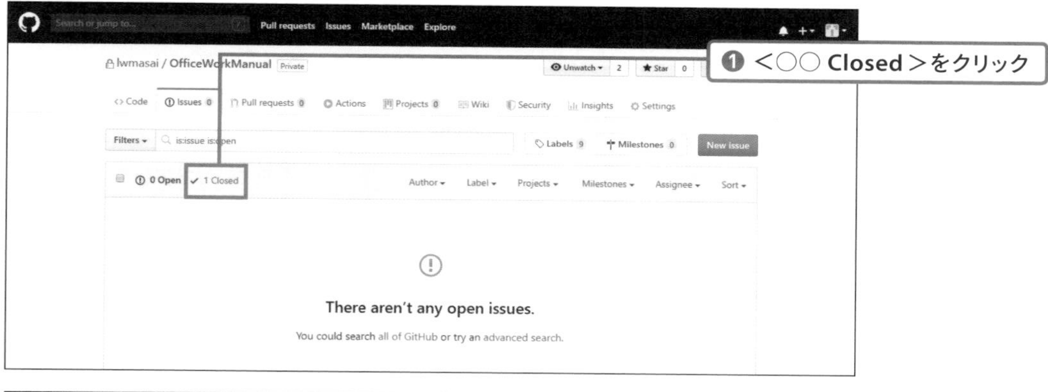

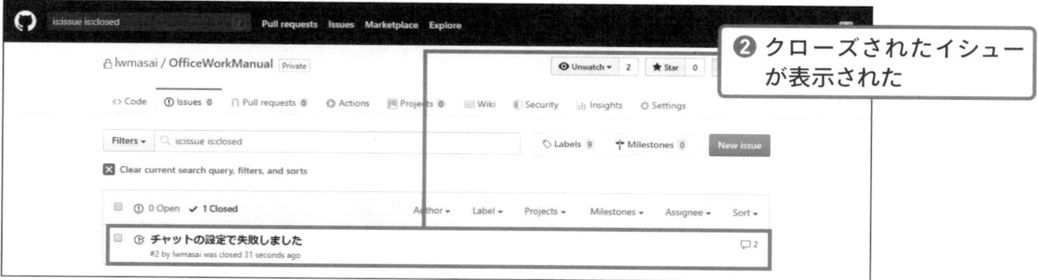

クローズされたイシューのコメント入力ボックスには＜Reopen issue＞ボタンが付いています。これをクリックするとイシューを再オープンできます。クローズされたあとで問題が解決していないことに気付いたときなどに利用します。

図5-42 クローズされたイシュー

◎ イシューに気付いてもらいやすくする

イシューに対応してもらいやすくするために、担当者（Assigners）を設定しましょう。GitHubのユーザーページなどに表示されるようになります。

図5-43 Assignersを設定

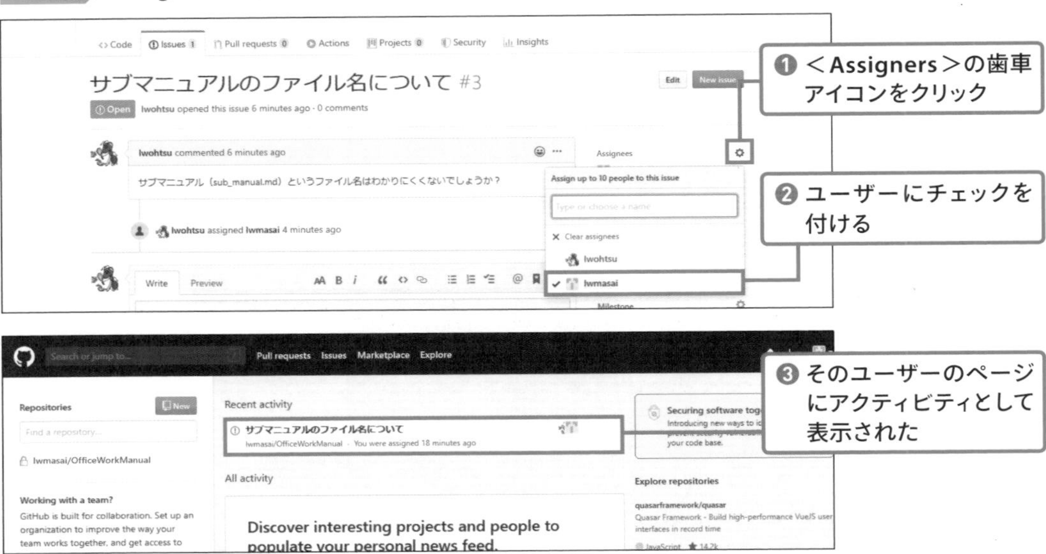

◎ その他のイシューの便利な機能

イシュー入力時に使える便利な機能をいくつか紹介しましょう。まずはメンションです。メンションを付けると、指定したユーザーに通知が届くのでコメントに気付いてもらいやすくなります。

図5-44 メンションを付ける

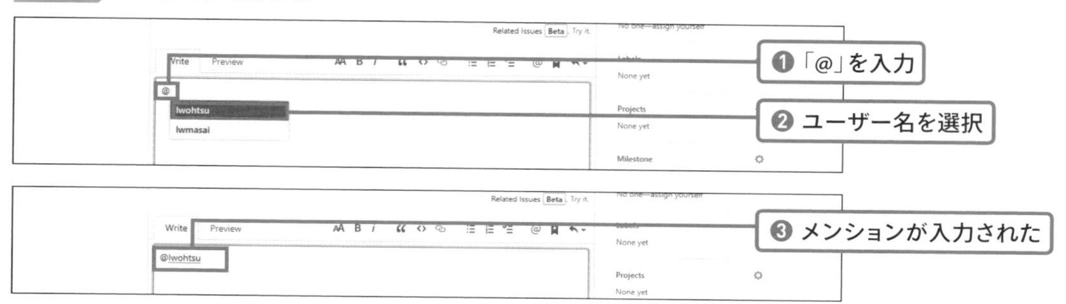

他のイシューやプルリクエストへのリンクも簡単に張ることができます。リンクが正しく張られたか確認するには＜Preview＞タブを利用します。

図5-45 リンクを張る

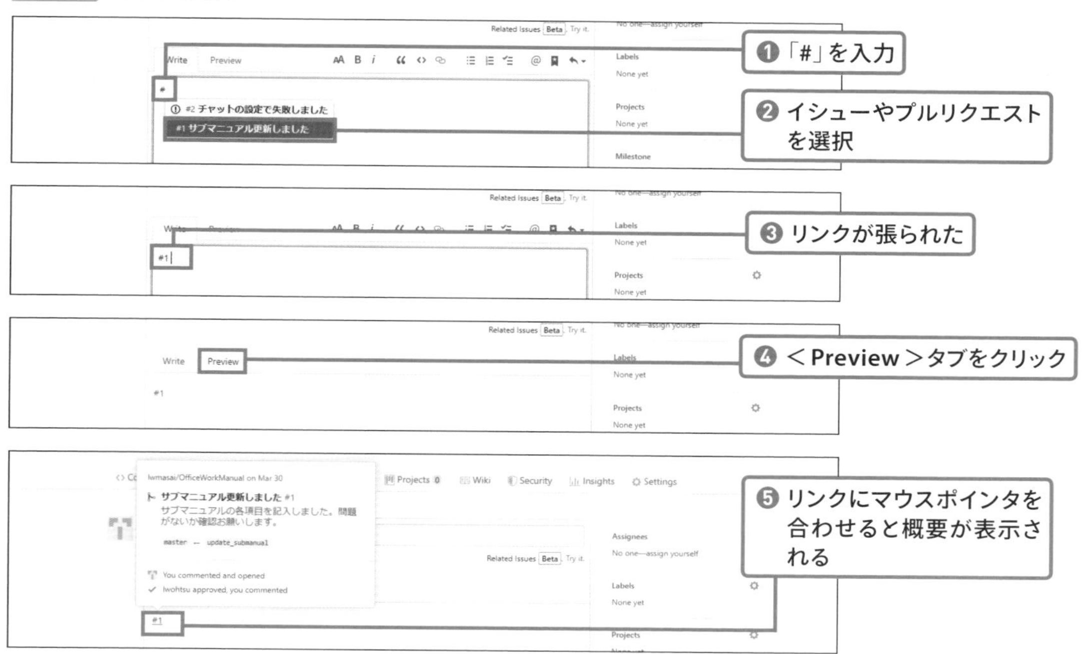

文章で説明するよりも画像を見せたほうが早いこともあります。入力ボックスに画像ファイルをドラッグ&ドロップして挿入できます。

図5-46 画像を挿入する

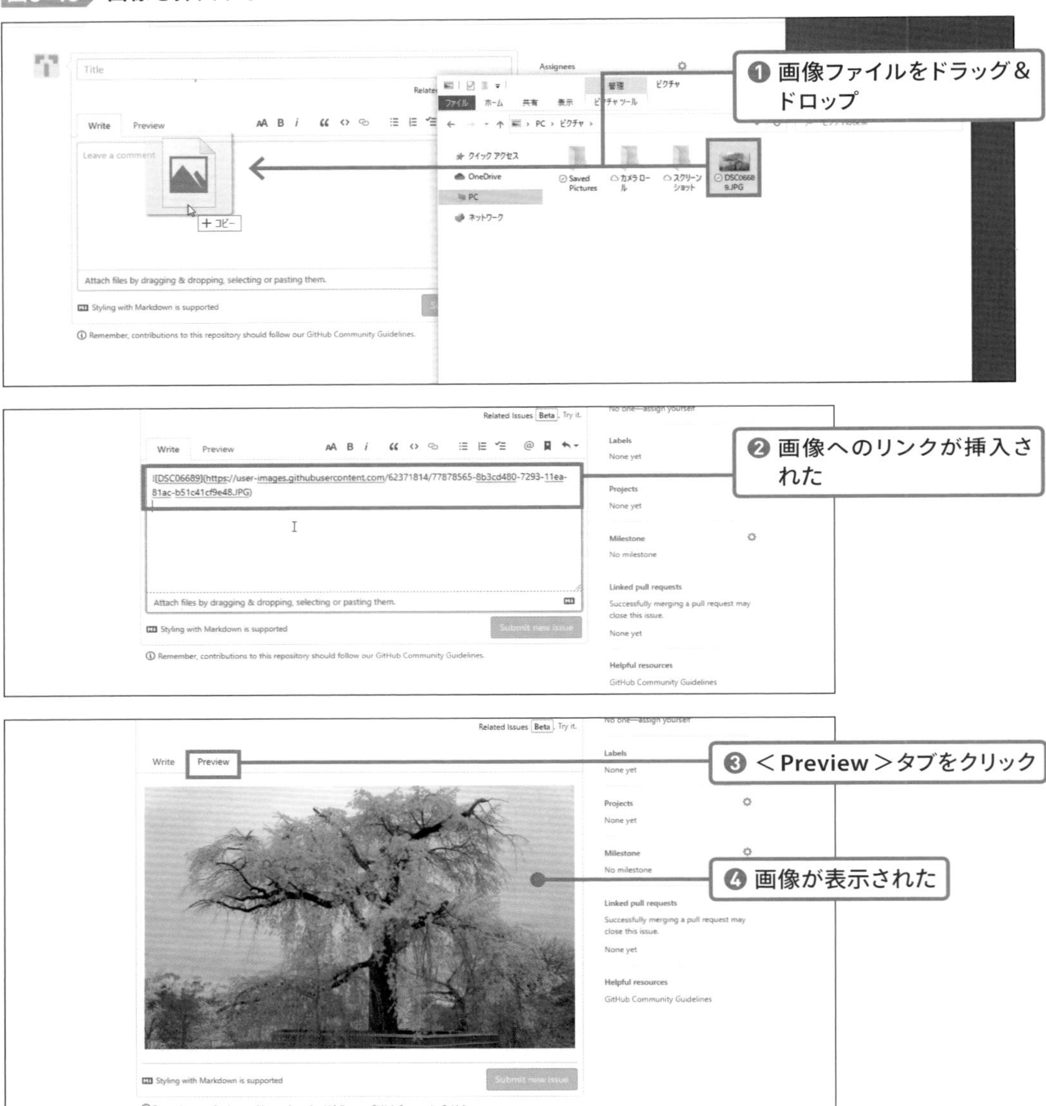

この方法で投稿した画像ファイルは、リポジトリではなく別の場所に保存されます。リポジトリ内の画像ファイルを表示したい場合は、Markdownの`![代替文字列](画像のパス)`を使ってください。

SECTION 05

その他の便利な機能

最後にGitHubが持つ便利な機能のうち、比較的わかりやすく誰でも使えるものを紹介します。紹介するのは「GitHub上でのテキストファイル編集」「行ごとの変更者の確認」「画像の差分確認」の3つです。

◎ GitHub上でファイルを編集する

Markdownに URLを含めると、自動的にリンクになります。ところが、URLのあとに文章が続いているとそこもリンクに含まれるため、結果的に利用できないリンクになってしまいます。URLのリンク化はMarkdown本来の記法ではなくGitHub独自の仕様（P.153参照）です。そのためか、ローカルリポジトリで作業しているときは気付かず、GitHub上でプレビューを見ているときに、初めて気付くことがあります。

図5-47 続きの文章もリンクに含まれている

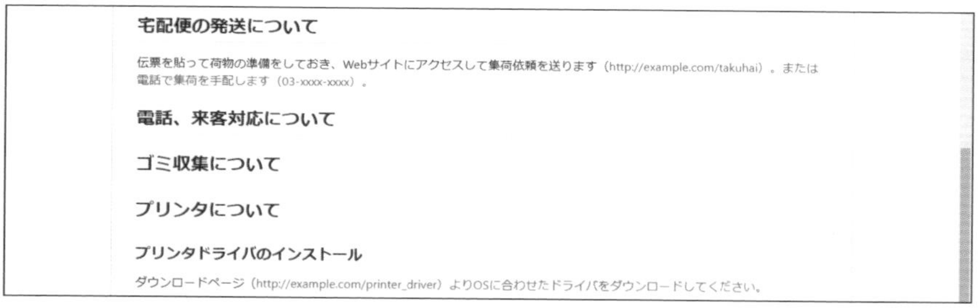

宅配便の発送について

伝票を貼って荷物の準備をしておき、Webサイトにアクセスして集荷依頼を送ります（http://example.com/takuhai）。または電話で集荷を手配します（03-xxxx-xxxx）。

電話、来客対応について

ゴミ収集について

プリンタについて

プリンタドライバのインストール

ダウンロードページ（http://example.com/printer_driver）よりOSに合わせたドライバをダウンロードしてください。

大きな修正はちゃんとローカルリポジトリで修正すべきですが、ちょっとの変更だったらGitHub上で変更することも可能です。ちゃんとコミットとして記録されるので、あとでプルすればローカルリポジトリに取り込めます。

GitHubの＜Code＞タブで目的のファイルを表示し、鉛筆アイコンをクリックして編集モードに切り替えます。ここでURLのあとで改行してしまえば、続きの文章はリンクに含まれなくなります。

図5-48 編集モードに切り替える

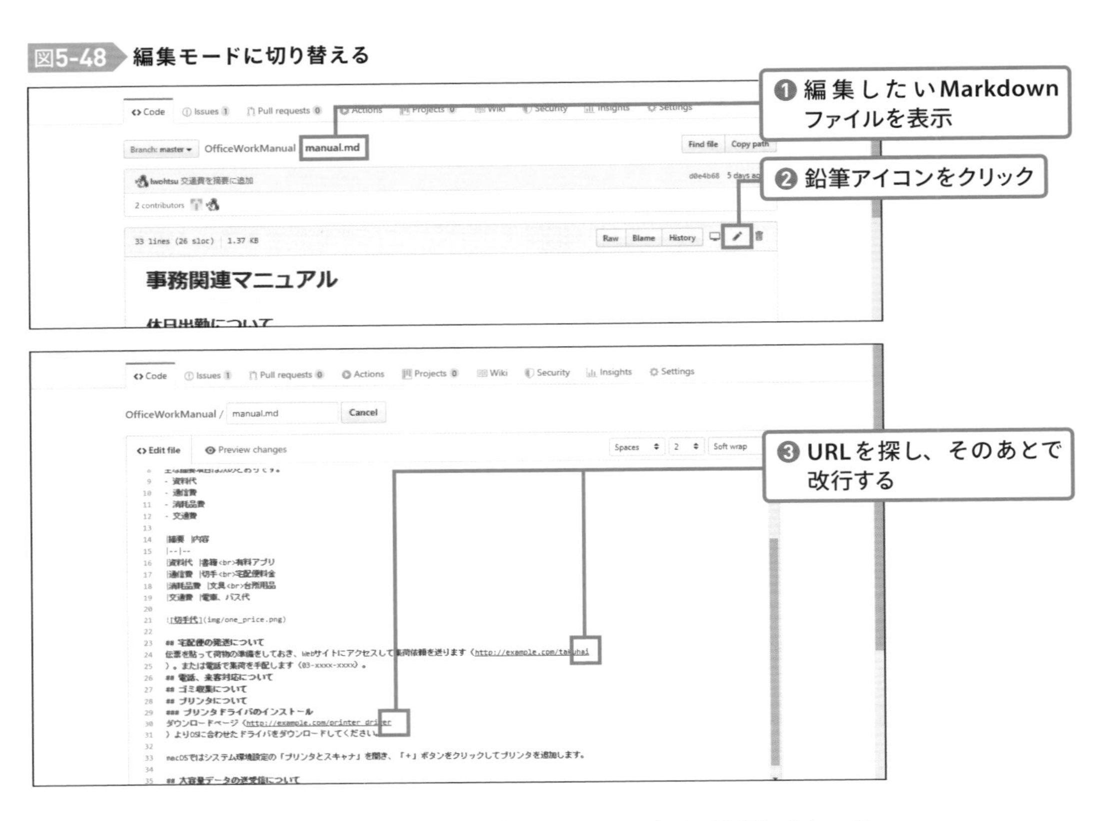

問題なく変更できているか、コミットする前にプレビュー表示で確認しましょう。

図5-49 プレビューを確認する

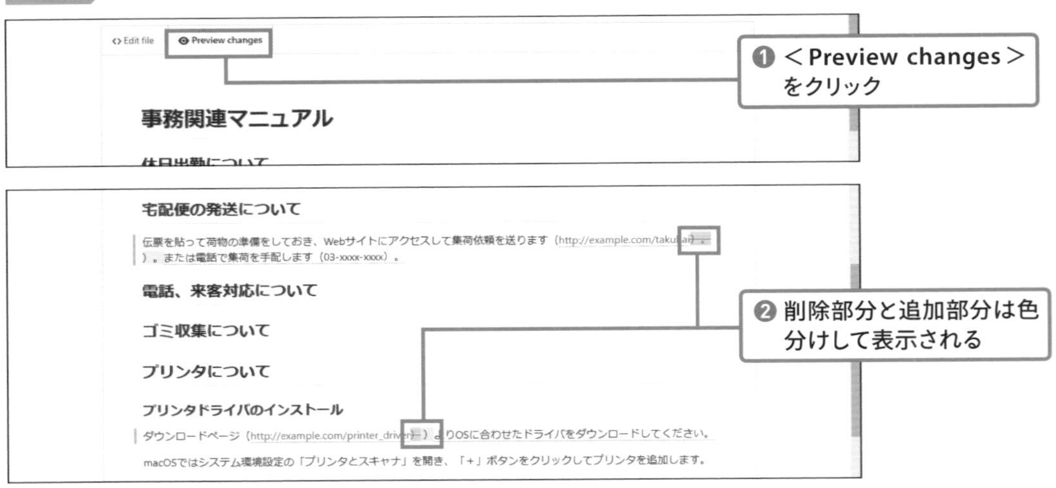

図5-50 変更をコミットする

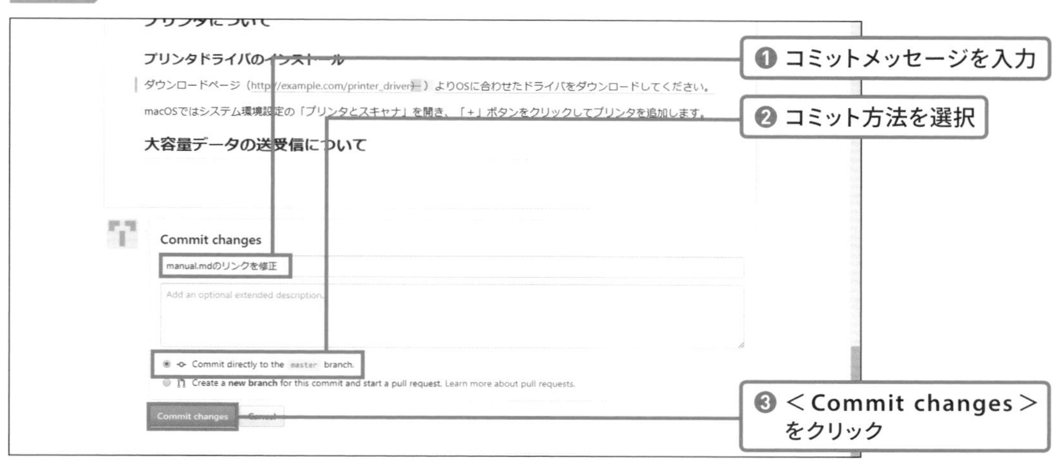

COLUMN GFM（GitHub Flavored Markdown）

Markdown記法にはいくつかの方言があり、GitHubが利用しているのはGFM（GitHub Flavored Markdown）と呼ばれるものです。先ほど紹介したURLを自動的にリンクにするルールのほか、いくつかの拡張ルールがあります。GFMについては公式サイトだけでなく、GFMでネット検索しても情報を探せます。

- **GitHub Flavored Markdown Spec**
  https://github.github.com/gfm/

図5-51 GitHub Flavored Markdown Spec

◎ 誰がこの行を変更したのかを調査する

多人数で作業していると、意図がわからない変更が見つかることがあります。複数人がファイルを編集したため、誰に確認を取ればいいのかもわかりません。そんなときはBlameを使ってみましょう。Blameは「責任を負わせる」といった意味の英語で、行ごとの変更者を見ることができます。

図5-52 Blameで変更者を確認する

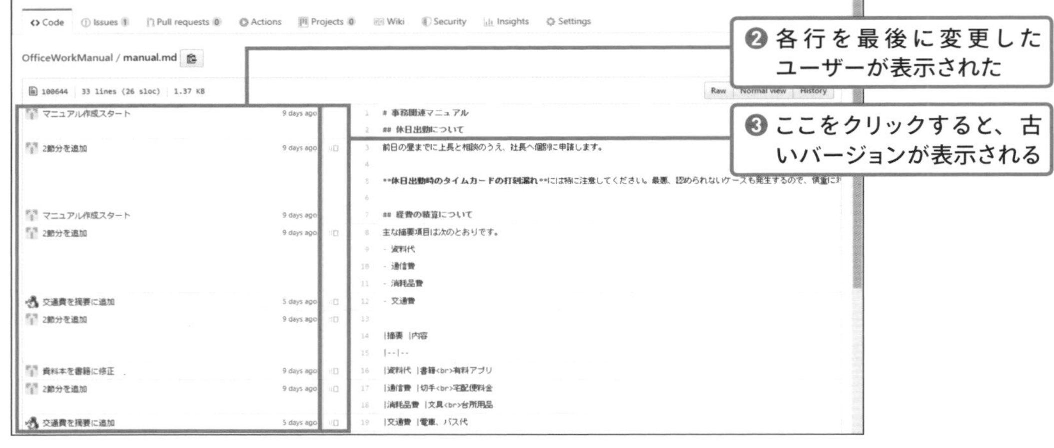

◎ 画像の差分を見る

これまでGitを使って確認していたのは、主にテキストファイルの差分でした。バイナリファイルの差分を見ることはできませんが、**JPEG、PNG、SVG形式の画像**は差分を見ることができます。

この機能を確認するには、まず画像ファイルを追加してコミットしてから、画像を変更してもう1回コミットし、GitHubにプッシュします。次にGitHubでコミットの一覧を表示し、そこからコミットによる変更ファイルの一覧を表示します。

図5-53 コミット履歴を表示する

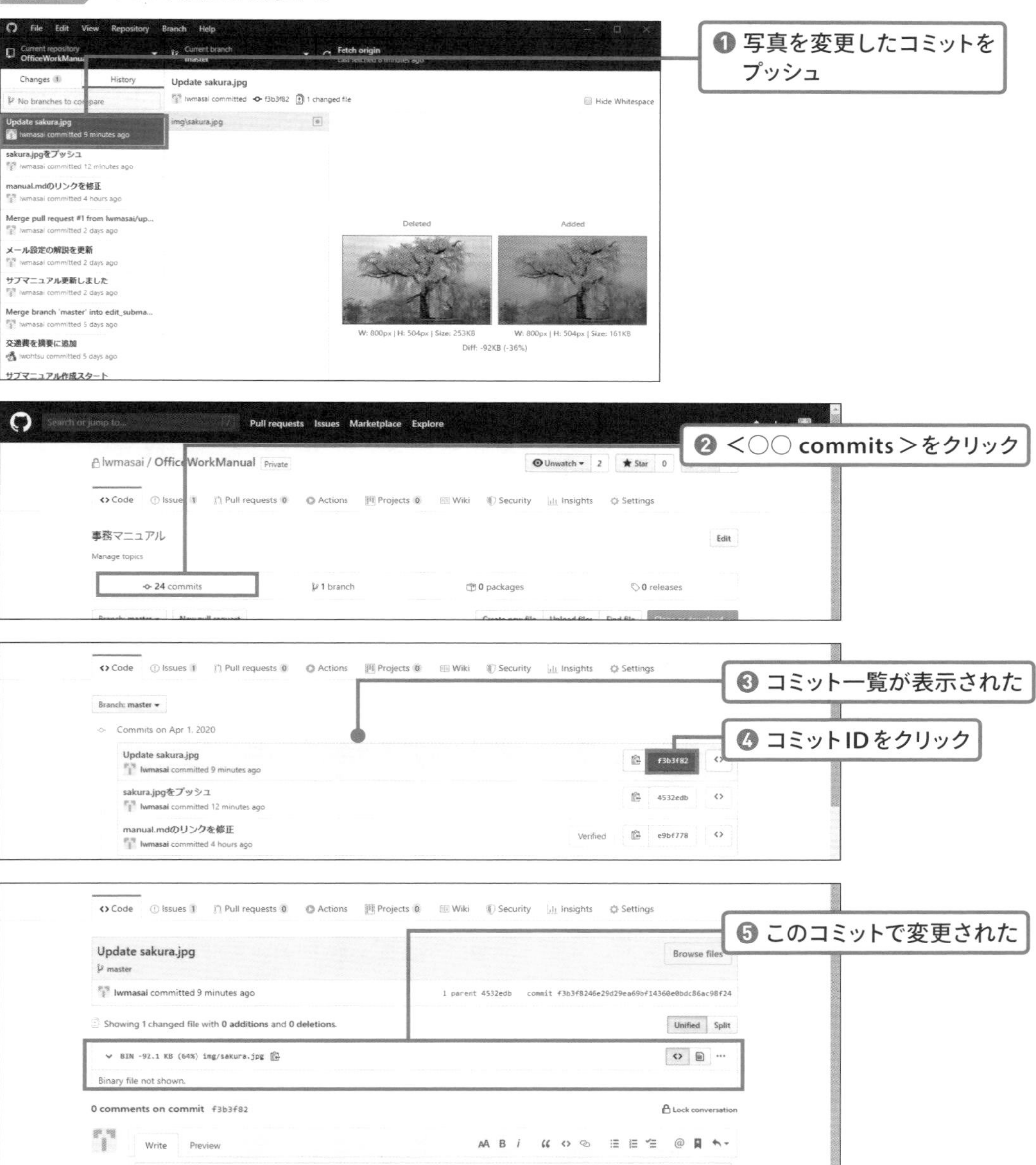

画像ファイルなどのバイナリファイルは「Binary file not shown（バイナリファイルは見せられない）」としか表示されていませんが、＜Display the rich diff＞をクリックすると、変更前と変更後を比較して見ることができます。この機能はプルリクエストの＜Files changed＞タブでも利用できます（P.132参照）。

図5-54 画像の差分を確認する

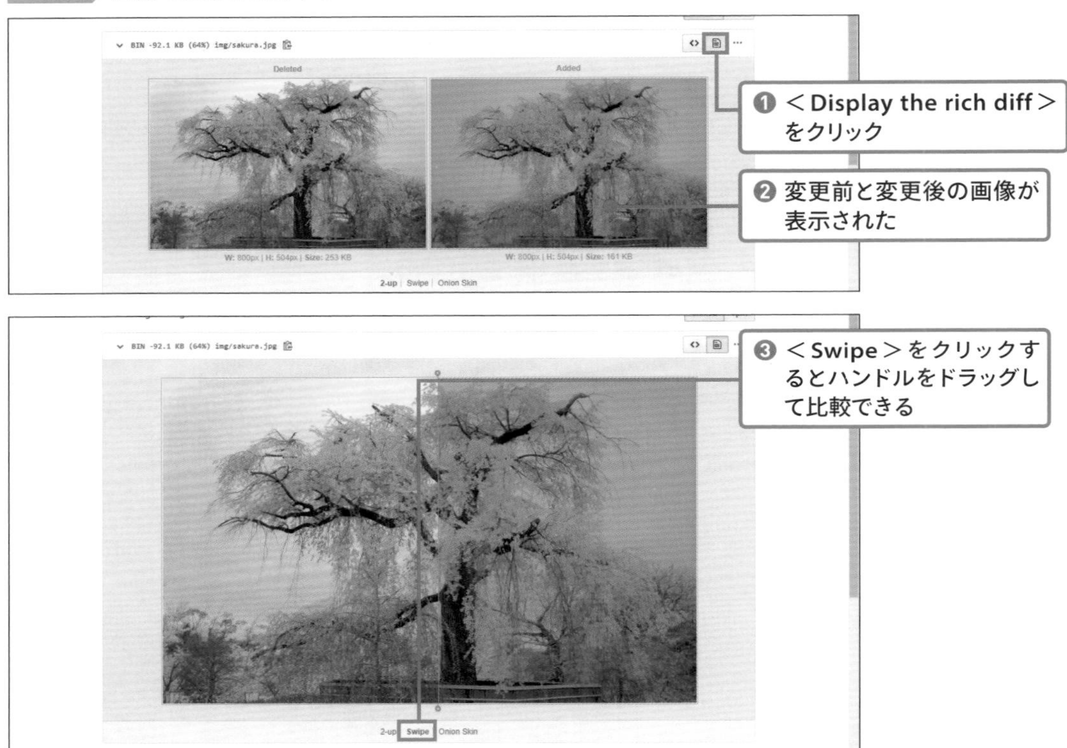

COLUMN ほかのGitホスティングサービスをGitHub Desktopで利用する

GitHub以外のGitホスティングサービスをGitHub Desktopで利用するには、＜File＞メニューから＜Clone repository＞を選択し、クローン用のURLを指定してクローンします。クローン用のURLの調べ方はサービスによって異なりますが、クローンはGit本来の機能なので必ずあるはずです。

図5-55 Clone a repository画面

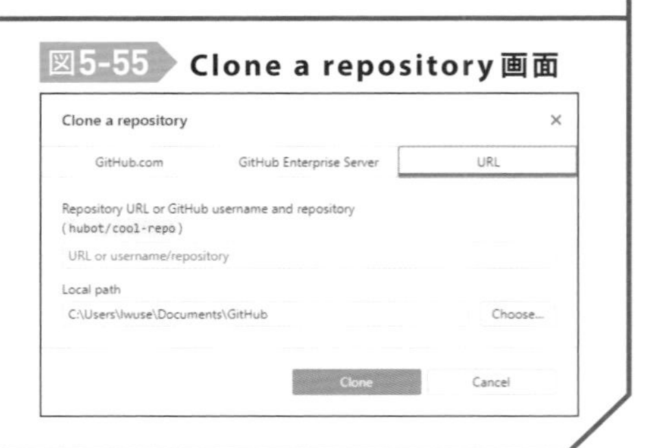

CHAPTER

6

コマンドラインを利用しよう

SECTION 01

Gitはコマンドラインでも利用できる

ここまでGitHub Desktopを使って解説してきましたが、開発の現場ではコマンドラインのGitもよく使われています。この章ではGitHub Desktopの機能と比較しながら、コマンドラインのGitの使い方を解説します。

◎ gitコマンドとGit Bash

以前からGitを利用している人には当たり前のことなのですが、Gitはコマンドラインでも利用できます。コマンドラインの命令はテキストなので、コマンドを自動実行するツールと組み合わせて自動化しやすいといったメリットがあります。その反面、コミット履歴やブランチなどの状態を脳内でイメージする必要があるため、GitHub DesktopのようなGUIツールに比べると少々慣れが必要です。コマンドラインとGitHub Desktopを併用することもできるので、慣れるまではGitHub Desktopで状況を確認しながらコマンドラインで操作してもいいでしょう。

本書では、GitをWindowsで実行するためにGit Bashを利用します。Git BashはWindows上でLinuxコマンドを利用可能にするコマンドラインツールです。Windows標準のコマンドラインツール（コマンドプロンプト、PowerShell）はLinuxとはコマンド体系が異なるのですが、Git Bashを使えばLinuxやmacOSと同様の操作が行えます。

コマンドラインのGitでは、次に示すような形式のgitコマンドを入力して操作します。gitコマンドとサブコマンド、オプションの間は半角スペースを空けてください。

リスト6-1 gitコマンドの体系

```
git サブコマンド オプション／パラメータ
git add -m "コミットメッセージ"
```

POINT

以降はGit Bashの画面での解説となりますが、macOSではターミナルを利用してください。

◎ GitHub Desktopで作成したリポジトリを利用してみる

gitコマンドに慣れるために、GitHub Desktopで作成したリポジトリをgitコマンドで確認してみましょう。まず、GitHub Desktopの標準シェル（コマンドラインツール）をGit Bashに設定します。

図6-1 標準シェルをGit Bashにする

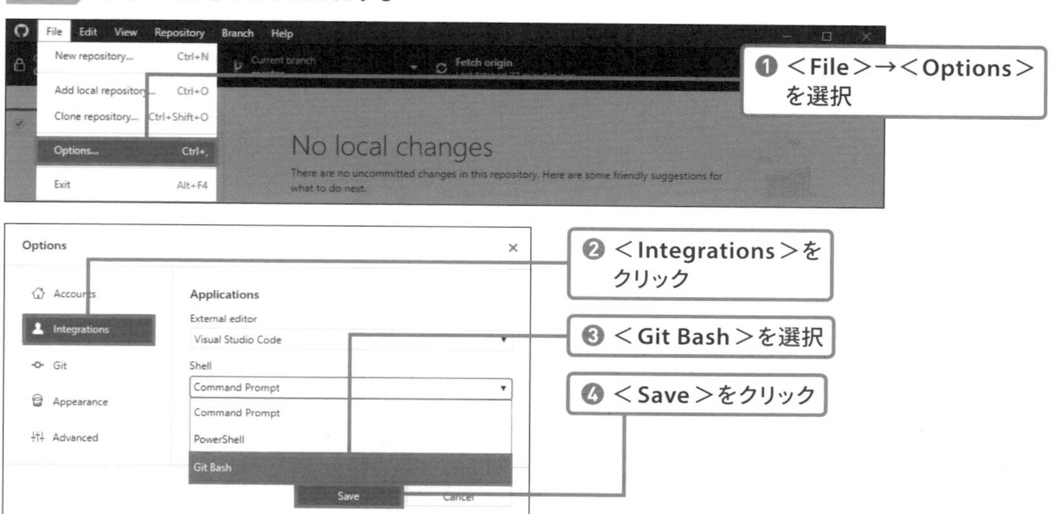

Git Bashはスタートメニューから起動できますが、GitHub Desktop経由だと、ローカルリポジトリのフォルダに移動した状態で起動できます。

図6-2 Git Bashを起動

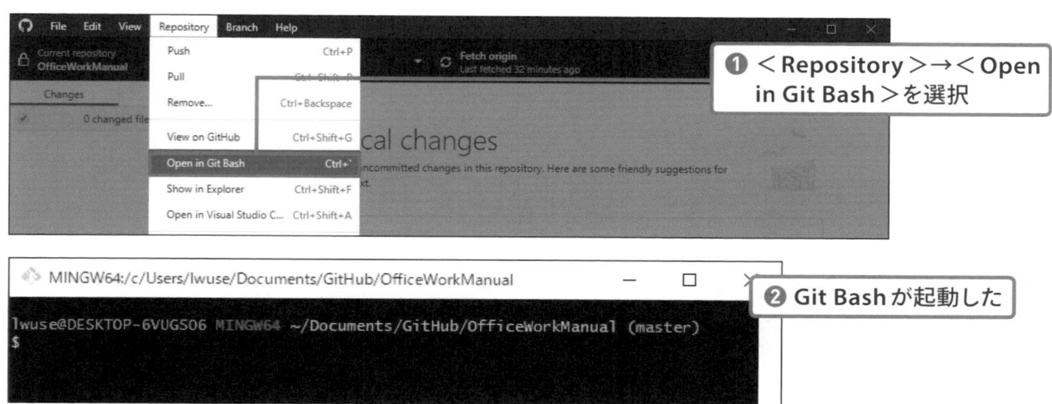

以下のコマンドを実行して、ローカルリポジトリの状態を確認してみましょう。Git Bashの「$」をプロンプトといい、そのあとにコマンドを入力します。

リスト6-2 入力するコマンド

```
ls
git status
git log
```

フォルダ内のファイルを一覧表示する

最初にlsコマンドを実行します。フォルダ内のファイルを一覧表示する標準的なコマンドで、これはgitコマンドではありません。

図6-3 lsコマンドを実行

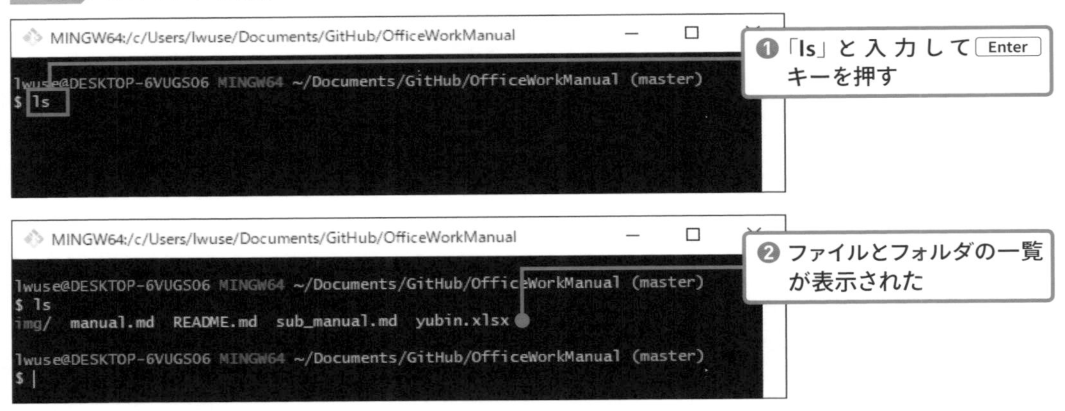

次にgit statusコマンドで現在の状態を確認します。これはGitHub Desktopの＜Changes＞タブに相当します。コミットしていない変更はないため、nothing to commitと表示されます。

図6-4 git statusコマンドを実行

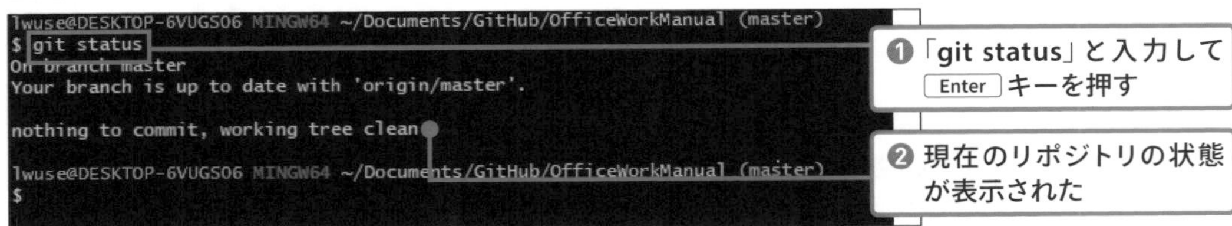

次にgit logコマンドでコミット履歴を確認します。これはGitHub Desktopの＜History＞タブに相当します。

図6-5 git logコマンドを実行

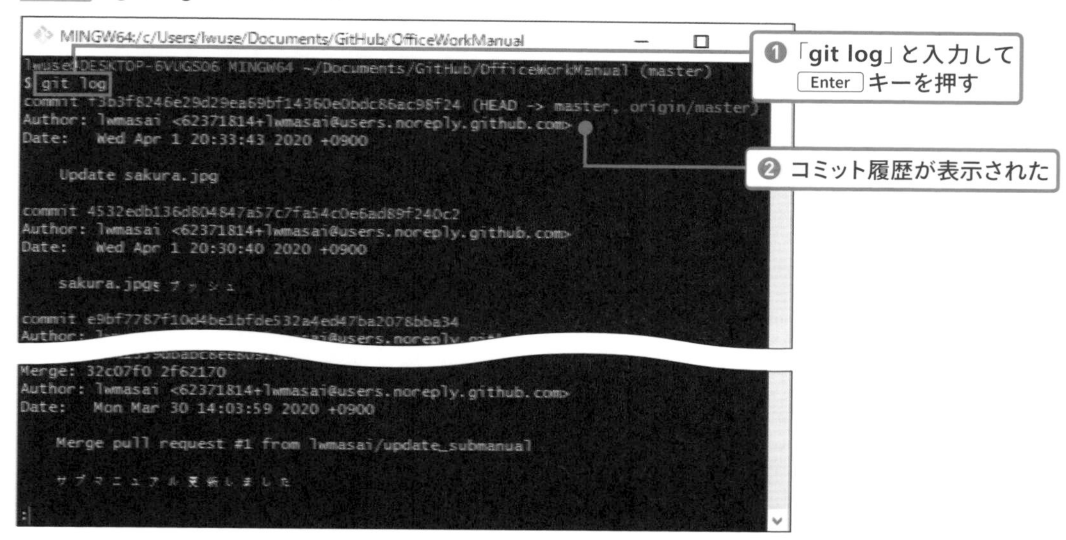

git logコマンドの結果は1画面に表示しきれないため、1画面分表示したら一時停止して最後に「:」が表示されます。↑↓キーでスクロールすることができ、Qキーで表示を終了します。

git logコマンドの結果とGitHub Desktopの＜History＞タブを見比べてみましょう。同じコミットタイトルが表示されていて、同じローカルリポジトリを参照していることがわかります。

図6-6 GitHub Desktopの＜History＞タブ

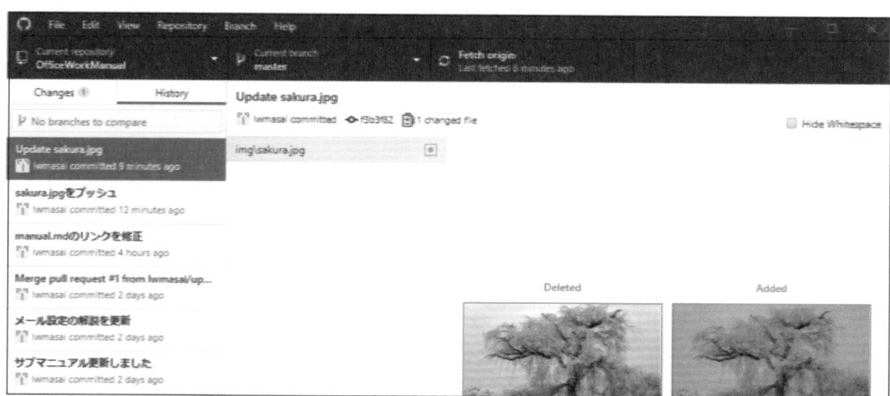

SECTION 02

ローカルリポジトリを利用する

第2章で行った、ローカルリポジトリの操作をgitコマンドでひと通り行ってみましょう。ローカルリポジトリの作成から変更のコミット、コミット履歴の確認、コミットの取り消しなどを、GitHub Desktopの操作と対比しながら行います。

◎ ローカルリポジトリを作成する

ローカルリポジトリの作成は、GitHub Desktopでは＜Create a new repository＞画面に相当する操作です（P.37参照）。ローカルリポジトリを作成するには、まずリポジトリ化するフォルダを作成し、そのフォルダの中に移動してからgit initコマンドを実行します。一連のコマンドを並べると次の通りです。

図6-7 GitHub Desktopの画面

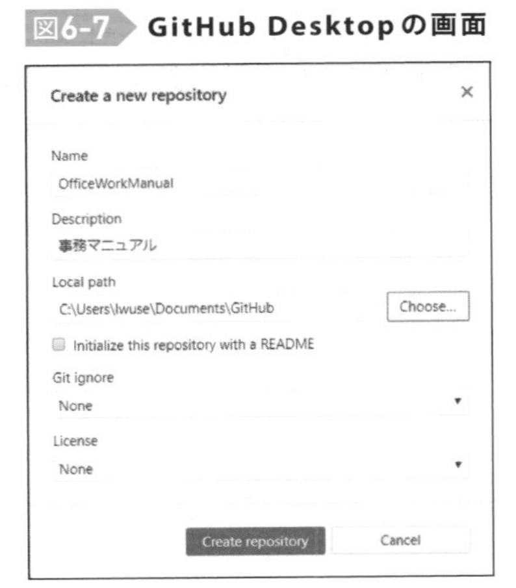

リスト6-3 入力するコマンド

```
cd ~/Documents/GitHub
mkdir OfficeWorkManual2
cd OfficeWorkManual2
git init
```

cdコマンドはGit Bashのカレントフォルダ（現在表示しているフォルダ）を変更します。「~（チルダ）」はユーザーフォルダを表すので、「~/Documents/GitHub」は「C:¥Users¥ユーザー名¥Documents¥GitHub」に相当します。

GitHubフォルダに移動したら、mkdirコマンドで「OfficeWorkManual2」フォルダを作成し、さらに

cdコマンドでそのフォルダ内に移動します。カレントフォルダはプロンプトの前に表示されているので、そこを確認しながら進めてください。

図6-8 リポジトリ化するフォルダを作成

MINGW64:/c/Users/lwuse/Documents/GitHub/officeWorkManual2
lwuse@DESKTOP-6VUGS06 MINGW64 ~/Documents/GitHub/OfficeWorkManual (master)
$ cd ~/Documents/GitHub
lwuse@DESKTOP-6VUGS06 MINGW64 ~/Documents/GitHub
$ mkdir OfficeWorkManual2
lwuse@DESKTOP-6VUGS06 MINGW64 ~/Documents/GitHub
$ cd officeWorkManual2
lwuse@DESKTOP-6VUGS06 MINGW64 ~/Documents/GitHub/officeWorkManual2
❶ 各コマンドを入力してフォルダを作成し、その中に移動

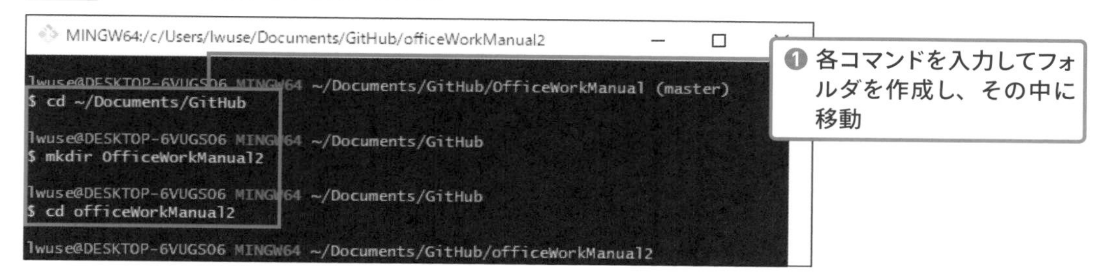

最後にgit initコマンドでリポジトリ化します。GitHub Desktopと異なり.gitattributesは作成されません(P.39参照)。必要ならテキストエディタで作成してコミットしてください。

図6-9 フォルダをリポジトリ化する

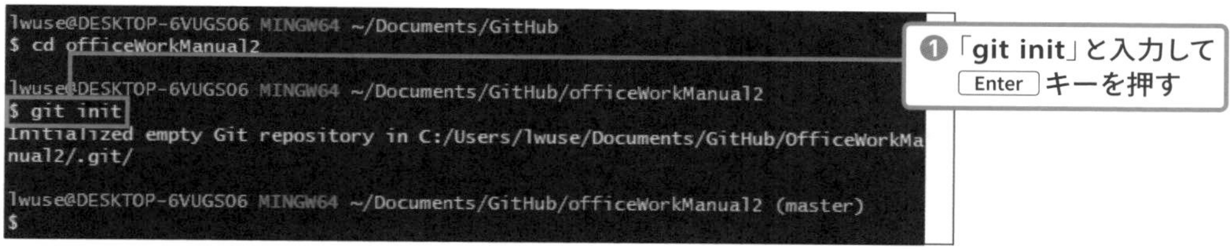

lwuse@DESKTOP-6VUGS06 MINGW64 ~/Documents/GitHub
$ cd officeWorkManual2
lwuse@DESKTOP-6VUGS06 MINGW64 ~/Documents/GitHub/officeWorkManual2
$ git init
Initialized empty Git repository in C:/Users/lwuse/Documents/GitHub/OfficeWorkManual2/.git/
lwuse@DESKTOP-6VUGS06 MINGW64 ~/Documents/GitHub/officeWorkManual2 (master)
$
❶「git init」と入力して Enter キーを押す

◎ 変更をコミットする

次はVSCodeでMarkdownファイルを作成し、コミットしてみましょう。GitHub Desktopでは<Changes>タブでコミットしたいファイルにチェックを入れ、コミットメッセージを入力して<Commit to master>をクリックする操作に相当します。

次の図に実行するコマンドを示しますが、実際に何かの操作を行うのはgit addコマンドとgit commitコマンドの2つだけで、それ以外は状況を確認するためのものです。

図6-10 GitHub Desktopの画面

File Edit View Repository Branch Help
Current repository
OfficeWorkManual
Current branch
master
Changes
History
manual.md
1 changed file
manual.md
マニュアル作成スタート
Description
Commit to master
Committed 2 hours ago
Initial commit
Undo

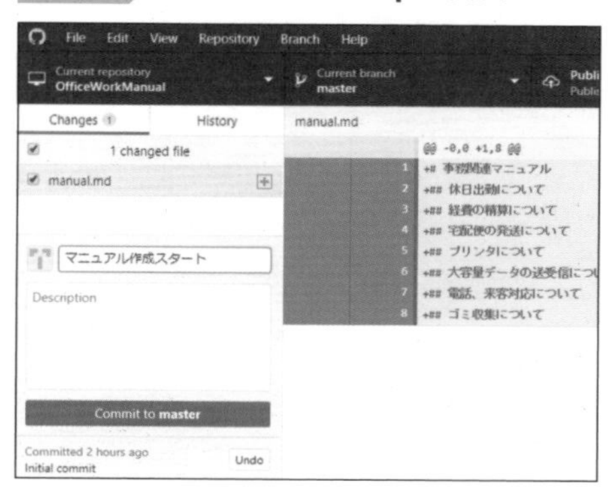

リスト6-4 入力するコマンド

```
git status
git add -A
git status
git diff --cachedz
git commit -m "マニュアル作成スタート"
git log
```

VSCodeでフォルダを開き、ファイル(manual.md)を作成して上書き保存します(P.44参照)。

図6-11 VSCodeでファイルを作成

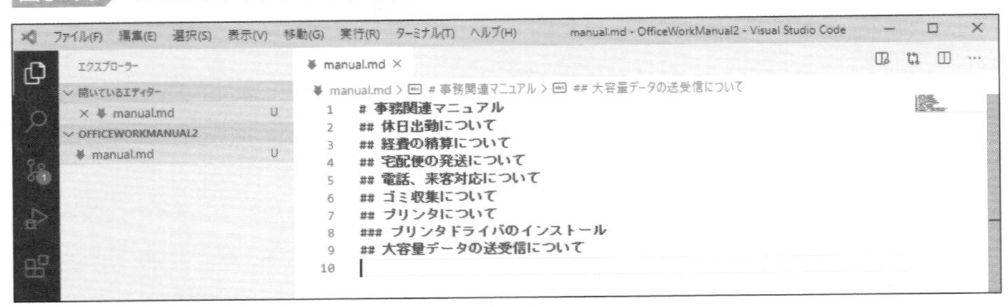

この変更をコミットします。＜Change＞タブでファイルにチェックを付ける操作に相当するのがgit addコマンドです。このコマンドを実行するだけだと成功したのかわからないので、前後でgit statusコマンドを実行します。

図6-12 コミット対象のファイルを指定

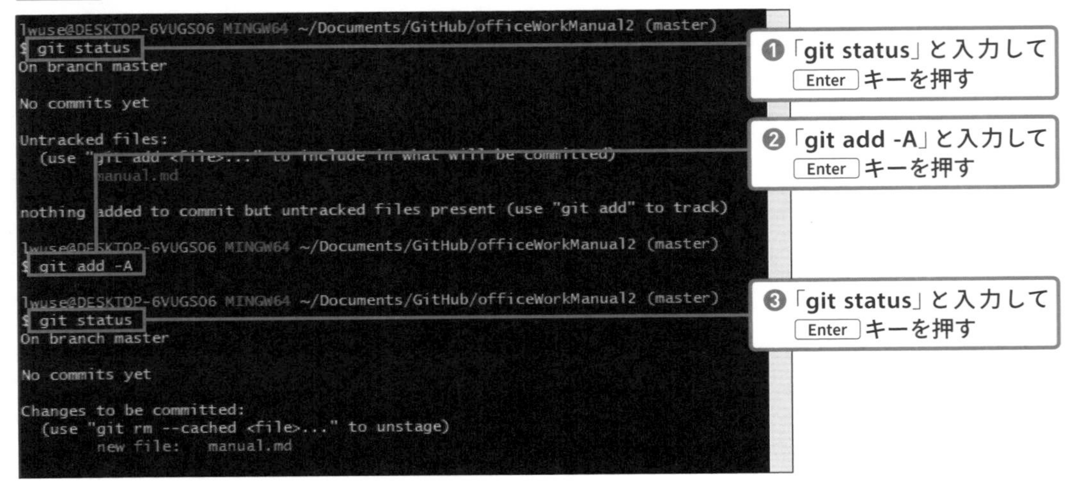

1つ目のgit statusコマンドの結果では､｢Untracked files:｣のところにmanual.mdと表示されています。これは＜Changes＞タブにファイルが表示されているが、チェックは外れている（コミット対象ではない）状態を表します。git addコマンドによってチェックを入れますが、-A（Aは大文字）オプションを付けると、追加可能なすべてのファイルをコミット対象にします。1ファイルずつ対象を指定したい場合は｢git add ファイル名｣とします。

その後git statusコマンドを実行すると、｢Changes to be comitted:｣のところにmanual.mdが表示されます。これはチェックが付いた状態を示します。

POINT

git addコマンドによってコミット対象にすることを｢ステージング｣といい、コミット対象のファイルが存在する仮想上の場所のことを｢ステージングエリア｣と呼びます。逆にコミット対象から外したいときはgit rmコマンドを実行します。

GitHub Desktopの＜Changes＞タブには差分も表示されています。これをコマンドラインで確認するにはgit diff --cachedコマンドを実行します。--cachedオプションはコミット対象（ステージングエリア）の差分を表示することを意味します。

図6-13 コミット対象の差分を確認

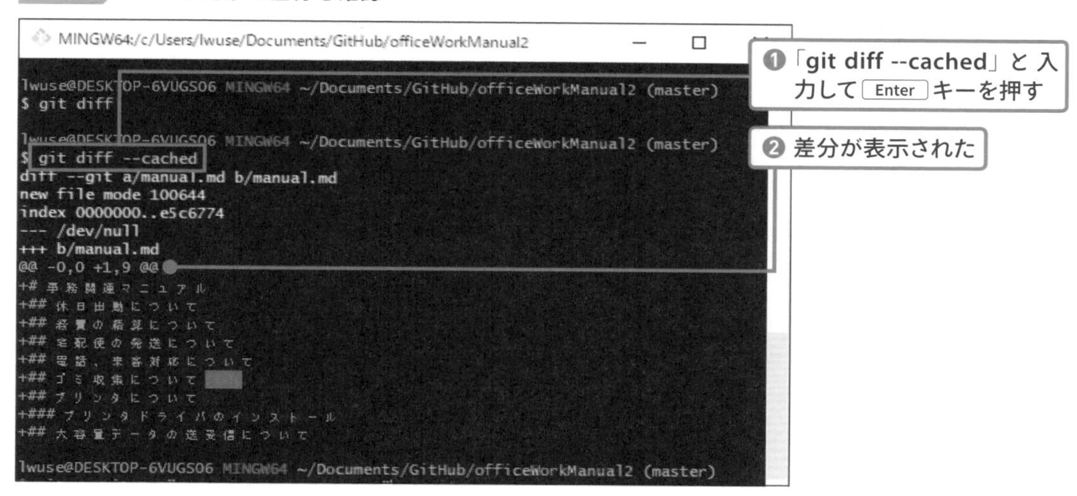

準備ができたのでコミットします。git commitコマンドを利用しますが、-mオプションを付けた場合はそのあとに｢"（ダブルクォート）｣で囲んでコミットメッセージを入力します。

図6-14 コミットを実行

```
+## プリンタについて
+### プリンタドライバのインストール
+## 大容量データの送受信について

lwuse@DESKTOP-6VUGS06 MINGW64 ~/Documents/GitHub/officeWorkManual2 (master)
$ git commit -m "マニュアル作成スタート"
[master (root-commit) 616339f] マニュアル作成スタート
 1 file changed, 9 insertions(+)
 create mode 100644 manual.md

lwuse@DESKTOP-6VUGS06 MINGW64 ~/Documents/GitHub/officeWorkManual2 (master)
$ |
```

❶「git commit -m "マニュアル作成スタート"」と入力して Enter キーを押す

コミットメッセージを付けず「git commit」だけ実行した場合は、VSCodeが起動してコミットメッセージの入力が求められます。テキストエディタのほうが入力は楽なので、あとでこちらの方法も実際にやってみます。

コミットが完了したので、git logコマンドでコミット履歴を確認しましょう。

図6-15 コミット履歴を確認

◎ コミットを取り消す

コミットを取り消す方法は2通りありました。<Undo>をクリックして直前の操作を取り消す方法に相当するのは、git resetコマンドです。「--soft HEAD^」というオプションを付けて実行します。「HEAD^」は最新コミットの1つ前という意味です。

図6-16 GitHub Desktopの画面

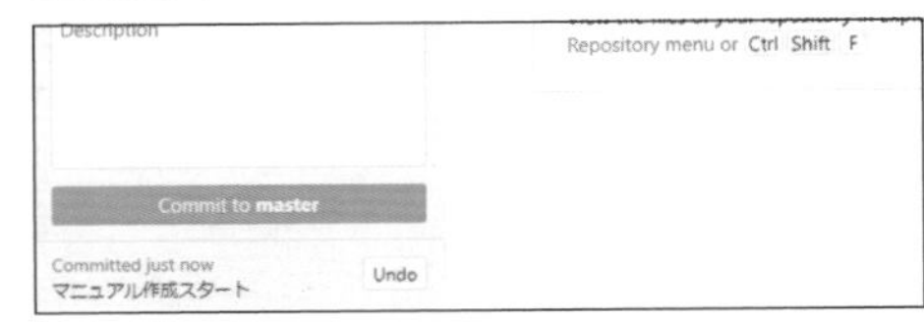

リスト6-5 入力するコマンド

```
git reset --soft HEAD^
```

git resetコマンドはオプションによってさまざまな使い方ができるのですが、今回は直前のコミットを取り消して、すぐにコミットをやり直せる状態にするために使っています。コミットを取り消したままだと都合が悪いので、取り消したらすぐにもう一度コミットしましょう。

図6-17 コミットを取り消してすぐに再コミット

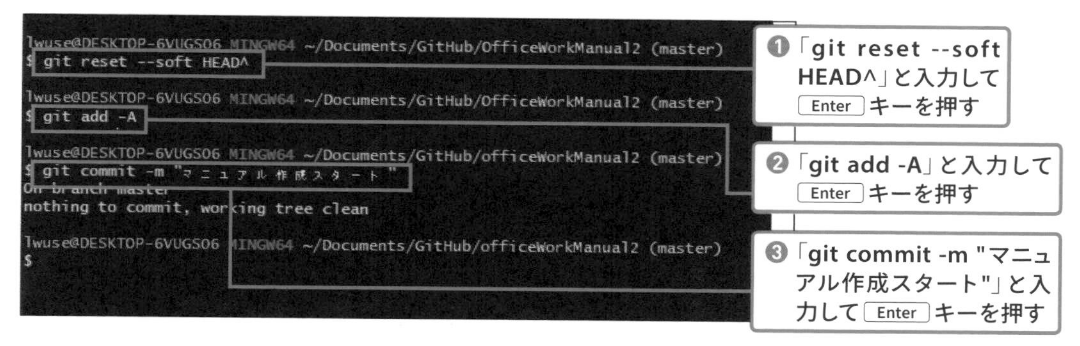

次はリバートによる取り消しを試します。リバートはgit revertコマンドによって行いますが、そのときに取り消したいコミットのコミットIDというものを指定します。コミットIDは個々のコミットを区別するために割り当てられた重複しない名前です。コミットIDは非常に長いのですが、コマンドで入力する際は先頭の4文字程度を入力すれば大丈夫です。

図6-18 GitHub Desktopの画面

リスト6-6 入力するコマンド

```
git log
git revert コミットID
```

まず、git logコマンドでコミットIDを調べ、それをgit revertコマンドで指定します。次の図では「f498...」というコミットIDですが、それぞれの環境によってまったく異なります。

図6-19 コミットをリバートする

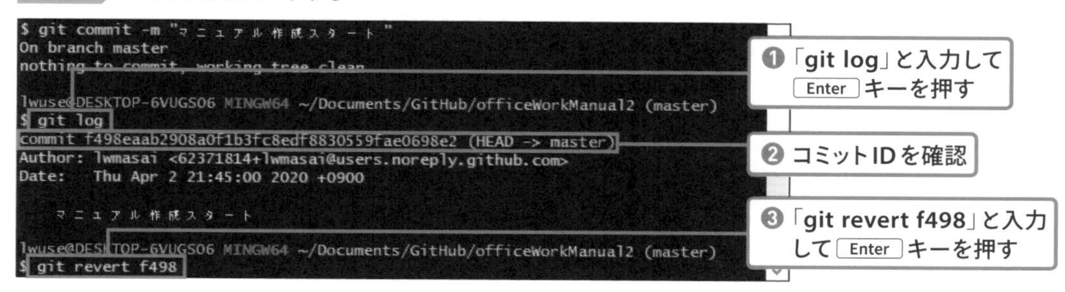

リバートコミットにはコミットメッセージが必要ですが、メッセージを指定していないのでVSCodeが起動します。自動的に付けられたコミットメッセージを確認して閉じるとリバートが実行されます。

図6-20 コミットをリバートする

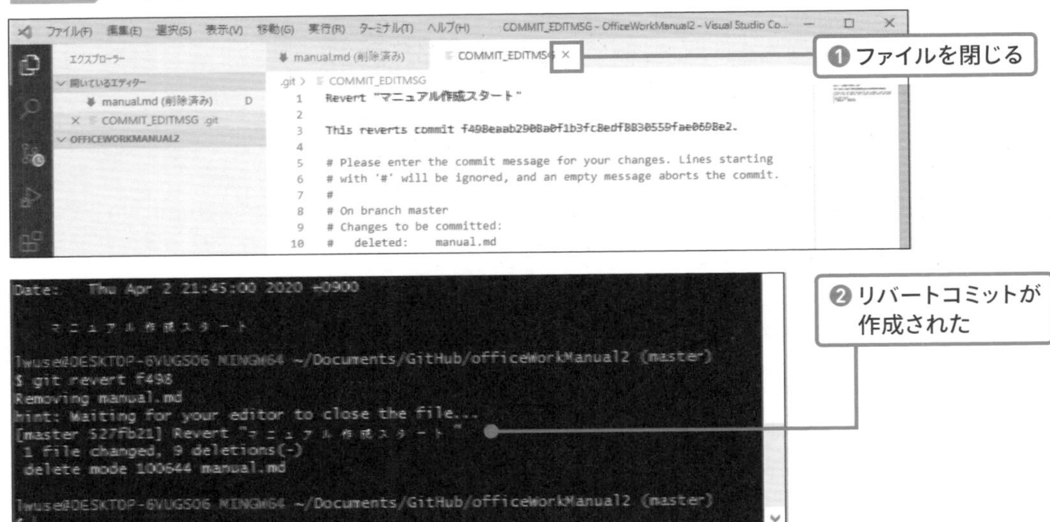

リバートコミットをさらにリバートしてみましょう。やり方はまったく同じです。VSCodeも途中で起動します。

図6-21 リバートコミットをリバートする

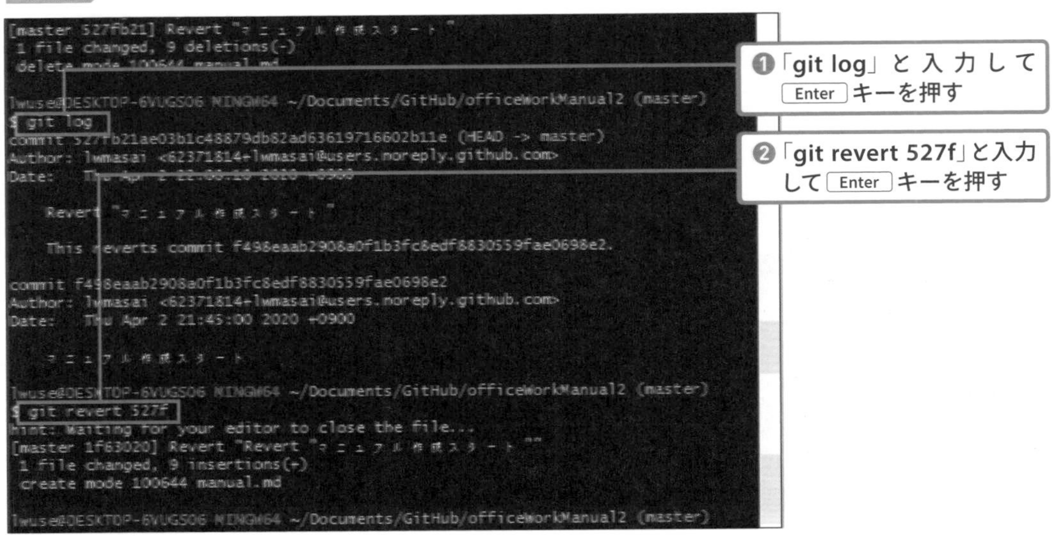

POINT

コミットIDは、「f498eaab....」であれば「f498」、「527fb21ae03b...」であれば「527f」のように先頭数文字を入力します。エラーになった場合はもう少し入力してください。

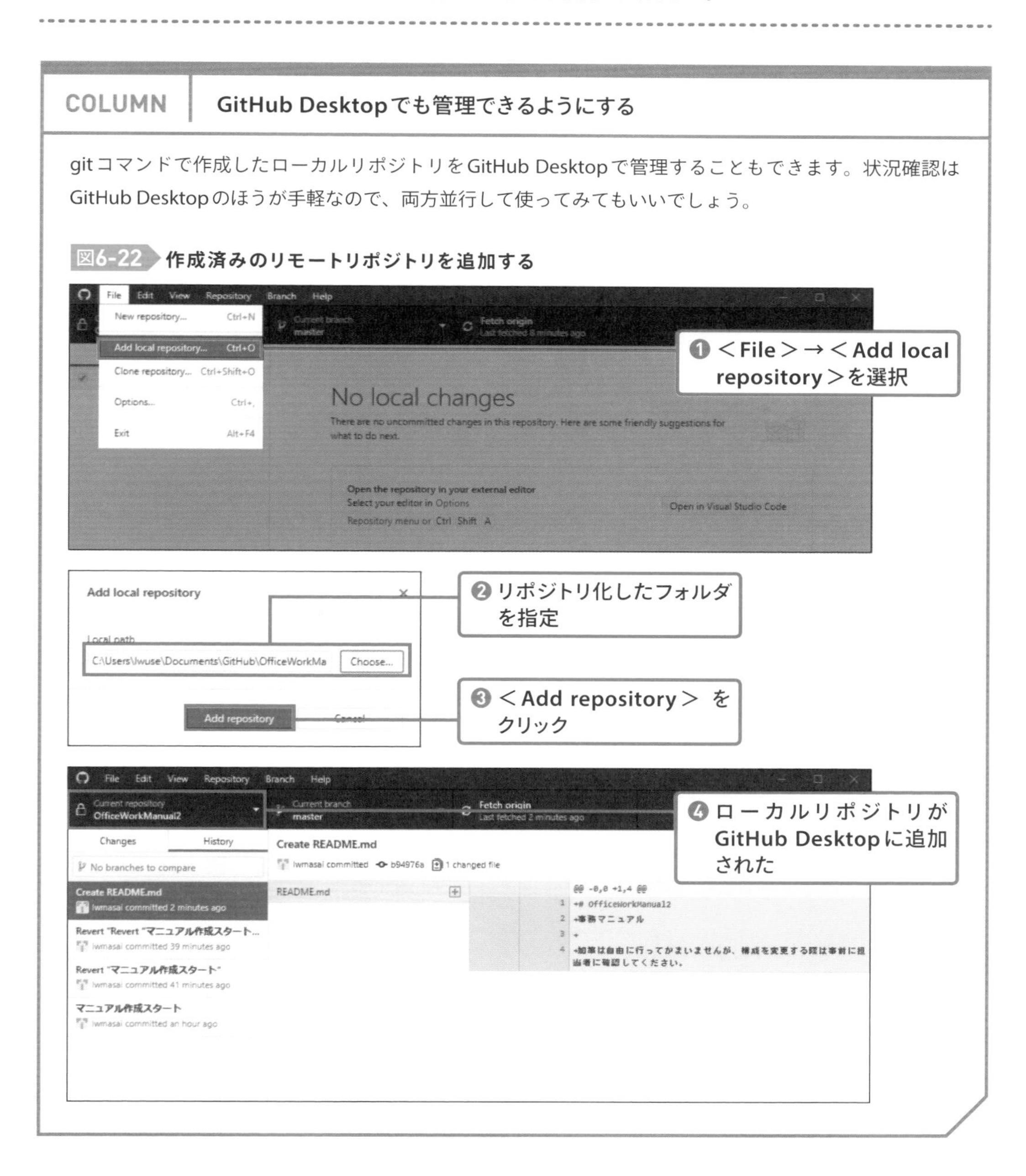

COLUMN　GitHub Desktopでも管理できるようにする

gitコマンドで作成したローカルリポジトリをGitHub Desktopで管理することもできます。状況確認はGitHub Desktopのほうが手軽なので、両方並行して使ってみてもいいでしょう。

図6-22 作成済みのリモートリポジトリを追加する

SECTION 03

リモートリポジトリを利用する

GitHub上にリモートリポジトリを作成し、コマンドラインでローカルリポジトリと連携させてプッシュ／プルする方法を解説していきます。GitHubとの通信方法にはHTTPSとSSHの2種類があり、両者の接続設定について解説します。

◎ HTTPSでリモートリポジトリを利用する

HTTPSは一般的なWebサイトやWebアプリの通信に用いられている暗号化された通信プロトコルです。SSHのほうが効率がよいとされていますが、HTTPSのほうが簡単に設定ができます。

まず、リモートリポジトリを作成しましょう。

図6-23 リモートリポジトリを作成

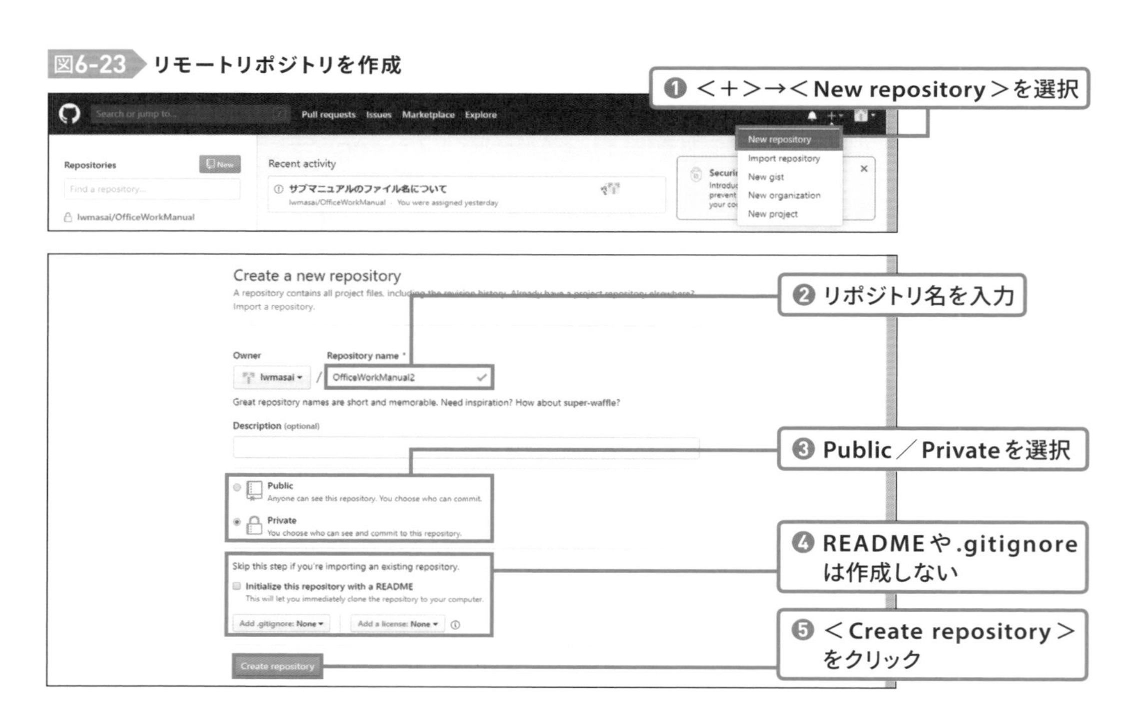

POINT

今回は先に作ったローカルリポジトリと同期させるので、リモートリポジトリは空にします。README などを作成しているとマージが必要になるため、手順が変わってしまいます。

空のリモートリポジトリを作成すると、＜Code＞タブには「Quick setup」という設定方法の案内と、連携用のURLが表示されています。このURLを利用して設定します。

図6-24 リモートリポジトリが作成された

コマンドラインで操作していきます。git remote add コマンドでリモートリポジトリの設定を行い、git push コマンドでプッシュします。

リスト6-7 入力するコマンド

GitHubからコピーしたURL

```
git remote add origin https://github.com/ユーザー名/リポジトリ名.github
git push -u origin master
```

「git remote add origin」はリモートリポジトリを origin という名前で追加しろという意味です。これまで GitHub Desktop で操作したときも時々 origin という名前が出ていましたが、これはリモートリポジトリを指すものだったのです。以降のコマンドでもリモートリポジトリを指したいときは origin を使います。

git push コマンドは「git push orign ブランチ名」という形で実行します。最初にプッシュをするときに -u オプション（もしくは --set-upstream オプション）を指定すると上流ブランチとして設定され、以降は「git push」だけでプッシュできるようになります。

図6-25 リモートリポジトリが作成された

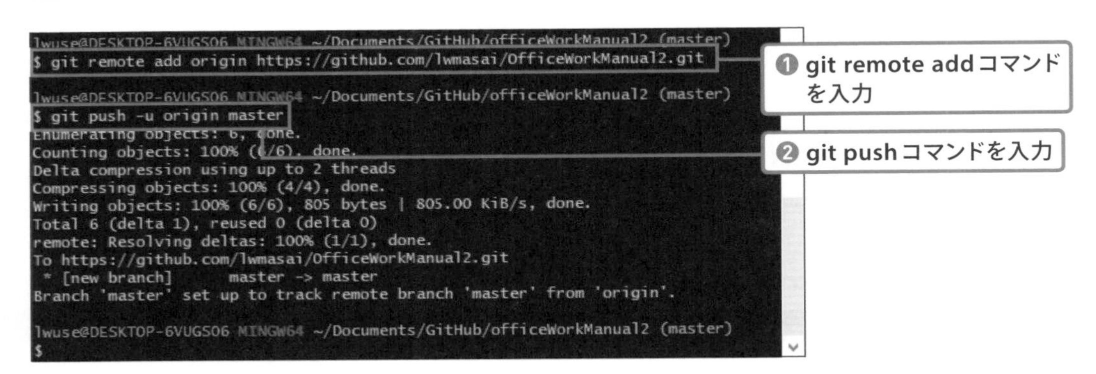

プッシュ時にGitHubのユーザー名とパスワードを入力する認証画面が表示されます。いったん認証するとしばらくは表示されなくなります。プッシュが完了していれば、GitHubのリポジトリページをリロードするとファイル一覧が表示されます。

図6-26 プッシュが完了した

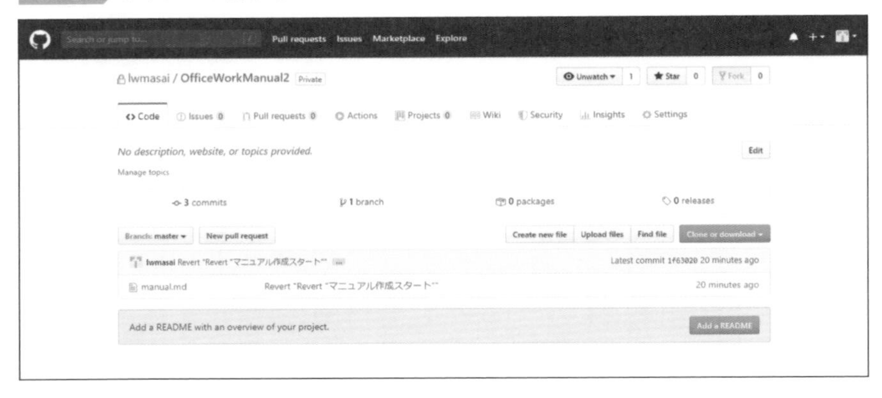

◎ SSHでリモートリポジトリを利用する

SSH（Secure Shell）は、暗号化された通信でコマンドラインの操作を行う技術です。遠隔地のサーバーなどを操作するために使われています。HTTPSより設定の手間が多いのですが、通信効率がよく設定さえ完了すれば認証が少なく済むとされています。

GitHubとの通信をSSHで利用するには、ローカルのパソコンで暗号鍵と公開鍵を生成し、公開鍵をGitHubに登録します。複数のパソコンを使用する場合は、その数だけ設定を行います。

GitHubヘルプで各OSでの設定方法が解説されています。これをベースに設定方法を解説します。

- **GitHubヘルプ：GitHubにSSHで接続する**
  https://help.github.com/ja/github/authenticating-to-github/connecting-to-github-with-ssh

図6-27 GitHubヘルプでのSSH設定の解説

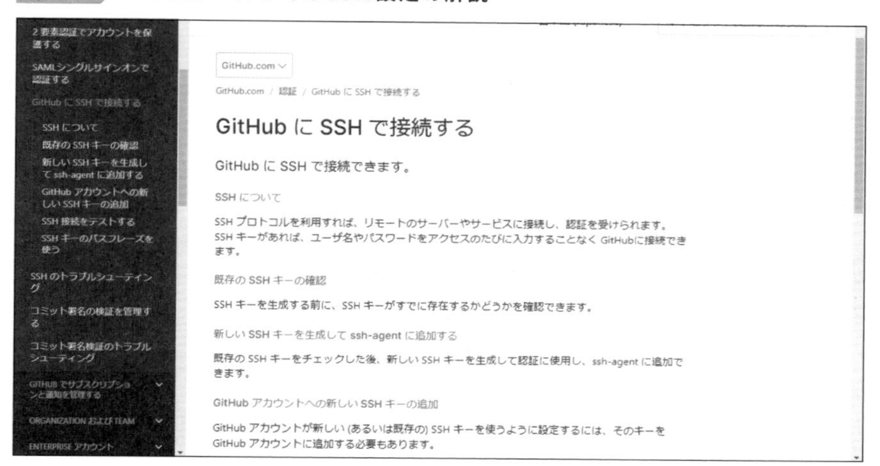

SSHの設定を始める前に、先ほどHTTPSの設定を行っていたらgit remote removeコマンドで削除してください。

リスト6-8 リモートリポジトリの指定を削除

```
git remote remove origin
```

まず暗号鍵／公開鍵の生成と公開鍵のGitHubへの登録を行います。1行目は鍵の生成、2行目は公開鍵のクリップボードへのコピーです。これらのコマンドは一度しか実行しないので、深く理解する必要はありません。

リスト6-9 入力するコマンド

```
ssh-keygen -t rsa -b 4096 -C "GitHubに登録しているメールアドレス"
clip < ~/.ssh/id_rsa.pub
```

Git Bashでコマンドを実行してみましょう。ssh-keygenコマンドの実行中に、鍵ファイルの保存場所とパスフレーズの入力が求められます。保存場所は指定しない場合、ユーザーフォルダ内の.sshフォルダになります。パスフレーズはパスワードのことで、適当に決めてください。

図6-28 リモートリポジトリが作成された

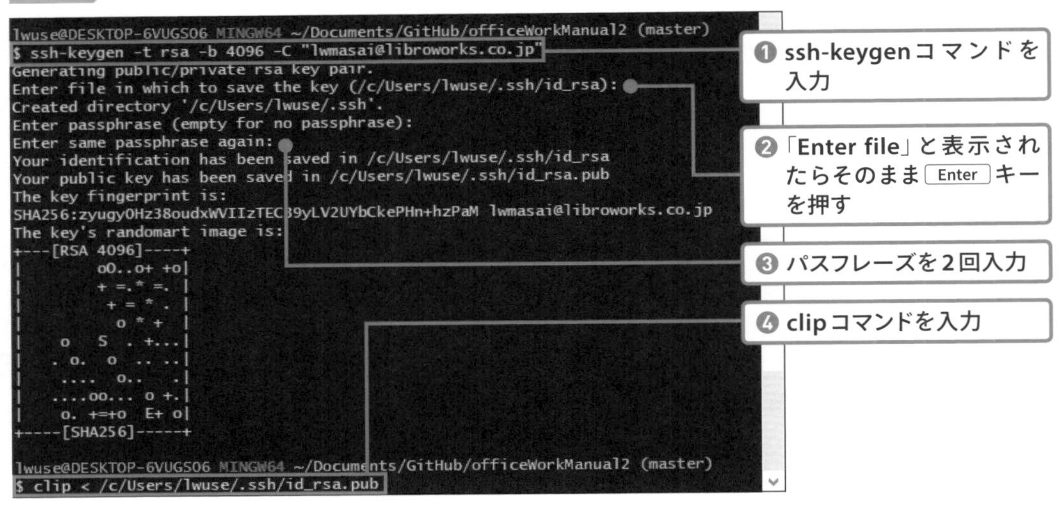

公開鍵（id_rsa.pub）の内容がクリップボードにコピーされるので、それをGitHubに登録します。

図6-29 鍵を登録する

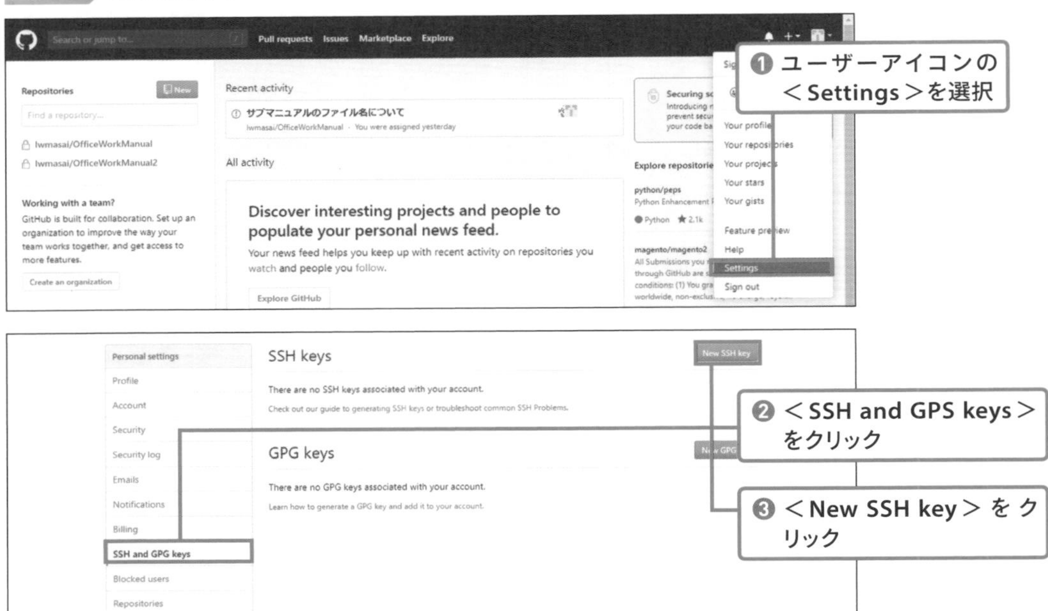

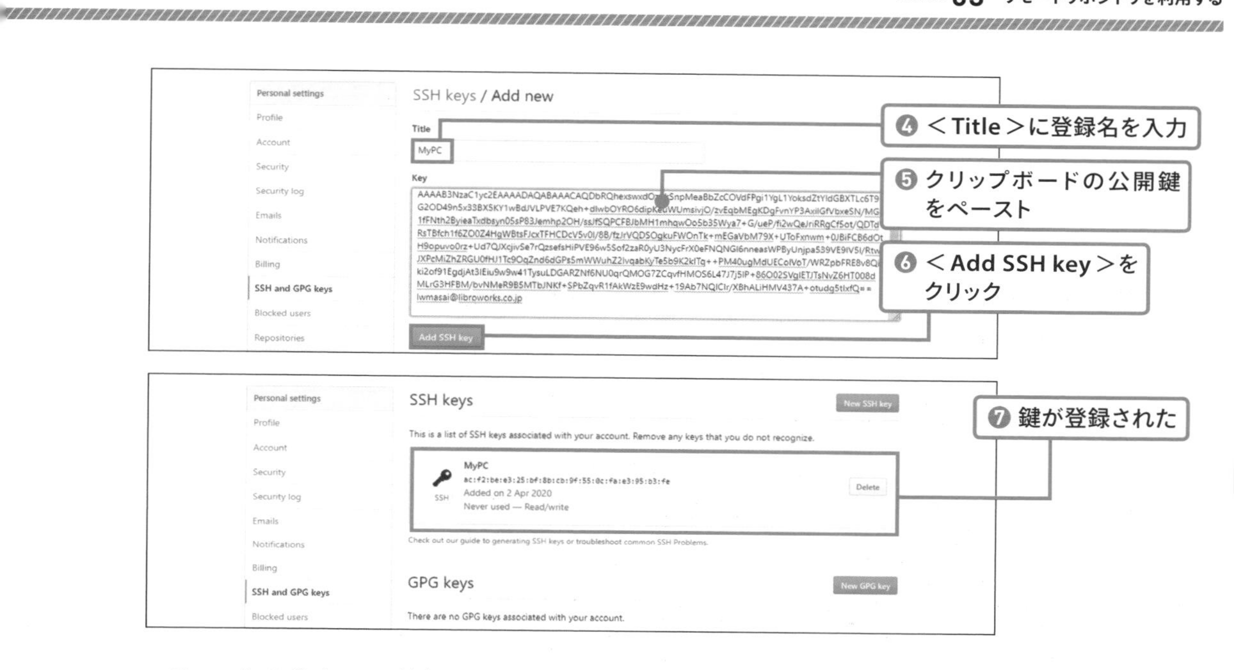

リモートリポジトリの追加とプッシュを行います。コマンド自体はHTTPSの場合と同じですが、パスの形式が異なります。

リスト6-10 **入力するコマンド**

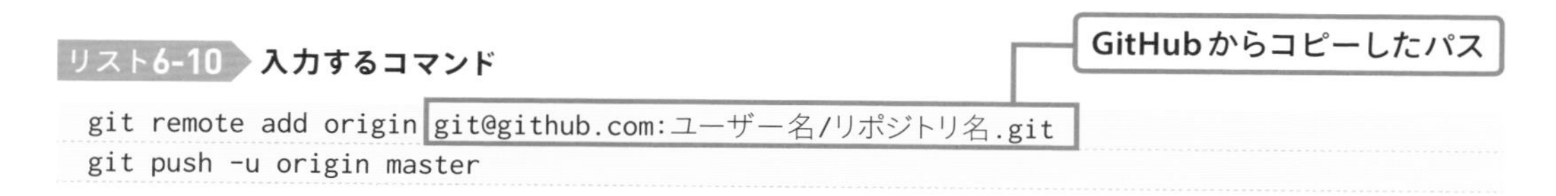


```
git remote add origin git@github.com:ユーザー名/リポジトリ名.git
git push -u origin master
```

SSH用のパスはリポジトリのページから調べることができます。

図6-30 **SSH用のパスを調べる**

コマンドを入力していきましょう。初めてプッシュする際にいくつか確認やパスフレーズの入力を求められます。

図6-31 リモートリポジトリを設定してプッシュ

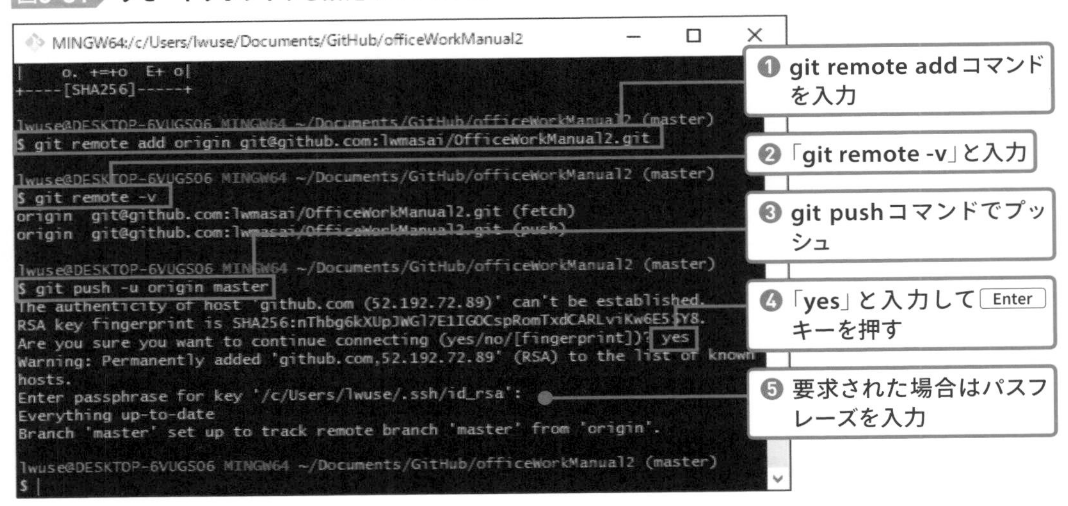

途中で実行しているgit remote -vは、git remote addで登録したリモートリポジトリの設定の確認です。originという名前に対して何が設定されているのかを見ることができます。フェッチ用とプッシュ用で2種類設定されます。

これでSSHでリモートリポジトリを利用する準備が完了しました。

COLUMN ssh-agentの設定

プッシュ時にパスフレーズの入力を何度も求められる場合は、Git Bashを起動して次のコマンドを入力してssh-agentを起動してください。このGit Bashのウィンドウを使っている間はパスフレーズの入力を求められなくなります。Git Bashのウィンドウを閉じるとssh-agentが終了してしまうため、次に利用する際も同じコマンドを入力してください。

リスト6-11 入力するコマンド

```
eval $(ssh-agent -s)
ssh-add ~/.ssh/id_rsa
```

SECTION 04

コンフリクト解決とブランチを利用する

第4章で説明したコンフリクト解決とブランチの利用をコマンドラインでやってみましょう。git branch、git checkout、git mergeという3つのコマンドを使用します。

◎ コンフリクトを解決する

第4章では複数ユーザーでコンフリクトを起こしましたが、今回はリモートとローカルでコンフリクトを起こし、それを解決します。コンフリクトを起こすファイルとして、READMEを作成しましょう(P.77参照)。

図6-32 READMEを作成

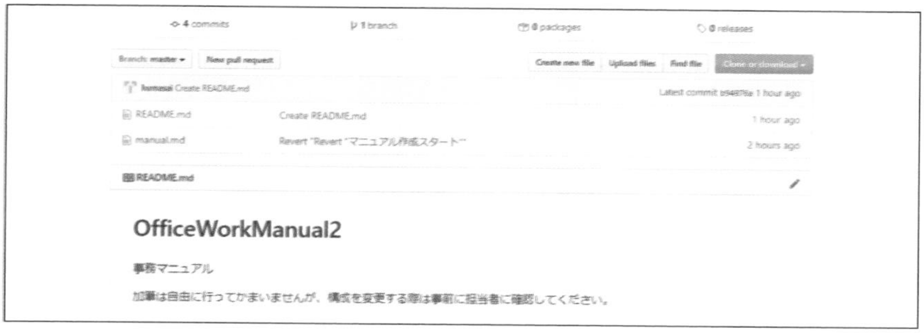

OfficeWorkManual2

事務マニュアル

加筆は自由に行ってかまいませんが、構成を変更する際は事前に担当者に確認してください。

git pullコマンドを実行し、README.mdをローカルリポジトリにプルします。

リスト6-12 入力するコマンド

```
git pull
```

これでリモートとローカルが同じ状態になったので、あえてコンフリクトを起こしてみます。まず、GitHub側でREADME.mdを変更してコミットします。

図6-33 リモートリポジトリでREADMEを変更

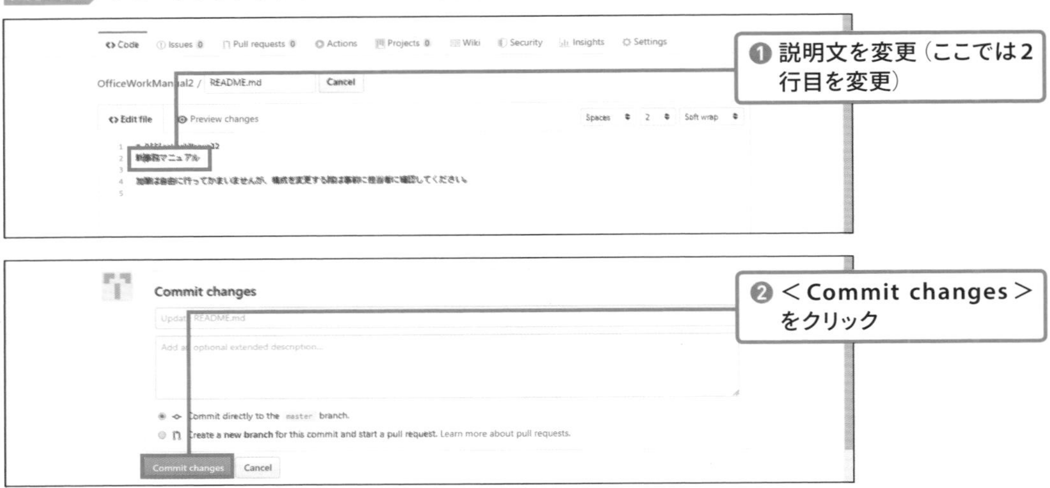

次にVSCodeでREADME.mdを変更します。コンフリクトを起こしたいので、同じ行に対してわざと別の変更をしてファイルを保存します。

図6-34 ローカルリポジトリでREADMEを変更

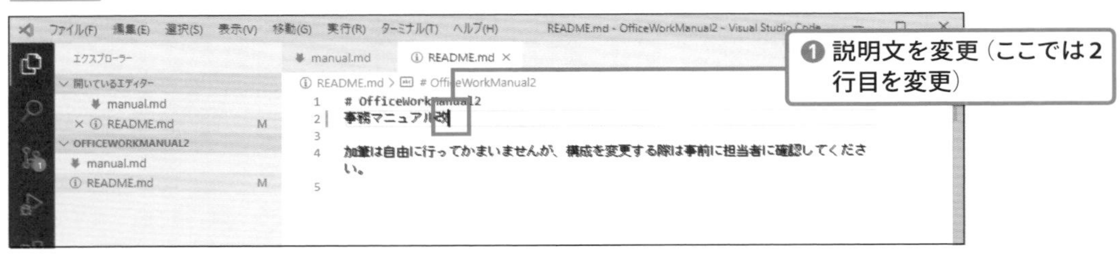

ローカル側の変更をコミットします。

リスト6-13 入力するコマンド

```
git add -A
git commit -m "update readme"
```

これでリモートとローカルのREADME.mdは異なる状態になりました。git fetchコマンドでフェッチしてからgit pullコマンドを実行してみましょう。

リスト6-14 入力するコマンド

```
git fetch
git pull
```

実行すると「CONFLICT」と表示されます。

図6-35 リモートリポジトリを設定してプッシュ

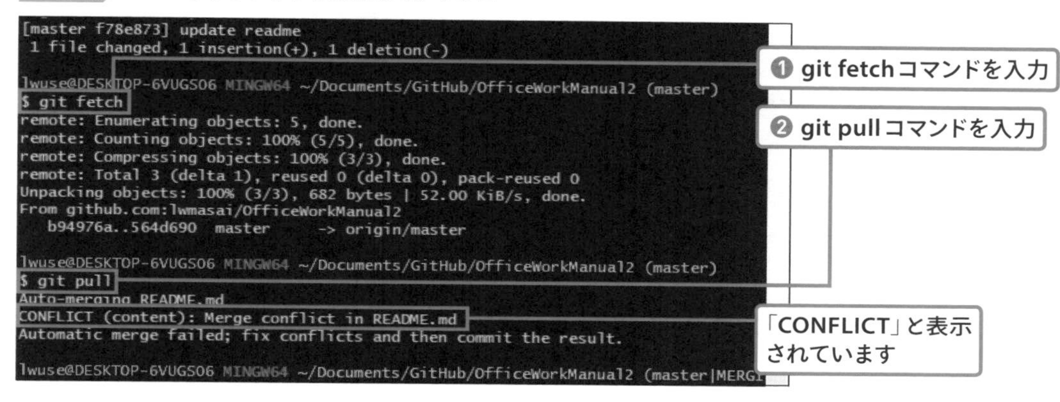

VSCodeに切り替えてREADME.mdを開くとコンフリクトが表示されています。解決方法を選択して上書き保存します。

図6-36 コンフリクトを解決

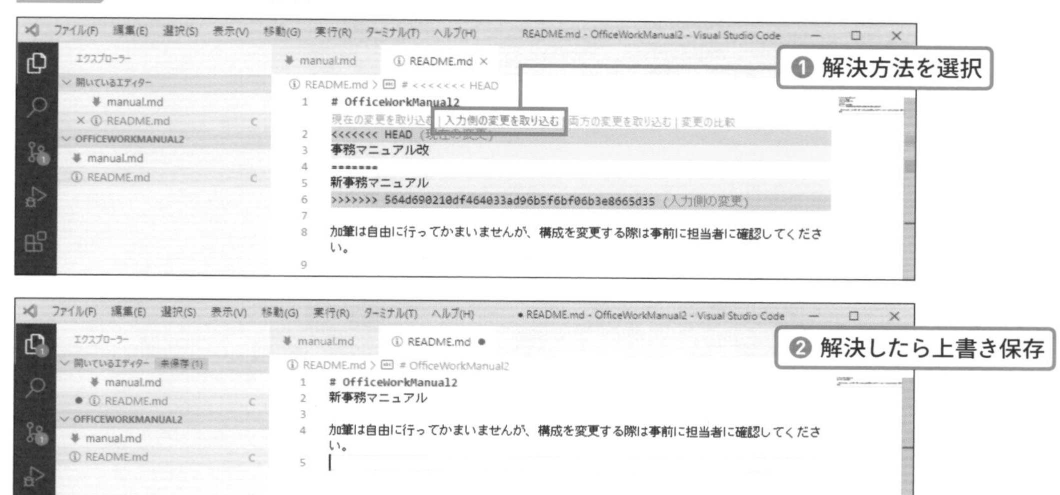

問題を解決したのでコミットしましょう。git addコマンドとgit commitコマンドを使います。

図6-37 マージコミットを作成

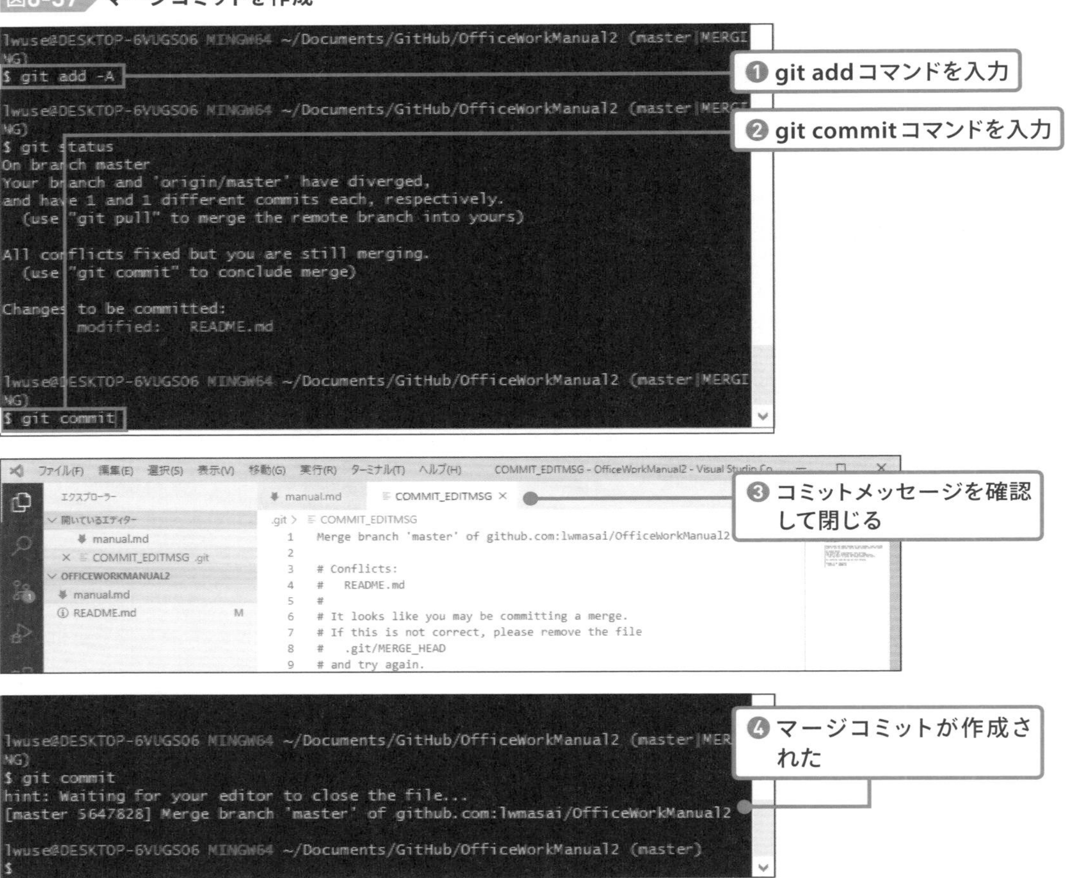

最後にgit pushコマンドでリモートリポジトリにプッシュします。

図6-38 リモートリポジトリにプッシュ

```
lwuse@DESKTOP-6VUGS06 MINGW64 ~/Documents/GitHub/OfficeWorkManual2 (master)
$ git push
Enumerating objects: 8, done.
Counting objects: 100% (8/8), done.
Delta compression using up to 2 threads
Compressing objects: 100% (4/4), done.
Writing objects: 100% (4/4), 546 bytes | 273.00 KiB/s, done.
Total 4 (delta 1), reused 0 (delta 0)
remote: Resolving deltas: 100% (1/1), completed with 1 local object.
To github.com:lwmasai/OfficeWorkManual2.git
   564d690..5647828  master -> master
```

❶ git pushコマンドを入力

◎ ブランチを作って作業する

次はブランチを作成してマージするという流れをコマンドラインでやってみましょう。GitHub Desktopでは＜Current branch＞のリストや＜Branch＞メニューで行っていた操作です。

コマンドラインでは、git branchコマンドでブランチを作成し、git checkoutコマンドでブランチを切り替えます。

図6-53 GitHub Desktopの画面

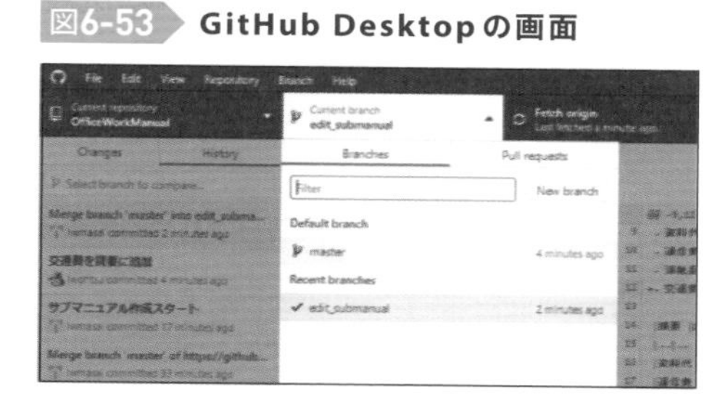

リスト6-15 入力するコマンド

```
git branch ブランチ名
git checkout ブランチ名
```

edit_submanualブランチを作成し、VSCodeでsub_manual.mdを作成してコミットします。現在のブランチはプロンプトの上に表示されているので、そこを意識しながら進めてください。

図6-39 ブランチの作成

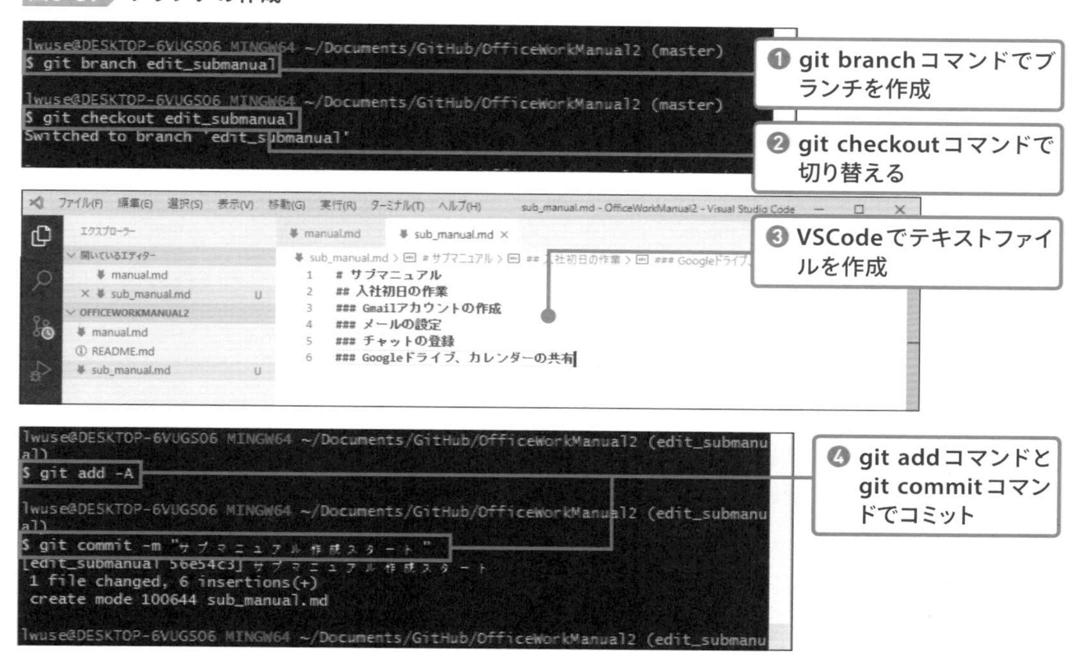

edit_submanualブランチのコミットをmasterブランチに取り込みます。git checkoutコマンドでmasterブランチに切り替えてから、git mergeコマンドでマージします。

リスト6-16 **入力するコマンド**

```
git checkout master
git merge 取り込むブランチ
```

図6-40 **ブランチの作成**

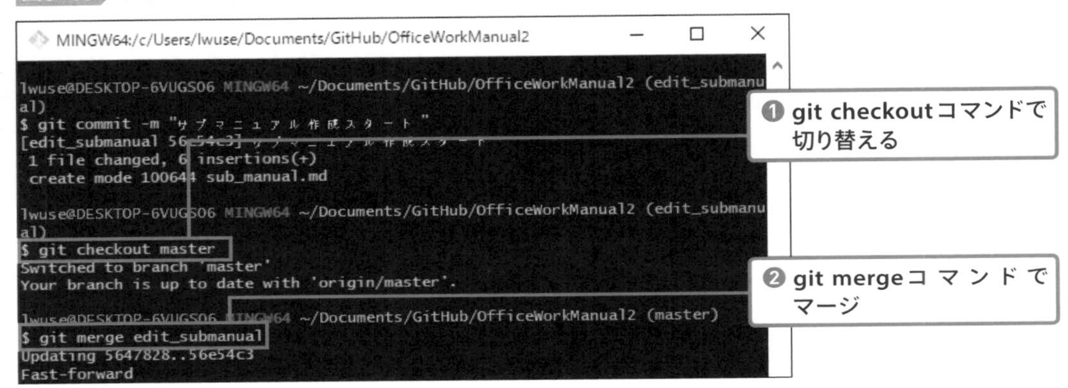

コンフリクトなどがない場合、特に問題なくマージは完了します。

◎ ブランチを削除する

最後に使い終わったブランチを削除します。ブランチを削除するには、git branchコマンドに-dオプションを付けます。また、オプションやパラメータなしでgit branchコマンドを実行すると、ブランチの一覧を表示できます。

図6-41 **ブランチの削除**

```
lwuse@DESKTOP-6VUGS06 MINGW64 ~/Documents/GitHub/OfficeWorkManual2 (master)
$ git branch
  edit_submanual
* master

lwuse@DESKTOP-6VUGS06 MINGW64 ~/Documents/GitHub/OfficeWorkManual2 (master)
$ git branch -d edit_submanual
Deleted branch edit_submanual (was 56e54c3).

lwuse@DESKTOP-6VUGS06 MINGW64 ~/Documents/GitHub/OfficeWorkManual2 (master)
$ |
```

❶ git branchコマンドでブランチ一覧を表示

❷ git branch -dコマンドでブランチを削除

SECTION 05 プルリクエストを利用する

最後にプルリクエストをコマンドラインで利用します。プルリクエストは主にGitHub上で利用するため、使用するコマンドはすでに説明したものばかりです。大まかな流れとしては、プルリクエスト用のブランチを作成してプッシュし、プルリクエストをマージしたらその結果をプルします。

◎ プルリクエストを作成する

プルリクエストはGitHubの機能なので、コマンドラインではこれまでと同じくブランチ作成やコミット、プッシュ／プルなどの操作を行うだけで、新しいコマンドは出てきません。

プルリクエストのためにupdate_submanualブランチを作成し、sub_manual.mdを編集してコミットします。

図6-42 ブランチの作成

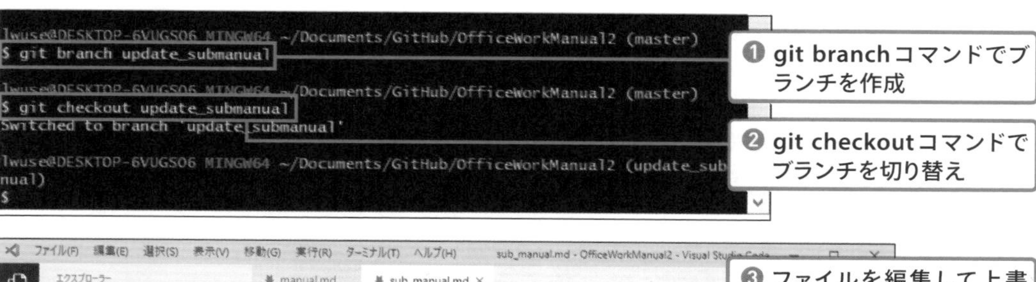

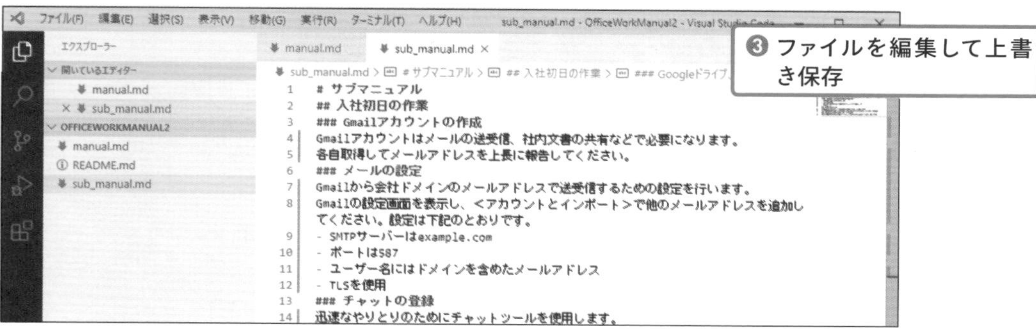

6 コマンドラインを利用しよう

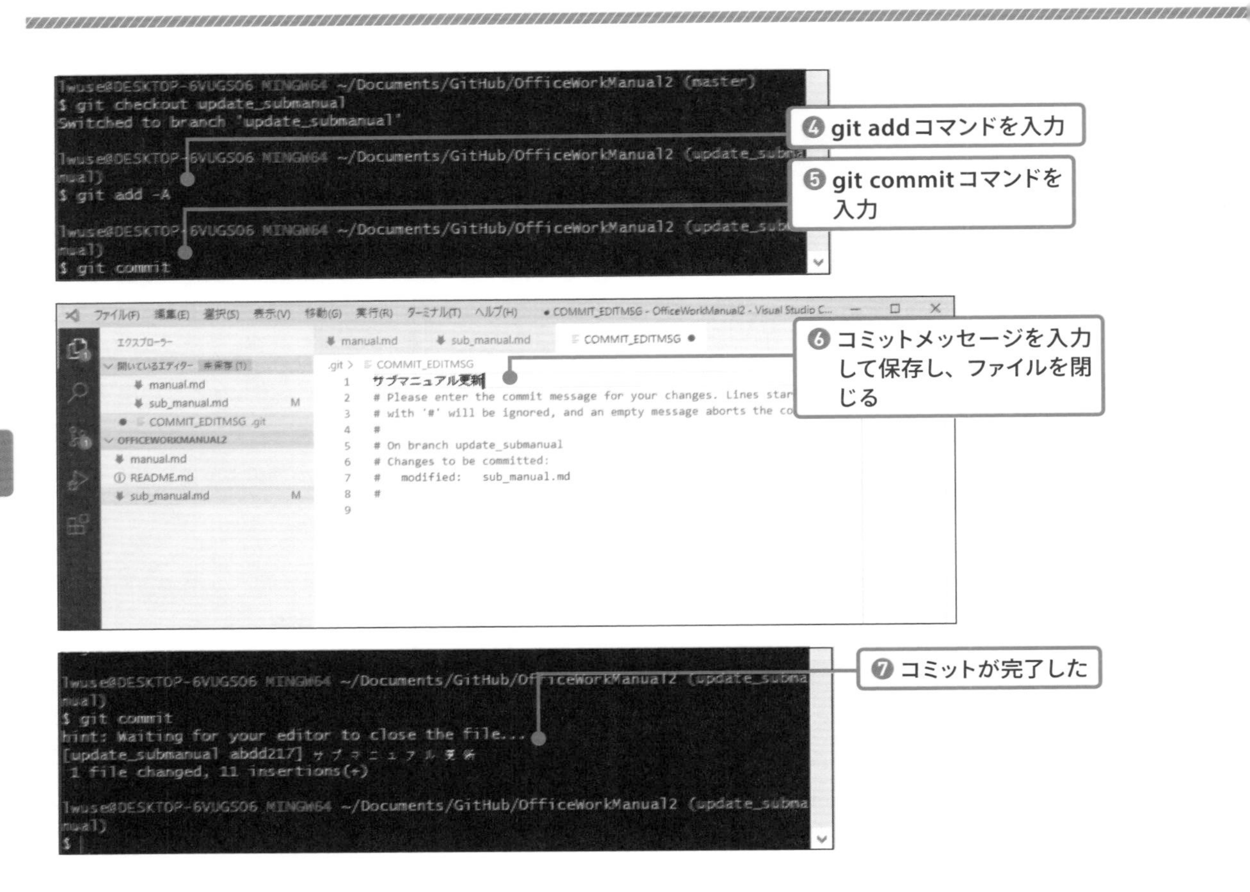

これでローカル側の作業が終わったので、GitHubにプッシュします。

図6-43 GitHubにプッシュ

```
$ git push origin update_submanual
Enumerating objects: 5, done.
Counting objects: 100% (5/5), done.
Delta compression using up to 2 threads
Compressing objects: 100% (3/3), done.
Writing objects: 100% (3/3), 844 bytes | 844.00 KiB/s, done.
Total 3 (delta 1), reused 0 (delta 0)
remote: Resolving deltas: 100% (1/1), completed with 1 local object.
To github.com:lwmasai/OfficeWorkManual2.git
   eea4c98..abdd217  update_submanual -> update_submanual
Branch 'update_submanual' set up to track remote branch 'update_submanual' from
'origin'.

lwuse@DESKTOP-6VUGS06 MINGW64 ~/Documents/GitHub/OfficeWorkManual2 (update_subma
```

❶ git pushコマンドでプッシュ

GitHubにupdate_submanualブランチがプッシュされたので、それを使ってプルリクエストを作成します。update_submanualブランチをmasterブランチにマージしたいので、そうなるようブランチを選択すると、見慣れたプルリクエスト作成画面が表示されます。

図6-44 プルリクエストの作成

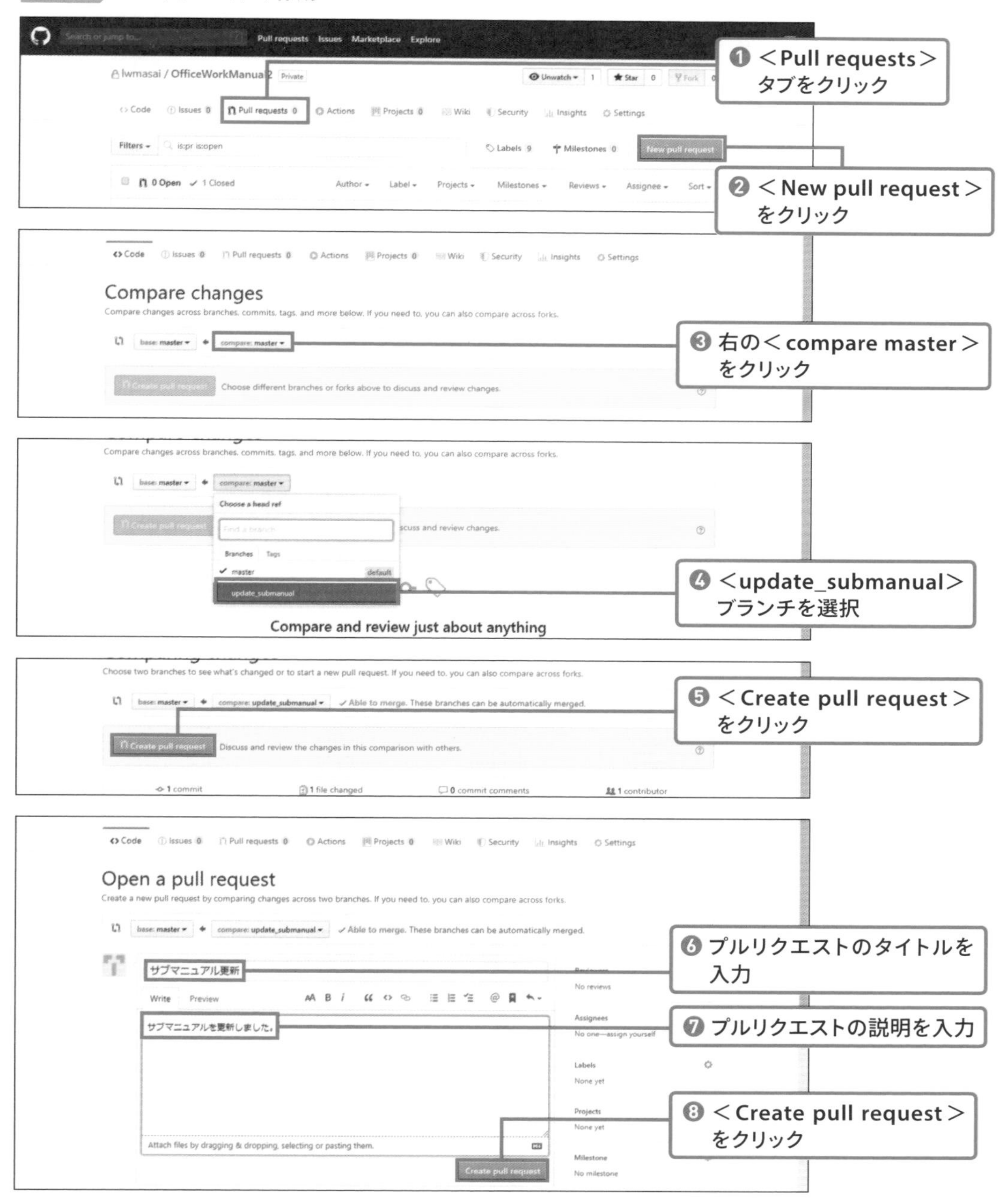

ここからは第5章で解説した通りです。今回はすぐにプルリクエストをマージします。

図6-45 プルリクエストをマージ

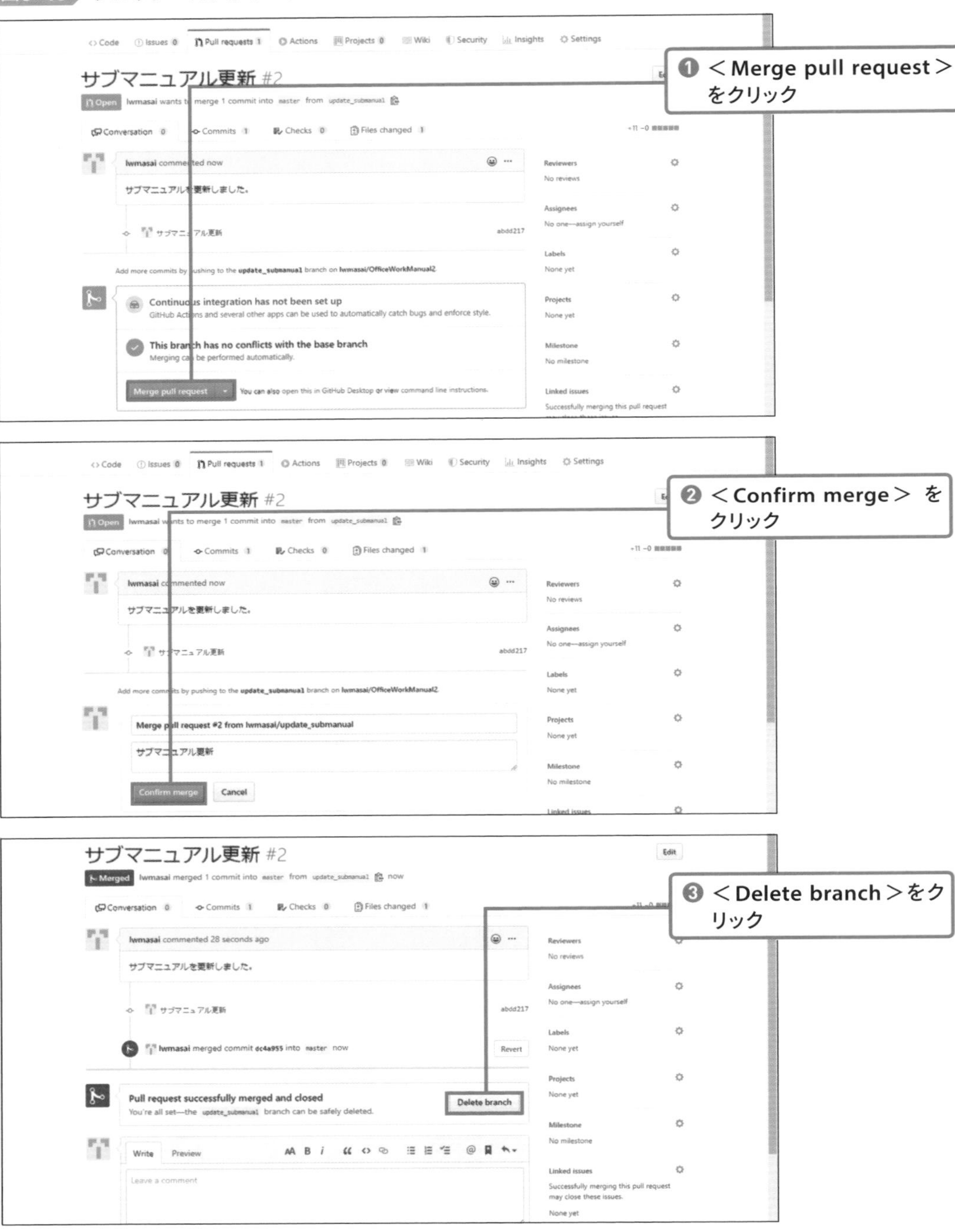

マージした結果をローカルリポジトリに取り込みます。update_submanualブランチとmasterブランチの両方でpullを実行します。

図6-46 ローカルリポジトリにプル

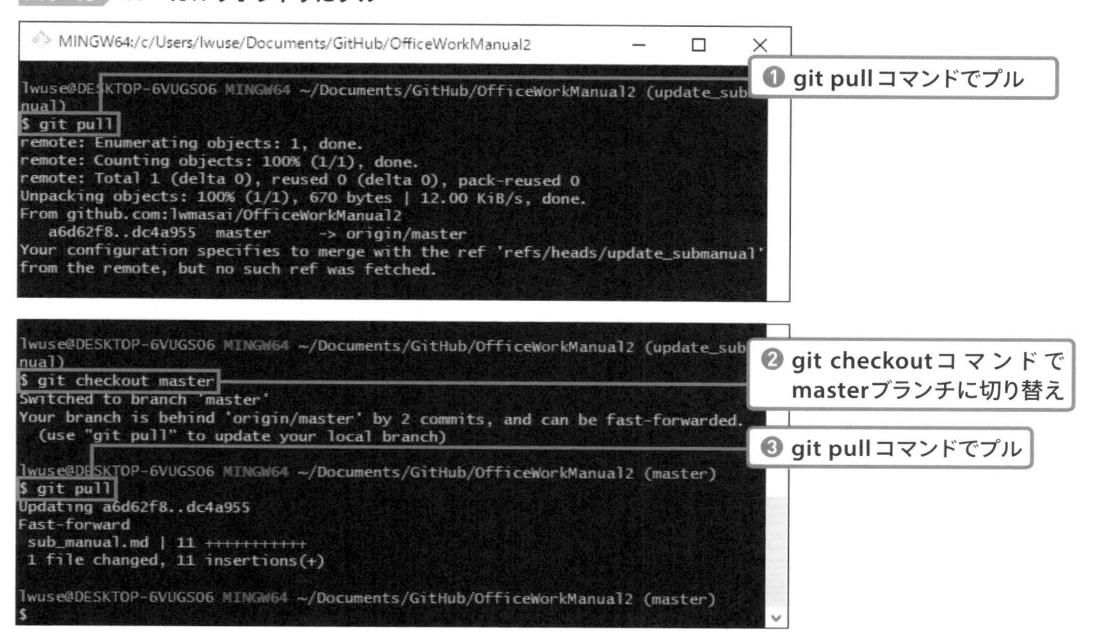

使い終わったブランチを削除します。これでプルリクエストの利用が完了しました。

図6-47 ブランチを削除

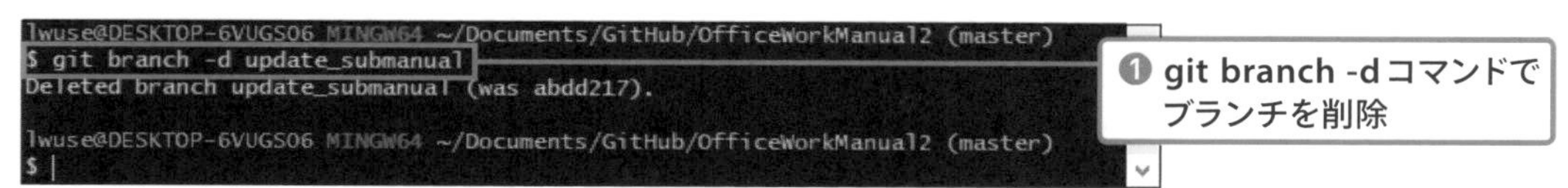

このようにgitコマンドもGitHub Desktopと同じように使えることがわかったと思います。

■ 記号

■ A

■ B

■ C

■ D

■ E

■ F

■ G

[著者略歴]
リブロワークス
書籍の企画、編集、デザインを手がけるプロダクション。手がける書籍はSNS、プログラミング、Webデザインなど IT系を中心に幅広い。最近の著書は『小さなお店＆会社のWordPress超入門 改訂２版』（技術評論社、共著）、『スラスラ読めるJavaふりがなプログラミング』（インプレス）など。http://www.libroworks.co.jp/

■お問い合わせについて
本書の内容に関するご質問は、下記の宛先までFAXまたは書面にてお送りください。電話によるご質問、および本書に記載されている内容以外の事柄に関するご質問にはお答えできかねます。あらかじめご了承ください。

〒162-0846
東京都新宿区市谷左内町21-13
株式会社技術評論社　書籍編集部
「たった１日で基本が身に付く！　Git超入門」質問係
FAX 番号　03-3513-6167
技術評論社ホームページ　　https://book.gihyo.jp/116

なお、ご質問の際に記載いただいた個人情報は、ご質問の返答以外の目的には使用いたしません。また、ご質問の返答後は速やかに破棄させていただきます。

●カバー　菊池 祐（ライラック）
●本文デザイン　ライラック
●編集・DTP　リブロワークス
●担当　矢野俊博

たった１日で基本が身に付く！　Git超入門

2020年7月31日　初版 第1刷発行
2021年6月26日　初版 第2刷発行

著者　リブロワークス
発行者　片岡 巌
発行所　株式会社技術評論社
東京都新宿区市谷左内町21-13
電話　03-3513-6150　販売促進部
03-3513-6160　書籍編集部
印刷／製本　図書印刷株式会社

定価はカバーに表示してあります。

ISBN978-4-297-11440-4　C3055
Printed in Japan